上海大学出版社

2005年上海大学博士学位论文 50

知识与行动的结构性关联

——吉登斯结构化理论的改造性阐述

● 作 者： 郭 强

● 专 业： 社 会 学

● 导 师： 邓 伟 志

Shanghai University Doctoral
Dissertation (2005)

Tructural Correlations Between Action and Knowledge: Improvement on the Structuration Theory by Anthony Giddens

Candidate: Guo Qiang
Major: Sociology
Supervisor: Deng Weizhi

Shanghai University Press
· Shang hai ·

摘 要

当代社会日益知识化的实践必然要求理论上做出回应。英国著名社会学家吉登斯为这种回应做出了自己的努力。在结构化理论中,吉登斯出人意料地关注知识与行动的关系,并把分析这种关系看作是结构化理论的核心内容。在吉登斯的行动结构化理论中,知识与其是一种构成性要素,不如说是行动具有的结构化特征。问题是,吉登斯为什么异常关注知识与行动的结构性关联?我们能否从这种关注中获得社会学想象力?探讨这些问题不仅仅关切着吉登斯的结构化理论的生命力,还关切着社会理论的发展未来。对吉登斯结构化理论的改造性诠释是本研究的目的,通过这种改造所建构出来的框架就是:行动者是有知识的行动者,知识行动者的行动是知识化的行动,知识行动者的知识是实践性的知识。

吉登斯结构化理论的逻辑起点是行动者,而行动者是知识行动者。这样,就要讨论行动者、知识与行动之间的关系,从而围绕这些关系建构其结构化理论。吉登斯通过对行动者的分层模式、行动者的社会定位、行动者的行动结果等问题的分析,得出了行动者是知识行动者的基本结论。吉登斯把行动者对行动条件和后果的知识看作是行动得以实现的条件。同时把拥有知识看作是行动者所具有的特征,而且这种特征对承载行动的社会成员来说具有普遍性。把行动者作为知识行动者,把行动者作为有知识能力的行动者,其意义不仅在于使行动获得了能动性，也同时使得行动者所在的社会获得了构成性的特征。但是吉登斯最终还是遗留了“行动者问题”，即社会学知识的本体论问题。比如，行动者本来是自由的，而且吉登斯把行动者界定为知识行动者已经为把行动者从帕森斯等人的行动论的漆黑夜幕中拯救出来准备好了知识工具并且做出了努力，但是最后行动者以及附着在行动者身上的行动理性和行动的知识基础还是被吉登斯被绑架到结构里。

通过讨论行动的定义、行动的知识化特性、行动的场域以及互动的维度等，分析了吉登斯的行动知识化思想。吉登斯认为，行动者的行动具有能动性、意图性、合理化和制约性等属性，但首要属性是能动性。在制约性和能动性的关系上，吉登斯形成了一种中庸的调和模式，即用结构把行动能动性和行动制约性共同融入到结构的统一内容中。通过对知识的实践性意义、共同知识的构成、行动反思性的知识基础以及日常知识和专家知识的关系特别是社会学知识的双重解释特征等方面内容的述评，阐发了吉登斯的知识与行动之间相互关联的结构性关系。

吉登斯在政治上所开辟的第三条道路事实源于其理论上的第三条道路，我用“中庸化的调和模式”来形容这条道路，因为在事实和知识之间有效的沟通方式未必就是修路，筑桥也可能是一种好方式。比如，作为社会科学家的行动观察者也调用自己生活的常识部分接近要观察的行动者，但是这种做法是否有效，关键问题不是在日常生活世界和社会体系世界之间再修铺第三条道路，而是要在二者之间架设一座桥梁。之所以从行动的反思性到现代性的反思性关注点的下移，吉登斯的基本意图就是企图实现行动与知识的结构化关联,以及实现一般性社会行动到制度化行动的关联,从而在理论上开辟第三条道路:即在一般性行动的反思性和制度化行动反思性之间开辟同这两条道路相关联的现代性反思性的第三条道路,从而用来解释现代社会的制度逻辑和用来说明现代社会变迁的知识行动以及实现制度逻辑与知识行动之间的沟通。但是,连接知识上的过去与现在以及科学知识和日常知识之间的第三条道路,吉登斯并没有修筑。比如,按照吉登斯的思维(中庸化模式),在日常知识和专业知识之间还应该有一个知识类型,由此对应的是在日常生活世界和社会体系世界之间还应该有一个缓冲带。但是事实上吉登斯并没有这样做。因为按照吉登斯的观点,尽管现代制度对生活世界进行插入,但由于进入的形式和性质非常复杂,现代制度(体系世界)并没有完全对日常生活世界的殖民和占有,残存在生活世界中的遗产基本上还是依然故我。行动者依然按照习惯、遵循常识进行独立的行动。同时日常生活性质的变化也以辩证的相互作用形式影响着脱域机制。

关键词　吉登斯,知识,行动,关联

Abstract

The increasing knowledgeablization of the modern society inevitably calls for scholastic efforts in social theorization. The theory of Structuration, as advocated by the distinguished British sociologist Anthony Giddens is a resounding answer to the call. Giddens unexpectedly focuses our attention on the correlation between knowledge and action making the analysis of that correlation the core of his theory. To Giddens, knowledge is more like the structural features of action rather than structural elements. What at issue here are why Giddens is particularly concerned with the structural correlation between knowledge and action and if we can become sociologically more imaginative from his analysis. Exploring these issues will not only give life to Giddens' Structuration theory, but also add meaning to the development of sociology. The purpose of this study is to conduct reconstructive analysis, through which we may prove that the actor of knowledge is knowledgeable; and the action of the knowledgeable actor is the action of knowledgeablization; and the knowledge of the knowledgeable actor is practical knowledge.

When building up his theory, Giddens took the actor, or the knowledgeable actor as the logical starting point, and then proceeded to discuss the correlations between the actor, knowledge and action, completing his structuration theory upon the discussion. Giddens reached the basic conclusion that the actor is the knowledgeable actor after an analysis of the stratification model, social positioning and the consequence of the action of the actor. He thus concluded that it is a striking feature of the actor to have the knowledge for action. To Giddens, the actor's knowledge on the conditions of action, and the consequences of the action make it possible for the action to happen finally. Without the knowledge, the action will not be possible. He believed that this feature of the knowledgeable actor is very popular among social members who undertake actions. Taking the actor as the knowledgeable actor and taking the actor as the action taker who has knowledge will make the action as knowledge-driven, and will also put a structural stamp on the society where the actor belongs. However, Giddens left many "actor problems" unresolved, such as the ontology of the sociological knowledge. For example, the actor should be a free person; and Giddens has prepared the knowledge tool and made some efforts to rescue the actor from the dark night of the knowledge-action theory of Parsons and others. However, the last actor and the action rationality and the knowledge base of the action Giddens attached onto the actor were imprisoned into his structuration.

This paper has analyzed Giddens' knowledgeablization-based action theory by attempting to define action, discussing the characteristics of knowledgeablization-based action, the field of action and the dimensions of interaction. Giddens held that the action of the actor has the features of autonomy, intentionality, rationality and constraint(sanction), of which autonomy is by far the most primary feature. With regards to the relationship between action limitation and action autonomy, Giddens came out with a compromising model integrating both into his unified structuration theory. By examining the significance of the knowledge practicality, the composition of the mutual knowledge, the knowledge base of the action reflexivity, and the relationship between commonsense knowledge and expert knowledge, the paper has expounded Giddens' structural correlation between action and knowledge.

The third way opened by Giddens in politics originates in reality from his social theoretical third way. This paper has used "the mediate model, or the model of the mean" to call this way, because the author believes that the effective channel for communication between facts and knowledge can be constructed not only with building roads, but also providing bridges. For example, the observer of actions as an sociologist often apply what he or she has learned as commonsense in life to partially get closer to the actor to be observed. However, to test if the approach is effective is to build a bridge between the world of everyday-life and the world of social systems, instead of providing a third way between the two. Basically, Giddens has shifted his attention downward from the action reflexivity to the modernity reflexivity in order to reach the structural correlation between action and knowledge, and make it possible to correlate general social action with the systematic action, opening his theoretical third way, i. e. the modernity reflexivity, that is closed correlated with the ordinary action reflexivity and the systematized action reflexivity. With this, Giddens attempted to explain the system logic of modern society, the knowledge based action of the modern society in changes, and the ways to realize the communication between system logic and knowledge action. However, Giddens ignored building up a third way to bridge the past and present knowledge, and the scientific and ordinary knowledge. For example, based on Giddens' thinking (the mediate model), there should be another knowledge type other than ordinary knowledge and professional knowledge, in correspondence with which, there should have existed a buffer world between the world of the everyday life and the world of social systems. However, Giddens did not provide any ready answer to this. This reason is although modern systems have penetrated the life world and the life world gets more varied in style, the modern system world has not completely occupied and colonized the everyday-life-world. The heritages left behind in the life world are basically kept intact; and the actor continues to take actions according to force of habits and commonsense. Meanwhile, the changes in the nature of ordinary life continue to influence the disembedding mechanism in an dialectical way.

Key words Giddens, knowledge, action, correlation

目　录

引论　知识与行动：社会学理论永恒主题的承继与创新

社会发展到知识化时代，行动进而社会被知识所定义所建构抑或所破坏是所有行动以及全部社会所具有的永恒特性[①]。社会中的知识都是在行动中产生和再生的；从而，知识是行动的前提、过程和结果。社会知识化实质就是社会建构、选择和应用知识的过程和结果。所以，关注知识与行动的关系是行动论（社会学理论）与知识论（知识社会学）[②]互动式关联的内在逻辑进程，同时也是对知识时代逐步形成的社会实践方式的一种理论回应方式。

一、强知识弱行动的社会知识论

尽管我曾提出过要对古典知识社会学、科学社会学和科学知识社会学进行改造，以回应知识社会发展的实践要求[③]。但是在这里，我依然认为，无论怎样改造知识社会学，其基本性质是不会改变的，也就是说知识社会学依然是社会学的一个分支学科。作为分支学科的知识社会学，其发展也就只能被局限在一定的范围之内。但是知识社会学知识在其内在逻辑上突破以及社会学对知识时代回应的要求，必然和必须突破知识社会学这样一个分支学科的领域及其这个领域对社会问题解释的局限，这时知识社会学的知识融进社会学主

---

① 知识通过对行动的定义与建构（破坏）来定义、修改和建构社会，且知识还通过对自己的反思、修改而改变行动所依赖的基础。从行动到互动、从互动类型化到行动的制度化，从行动者的意义世界到凝视者的生活世界都是由知识所定义所建构。

② 知识论和知识社会学并不是一回事，但是二者有着非常密切的关系。可以说知识论的发展为知识社会学的产生和发展提供了条件，尤其是社会知识论的形成和发展更使知识论与知识社会学越发靠近。

③ 郭强：《知识社会学范式的发展历程》，《江海学刊》1999年第5期。

流理论，成为社会学理论的有机组成部分也就成为知识社会学的发展方向和社会学理论知识演进的逻辑要求：于是就有了知识社会学融入社会学主流理论之中；于是也就有了社会学理论把知识与行动问题作为社会学主流理论中核心问题研究的趋向。

1. 知识社会学的发展历程

我把已有的知识社会学分为古典知识社会学、科学社会学、科学知识社会学三个范式或三个阶段①。每一个阶段或者每一种范式都有自己的特点和发展演进过程。

(1) 古典知识社会学阶段

在哲学领域里形成的知识论或知识学，把知识仅仅看作是一种认识现象，偏重于从认识论上考察知识现象而没有专门研究知识与社会的关系。②到了19世纪中叶，知识作用的加强、社会的发展和知识的专门化综合化趋势要求对知识做出专门研究尤其要研究知识与社会的关系。这时社会学出现了，知识社会学也随之出现③。

马克思、尼采、狄尔泰等为古典知识社会学的形成提供了思想资源④。孔德(Auguste Comte，1798—1857)、涂尔干(Emile Durkheim，1857—1917)、马克斯·韦伯(Max Weber，1864—1920)为知识社会学的形成和发展提供直接的知识源泉。马克斯·舍勒(Max Scheler，1874—1928)、卡尔·曼海姆(Karl Mannheim，1893—1947)、维伯伦(Thorstenin Veblen，1857—1926)、兹纳涅斯基(Florian Znaniecki，1882—1958)和索罗金(Pitirim Sorokin，1889—1968)等人创设和发展了古典知识社会学，把知识与社会的关系研究推向了新的高度。

知识社会学把知识问题的研究从哲学领域拓展到社会学范围是对知识奥秘探索的一种深化⑤。同时，我认为由舍勒和曼海姆所开创

① 郭强：《知识社会学范式的发展历程》，《江海学刊》1999年第5期。
② 石倬英，郭强：《现代知识学探微》，《宁夏大学学报》1989年第2期。
③ 郭强：《古典知识社会学的理论建构》，《社会学研究》2000年第5期。
④ 郭强：《古典知识社会学范式构建的知识线索》，《江苏社会科学》2000年第6期。
⑤ 石倬英：《知识与社会》，载《科学与社会》，[北京]科学出版社1988年第92页。

的古典知识社会学范式在理论上是成熟的，在方法上是有益的，在研究方向上是具有开拓性的，它为科学社会学理论范式的产生、科学知识社会学理论的形成以及为用知识理论在21世纪统一社会学打下了基础和准备了条件。但是，古典知识社会学把知识限于精神现象，看作认识活动进行抽象的思辨式研究，并未能揭示知识与社会关系的真谛。总体上来说古典的知识社会学还没有从哲学中真正摆脱出来，还只是一种关于知识的社会哲学。但是，“知识社会学的出现，表明社会理论的正当性危机。[①]”同时知识社会学的问题不仅是古典哲学认识论的一次重大转折，也表明社会学理论通过知识问题的研究关注社会发展[②]。

（2）科学社会学阶段

知识社会学仅仅把知识作为精神现象，对知识进行抽象式的思辨研究，这并不能把握知识与社会关系的真谛。于是有必要把广泛的知识对象缩小为知识的精华——科学体系，把科学视为社会活动，研究社会中的科学和科学中的社会。

科学在社会变迁的角色和作用日益增强，故研究知识的方法亦要由思辨方法改变为经验方法。而这些正是科学社会学所要解决的问题和要采用的方法。科学社会学就这样从知识社会学母体中脱颖而出了。但知识社会学的发展过程也是科学社会学的推进过程，把知识社会学推进到科学社会学的人也是推进科学社会学的人，知识社会学广泛而又庞杂的内容和研究为科学社会学的问世开辟了道路，这也反映了科学家的开拓进取精神。

默顿的知识社会学是古典知识社会学现代发展的开端，也是默顿走向科学社会学的起点[③]。波兰社会学家兹纳涅斯基、德国社会学

---

① 刘小枫：《现代性社会理论绪论》，[上海]三联书店出版社1998年版第236页。

② 伊斯瑞尔：《认识论与知识社会学——一项黑格尔式的工作》，《国外社会学》1991年第1期。

③ 默顿在《科学社会学》这部著作中，非常详细地介绍和讨论了知识社会学、科学知识社会学以及科学知识的有关理论。值得特别关注的是，默顿在知识社会学思想的基础上形成和发展了具有奠基地位的科学社会学的思想和理论。

家普赖斯纳(Helmuth Plessner)、英国社会学家本·戴维(Joseph Ben-david)、英国科学家贝尔纳(J. D. Bernal ,1901—1971)等都为科学社会学的发展做出了贡献。

科学社会学的发展,也遇到了同知识社会学类似的困难、同样的命运。科学社会学以科学为对象,却偏重于研究自然科学和工程技术,对社会科学和思维科学涉猎较少。它作为社会学的一个分支学科是一门具体的社会科学,很难适合科学综合化与整体性的发展新趋势,很难提供高层次的方法论。科学社会学最突出的问题就是把知识尤其是科学知识看作是一只黑箱,只研究箱子本身而不去研究箱子里边的知识。

(3) 科学知识社会学阶段

20世纪70年代,经过社会学和哲学对曼海姆知识社会学所留下问题[①]的探讨及反思科学社会学发展出现了科学知识社会学的新学科。

科学知识社会学的真正研究者是英国爱丁堡学派的学者们。埃奇(D. Edge)、布鲁(D. Bloor)、巴恩斯(B. Barees)、巴斯克(R. Bharsker)等人在20世纪70年代初开始对长期以来被科学社会学所忽视的科学知识进行研究,为古典知识社会学的复兴或科学知识社会学的发育成长做了大量的基础性工作。他们在广泛吸收舍勒和马克思思想以及波普(K. Popper)和库恩(T. Kuhn)科学哲学理论的基础之上,一方面通过批判曼海姆知识社会学特别是曼海姆知识划界标准问题;另一方面遵循库恩的科学哲学思想发展了经验知识渗透理论要素而理论知识又受制于科学共同体的特定范式。

科学知识社会学的研究方法从整体上看是反实证的[②]。巴恩斯就从解释学维度积极构建其"利益模型",认为古典知识社会学将数

---

① 曼海姆知识社会学所留下的问题很多,主要有两类知识的划界是否合理,划界的标准是否成立,科学知识该不该享有特权,科学知识该不该免于社会学研究等。

② 曼海姆的知识社会学和默顿的科学社会学对科学知识本质的解释可以看作是实证主义的知识社会学解释。

学及自然科学知识拒之于研究门外是错误的，科学知识也应置于社会学研究之下，服从社会学的因果分析。巴斯克主张方法论上的相对主义，他认为应对科学知识的划界标准做相对主义的理解即达到对古典的“知识二分法”的批判又兼顾自然科学知识的特殊性。

科学知识社会学的哲学回归又使其发展遇到了很多困难。比如抛弃实证主义的研究方法受到了来自实证主义的许多责难和攻击，劳丹对布鲁的批评就说明了这个问题①。劳丹认为以科学概念和理论内容为解释对象的社会学其发展前景是有限的，它的失败是因为科学信念本质上不受社会影响，因而也不接受社会学解释。布鲁的科学知识社会学研究强纲领由于其内容和方法的局限而受到攻击不得不把强纲领修改为弱纲领。科学知识社会学不仅在研究内容和研究方法方面有很多缺陷或不足，而且就对我国来说对科学知识社会学的理解也存在问题。因为绝大多数人认为科学就是指自然科学而不包括社会科学知识的内容；科学知识就是不包括社会科学知识在内的甚至不包括经济科学知识、管理科学知识，就连社会学或知识社会学知识本身也不包括在内。无疑，对科学知识这样理解的科学知识社会学对我国迎接知识经济迈向知识时代是不适合的。

（4）知识社会学的出路

已有知识社会学包括古典知识社会学、科学社会学与科学知识社会学由于自身所具有的种种缺陷与不足并不是一个得到充分发展的社会学学科。

那么，知识社会学的出路何在？要么对知识社会学进行改造，从而形成一种承继已有知识社会学各种范式的学术传统并摒弃内涵缺陷的现代知识社会学②。如果这种建议合适的话，那么这样艰难的历程尚没有开始。

要么，吸收知识社会学研究中的合理内核融入社会学主流理论，

① 郭强：《劳丹与知识社会学》，《自然辩证法研究》2002 年第 7 期。
② 郭强：《知识社会学范式的发展历程》，《江海学刊》1999 年第 5 期。

形成新样式的社会学理论。伯格和卢克曼首先开启了这项工作，而吉登斯也为此做出了具有丰富想象力的探索[①]。

2. 知识社会学摆脱局限的努力

做出这种努力的知识社会学家几乎涵盖了所有的知识社会学家。但是我这里主要想介绍伯格和卢克曼这两位社会学家的努力。

以知识社会学的研究作为社会学理论构建的出发点并把知识社会学的理论贯通一般社会学理论是伯格和卢克曼知识社会学研究的要旨。伯格和卢克曼把知识社会学看作是社会学理论的根本之所在，是用知识社会学作为社会学理论构建的尝试，研究范围触及一般的社会学理论所致力于探讨的一切基本领域，其旨趣在于试图从知识社会学角度来打通涂尔干派的“社会事实”理论和韦伯式的“理解式社会行动”的诠释，并结合以马克思的辩证法[②]，米德的社会心理学及对意识的精当分析，以及哲学人类学对人类社会所作的探究，致力于使这几重视角整合并融为一体以达到对社会之真实图景、真实运作方式的适切描绘[③]。

这段话的意思是说，伯格和卢克曼的学术旨趣不在知识社会学，而知识社会学充其量也只能是伯格和卢克曼理论的出发点。肯定无疑的，伯格和卢克曼理论不仅仅是知识社会学理论。如果坚持把伯格和卢克曼的理论看作是知识社会学理论，那么，知识社会学就等于社会学本身，伯格和卢克曼为什么自称自己的理论是知识社会学理

---

① 吉登斯把知识社会学融入社会学主流理论的努力和以知识和行动之间关系为切入点重构社会行动论的努力正好说明了讨论吉登斯理论的正当性。

② 表征为对主客观、自然、社会以及个人和社会实体间关系的探讨。

③ 伯格和卢克曼致力于使知识社会学上升为一般社会学探究是对知识社会学发展出路的一次有益的尝试。我始终认为，知识社会学不仅仅是一般的社会学分支学科，它可以渗透到社会学一般理论之中，从而成为社会学一般理论的组成部分。但是在研究过程中如果对知识问题的内容和形式把握不够，就可能把知识问题的社会学研究降低为纯粹的知识社会学的学科研究或者降低为科学社会学的学科研究。伯格和卢克曼的研究也就失足于此。因而在知识层面也就未能给予知识的社会后果以额外的关注，后者部分是由科学社会学的研究所拓宽的。参见，郭强：《现代知识社会学》，[北京]中国社会出版社 2000 年第36页。

论呢？我们从两位撰写的《实在的社会建构》[1]这本书名中就可以看出伯格和卢克曼的这种意图。

我的看法，伯格和卢克曼自己把其理论称为知识社会学，一个原因是舒茨的影响。"伯格至今仍感激他以前的老师舒茨以及舒茨对现实进行社会构造的教导。……舒茨的著作则促使伯格形成了一种不同的理论模式，即社会世界是如何被人们加以构造的。[2]"那么舒茨著作是怎样影响到伯格和卢克曼把自己的创建叫做知识社会学呢？我认为，舒茨也同样认为，知识社会学的合理问题实质上在于他所揭示的历史社会文化生活世界的常识思维类型化的主题。所以知识化的常识世界的结构还决定知识的社会分配及其相对性，决定知识的社会分配与处在一个具体历史情境之中的具体群体的具体社会环境的关联。这些无疑都是知识社会学的问题[3]。

伯格和卢克曼认为，我们应该为知识社会学的范畴和性质进行重新确认并使知识社会学从边陲的地位转变为社会学理论的核心。当然我们并不是以知识社会学而自誉，而是对社会学理论的了解作为进入该学科的方法并厘清其学科困境与任务。这样就可以协调涂尔干和韦伯之间的知识张力。涂尔干认为必须把社会事实作为物(consider social facts as things)；而韦伯则认为社会学的对象应该是行动的主观意义体(subjective meaning complex of action)。而伯格和卢克曼则认为，社会应该具有这样的多元特性：主观意义性和客观真实性。所以社会实在是主观意义性与客观真实性的自成一体的独特属性。但是问题是：主观意义是如何变成客观真实的？人类行动建构意义世界是如何可能的？对社会实在的自成一体属性(reality sui generis)的适当理解要求有一种建构理论的样式。那么，这就是知识社会学的任务。这种知识社会学同时蕴涵了社会学理论的意

① 伯格和卢克曼把其主要著作命名为《实在的社会建构——知识社会学的论述》(*The Social Construction of Reality*: *A Treatise in The sociology of Knowledge*)。

② 玛格丽特·波洛玛：《当代社会学理论》，[北京]华夏出版社 1989 年第 228—229 页。

③ 阿尔弗雷德·许茨(舒茨)：《社会实在问题》，[北京]华夏出版社 2001 年第209 页。

义,并丰富了社会学多种领域上的旨趣。

按照伯格和卢克曼他们自己的说法,在他们所确立的这种知识社会学中要完成一种社会学知识上的综合:重新拾起被一些社会学家舍弃的语言、宗教、行动等非边际性社会学问题的研究,并协和涂尔干与韦伯的社会学①,也同时竭力地把知识社会学同米德及其学派的核心理论结合,从而指向社会心理学并意味着从社会学的立场展开对人类行为条件的心理基础的认知。

我认为,伯格和卢克曼的这种努力是值得赞赏的,同时也是有成效的。“作为舒茨理论的后续者,伯格和卢克曼从不同的方向丰富着现象学社会学的阵地,并对现象学社会学的许多领域尤其是宏观社会结构方面给予了清楚的界定和细化,从而建立起现象学社会学在西方社会学界的无法替代的地位。②”

但是还是回到开始的问题,伯格和卢克曼的理论是知识社会学吗③?我认为,伯格和卢克曼的理论是知识社会学理论,但是又不完

① 伯格和卢克曼一直认为韦伯与涂尔干的思想是在一个更加广泛的社会行动论中相生相长并不失其各自的内在逻辑。参见,伯格和卢克曼:《社会实体的建构》,[台北]巨流图书公司1991年第197页。

② 朱静生:《现象学社会学》,载,侯钧生主编《西方社会学理论教程》,[天津]南开大学出版社2001年第255页。对伯格和卢克曼的评价是一种批评式的。当有人赞赏的时候,也有人反对,比如伯格和卢克曼试图完成对主观与客观“社会现实”的综合,试图把韦伯和涂尔干的社会学观点联合起来。实际上,他们没有成功。由于关于人类、社会及社会学本质等基本假说的实际差别,范式的融合即使可能,也是一件十分棘手的事情。试图在同一理论体系中进行合并,这种尝试象征性地用这个或那个角度建立了一块“领地”。在T·帕森斯的理论中,体系的重点是,明确地放弃了韦伯一派对社会行动的重视。在伯格和卢克曼的理论中,涂尔干的社会作为自成一体的现实这个概念也明显地被丢弃了。参见,W·D·珀杜:《西方社会学——人物·学派·思想》,[石家庄]河北人民出版社1992年第325页。

③ 我对在《现代知识社会学》中对伯格和卢克曼的有些评价要做一些修改式的说明。在《现代社会学》这本著作中,我主张:常识的知识社会学研究是伯格和卢克曼的研究方向。实际上,话不能这样说,因为伯格和卢克曼的知识社会学方向不仅仅是常识问题,也不仅是常识世界问题,而是调和主观意义与客观实在的关系问题。但是说常识知识成为伯格和卢克曼知识社会学的方向性的一个起点还是符合实际的。因为,知识社会学分析的重点与其说是理论之社会背景,毋宁说是社会之建构过程,亦即人们(常人)是如何建构起社会的,社会又是如何限制甚至决定着个人的行动。由此看来伯格和卢克曼的知识社会学已实质性地切入了一般社会学领域,它同时本身就蕴涵了社会学理论的意义,并丰沛了多(**接下页**)

全是知识社会学理论，只是半知识社会学理论，如果借用伯格和卢克曼的话可以说是“痛苦的知识社会学”。另一半是什么？为何说是“痛苦的”？回答是：伯格和卢克曼的理论一半是知识社会学，一半是综合社会学。之所以说是“痛苦的知识社会学”，因为在这种知识社会学中内设了一种舒茨式张力：把社会学知识产生上的现象学与社会学的张力延伸到知识社会学与理论社会学之间的张力，而且这种张力降低了伯格和卢克曼理论对以往社会学知识的整合能力。如果是微观社会学，我们暂且不管有没有名字或者名字是什么，那么他必定从行动者开始。如果是理解社会学，他必定从承载着知识的行动意义开始。也就是说无论是微观社会学或者是理解社会学，它们知识体系建构的逻辑起点都是行动者。从伯格和卢克曼的理论综合的努力看，行动者是被关注着或者关照着的，我们从二位社会化的论述就可以领略到这一点①。但是这种关照，我打个比方就好像在行动场域的夜空中，点缀的几颗并不耀眼的星斗，在大片云彩不断掠过间隙忽闪忽闪的泛着微光。仔细观察，好像有行动者之星在闪烁；不注意看，好像浑噩一片。很明显这种景象留下的结果是可想而知的。不从逻辑起点着手，而是迂回式跃迁：所经历的日子总是阴天，所以这种理论是“痛苦的”。对伯格和卢克曼的理论还可以这样比方：到达彼岸无桥可过，但是可以撑杆跃迁(leap)②。在对舒茨理论的跃迁上，

(接上页)种社会学领域上的旨趣(郭强：《现代知识社会学》，[北京]中国社会出版社2000年第38页)。

① 伯格和卢克曼在《实在的社会建构》中的后记中也表达了这一看法：知识社会学概念是社会学的专门概念，但这不意味着社会学应该是一门科学学科，其方法不仅是经验性的，也绝不可价值中立。社会学只是以“人”为研究对象的，更明确地说社会学是一门人文学科。社会是人在历史中所创造和所居住的世界，这个世界也在持续的历史中创造了人。这种观点绝对不是人文性质的社会学的最后成果，而是令人警醒的现象中可以唤起我们的注意力。参见，伯格和卢克曼：《社会实体的建构》，[台北]巨流图书公司1991年第200页。

② 在理论的创造过程中，时刻都存在着跃迁(leap)现象。能不能说，伯格和卢克曼的理论是对舒茨理论的一种跃迁？我认为，是可以这么说的。但是在宏大理论的发展时使用跃迁的方式是引人入胜的，也是光彩耀人的。但是在知识连续增长过程中，还是铺搭一个小桥达到对岸更好一些。

伯格和卢克曼使用知识社会学这个杆子，给我们展示了光彩耀人的一幕。但是在自己理论知识的不断跨越上，伯格和卢克曼的跃迁却发生了事故，留下了一些痛苦。所以我建议：伯格和卢克曼应该修筑一条小桥到达彼岸。我认为这个桥就是：行动者运用知识通过个体行动（个体不断社会化的行动）建构社会，而社会运用知识通过群体行动建构个人。中间没有桥，直接跳过去，距离太远了，所以摔伤自己，留下一些痛苦，是必然的。然而，不管怎样说，伯格和卢克曼在使知识社会学成长为社会学主流理论做出了非凡的努力。通过这种努力，我们看到了社会学的另一种样式。这种样式的社会学却可以昭示我们：社会学主流必须从分支社会学中汲取丰富的营养成分茁壮成长；同时社会学分支学科也必须做出范式转换上的努力，在分支与主流之间建立其一种适时的和互动式的沟通，从而实现社会学知识增长的多样化[①]。

3. 强知识弱行动构成知识社会学的缺陷

从社会学知识发展的路向考察，知识社会学的发展不管如何融进社会学主流理论并成长为社会学理论的组成部分，但是其缺陷是明显的而且这种缺陷还具有天生的性质[②]：在知识与行动的关系研究上，强知识而弱行动。这种性质尽管没有成为原于知识论（社会知识论[③]）的知识社会学的纲领，但是事实上却成为了知识社会学发展的内在逻辑，所以细心的读者从知识社会学的著作中看不到更多的有关行动对知识的意义以及行动的知识结构的论述。

---

① 我把这种知识增长方式称作“外部进入模式”。

② 这种天生的性质来源于知识社会学同哲学认识论——更直接地说就是知识论特别是社会知识论——有着血缘关系，因此知识社会学也就遗传了这种忽视行动而强化知识的缺陷。

③ 社会知识论还不是知识社会学，尽管知识社会学同知识论有着千丝万缕的联系。社会知识论是从知识论演变而来，或者说是知识论的发展新方向。应从社会的维度来研究知识问题，是社会知识者的共同主张。社会知识论的有关情况介绍，请参见，陈嘉明：《知识与确证——当代知识论引论》，[上海]上海人民出版社 2003 年第 296—317 页。

二、强行动弱知识的社会行动论

1. 社会行动理论样式

行动的语用学解释[①]开启和延伸了行动研究的现代知识学路向[②]，而行动的知识学解释的形而上学化迫使行动理论走向社会理论，行动的社会理论尤其是行动的现象学对行动意义探索的延伸和行动的知识社会学解释[③]对以往行动理论的架构提出了挑战；同时，行动理论忽视基质的多元化演进，使得行动理论归宿的妥当性日益受到质疑[④]。

西方行动理论相当繁复，牵扯到知识与行动关系的讨论也很丰富。行知关系问题是所有行动理论都涉及的问题，但是这些行动理论都没有把行知关系作为自己行动理论建构的重点问题。比如韦伯社会行动理论[⑤]，在方法论上把社会行动分立为可观察的行为和可理解的意义，进而把行动论中的本体论和认识论进而同知识论结合起来，触及到行动论的最核心内容即行知结构和关系问题，但韦伯却就此而止[⑥]。韦伯对新的行动论的启发就是对行动意义的深追和对意义的意义探索。这个启发开辟了知识和行动关系研究的路向[⑦]。基于知识与行

① 莫里斯：《指号，语言和行为》，[上海]上海人民出版社 1989 年。

② 郭强：《现代知识学探微》，载《宁夏大学学报》1988 年第 4 期。

③ 郭强：《现代知识社会学》，中国社会出版社 2000 年。

④ 吕炳强：《凝视与社会行动》，《社会学研究》2000 年第 3 期。

⑤ 妥当把握韦伯的社会行动是理解行动者和沟通行动与行动者的观察者思想或者与行动观察者进行对话的始点。“关于行动的社会学观点，其源头在于 19 世纪晚期德国知识生活中出现的知识讨论。（沃特斯：《现代社会学理论》，[北京]华夏出版社 2000 年第 19 页）”但是真正的关于行动理论的经典陈述还在韦伯的社会行动分析。沃特斯认为，行动理论的奠基性主张来源于韦伯和齐美尔，尤其是韦伯指出社会学研究主题就应该是行动（沃特斯：《现代社会学理论》，[北京]华夏出版社 2000 年第 56 页）。

⑥ 韦伯社会行动给我们的启发就是，在方法论上把社会行动分立为可观察的行为和可理解的意义，进而韦伯把行动论中的本体论和认识论进而知识论结合起来，触及到行动论的最核心内容即行知结构问题。只不过韦伯过多地关注行动凝视者的认知与知识结构和社会行动的关系而忽视了行动者的认知和知识结构。

⑦ 舍勒，M.：《知识社会学问题》，艾彦译，[北京]华夏出版社 2000 年；曼海姆，K.：《意识形态与乌托邦》，黎鸣、李书崇译，[北京]商务印书馆 2000 年。

动关系研究的前提性命题是知识可以客观化[①]，并且客观化的知识构成了行动者存活的知识世界（不同于哲学意义上的常识世界）[②]。

在名称繁多的社会行动理论中，舒茨的策划行动论、哈贝马斯的交往（沟通）行动论等行动理论对知识的研究以及行知关系的研究较多，这些理论都把知识以及知识与行动的关系问题作为其行动理论的基础。比如舒茨的现象学的行动论开辟了古典行动论的意义研究到知识研究的主题转化[③]。舒茨在自己行动理论的建构过程中将知识的社会构成和知识的社会分配之分析放在与生活世界结构中的行动一同考虑，从而形成了"库存知识"、"常识知识"、"知识类型化"、"生平景况"等概念，阐发了行动的知识化建构、知识的行动化特征、主体间性的知识蕴涵等知识行动理论的重要观点。比如，尽管在《社会世界的现象学》中舒茨所研究的核心问题是意义问题，但是可以从这部著作中看到舒茨对知识问题的研究兴趣；在《生活世界的结构》（第一卷）中舒茨几乎用了一大半篇幅讨论生活世界中的知识问题。在舒茨的现象学社会学理论中知识问题是其最重要的一个研究领域。舒茨在社会学视阈内对知识问题的讨论首先是建立在对传统知识社会学研究基础之上的，从其著作中可以看出涂尔干、马克思、舍勒、曼海姆等古典知识社会学家的思想；同时舒茨在分析生活世界中的知识问题时并没有囿于古典知识社会学研究的传统，而是有所创

① 为了充分地展现和评价知识对于一般意义的社会和社会行为的建构，人们必须首先制定一个社会学的知识概念。人们必须能够在知道的是什么、知识的内容和认识本身之间做出区别。在任何情况下，知道都是某种参与：知道事情、事实。规则就是在以某种方式"占用"它们，包括把它们纳入到我们的方位和能力领域。然而，非常重要的一点是：知识是可以被客观化的，也就是说，对于事情、事实和规则的理智性占用可以被符号性地建立起来，所以在将来为了达到知道的目的，人们就不再需要与事实本身发生联系了，只需与事情的符号性代表发生联系就行了。存在着大量的客观化的知识，这种知识调节我们与自然以及我们与我们自身的关系。只有当人们获得了知识所表达的社会意义并获得对它的感受之后，知识的全部社会学意义才开始实现（尼科·斯特尔：《知识社会》，殷晓蓉译，[上海]上海译文出版社 1998 年第 20 页）。

② 陈国专：《知识学形式基础》，[台北]允晨文化实业股份有限公司 1999 年。

③ Schutz, A., *1932 (1980)*, *The Phenomenology of the Social World*. *London: Heinemann Educational Books*.

新，把知识的社会生成、知识的社会分配等知识社会学中的重要问题同生活世界的结构放在一起进行思考，把身体、时间、意义、情境、语言、主体间性同知识连在一起进行分析，开启了知识社会学的新视野，推进了舍勒的知识社会学研究传统，从而使知识社会学成为现象学社会学的核心组成部分。这种思路不仅具有理论建构的意义，还有方法论的意义比如作为分支学科的知识社会学融进了主流社会学知识之中，为社会学理论的扩生提供了新的模式，为重建妥当性的社会行动论奠定了基础。

哈贝马斯把交往行动的理性看作是行动者获取和运用知识的过程(行动者知识化)并把背景知识作为交往行动成立的基础[①]。哈贝马斯在自己的交往行动理论中提出了“背景知识”、“知识储存”、“知识理性化职能”、“知识共享”、“知识凝聚性”等概念，形成了有关知识与行动关系的许多观点和思想。这些观点和思想特别是学习行动的思想、日常生活世界与体系世界关系的观点等应该说对吉登斯考察知识与行动之间的关系都是有所助益的。

帕累托的非逻辑行动论、帕森斯的唯意志行动论、科尔曼的理性行动论等理论尽管对知识以及知识与行动关系研究较少，但却为开拓知识与行动关系研究提供了丰富的理论线索。比如在帕森斯的社会行动理论中，行动的凝视被放在宏观的社会视域中进行，尽管看不见行动者，但行动的社会意义和社会背景却可以适当的把握[②]，以社会理性和社会系统为表征的社会知识被异常重视，但行动者个人知识的丢失和行动者的行动意义迷失是帕森斯行动论失足之处。帕累托创设非逻辑行动论的目的是解释这样一个道理：本来是让感情牵着鼻子走但行动者又倾向于用虚假的理论和自设的知识根据来遮掩[③]，由于对知识与行动关系考察的缺乏，帕累托非逻辑行动的创设

---

① 哈贝马斯：《交往行动理论》，重庆出版社 1994 年。

② *Parsons, T., 1968, The Structure of Social Action* (2nd). *New York: The Free Press.*

③ 帕累托：《普通社会学》，[北京]三联出版社 2001 年。

目的并没有完全实现。科尔曼的理性行动论旨在解释行动者特别是法人行动者行动的理性选择[①],但由于缺乏理性基础的知识分析以及知识与行动关系的考察,使得这种理论降低了对社会行动的解释力。帕累托的非逻辑行动论、帕森斯的唯意志行动论、科尔曼的理性行动论等社会学行动论作为一种理论样式同这种样式本身所存在问题一并存在,从而留下了所隐含的社会学行动论的内在妥当性问题。

需要特别说明的是,中国思想家特别是古代思想家对知识与行动关系研究做出了独到的贡献。这些贡献性研究历史悠久、思想丰富,比如宋代程朱学派的知先行后说、明代王阳明的知行合一说、清代王夫之等人的行先知后说、孙中山的知难行易说以及毛泽东的知行科学观等。另外赵纪彬和方克立还比较详细地讨论和总结了中国历史上思想家的知识与行动关系的有关思想和观点[②]。

2. 强行动弱知识是社会学理论的内伤

作为综合社会理论的西方行动论在进行建构的时候都是从行动的某一个或某几个属性出发对社会行动进行考察,比如韦伯是从行动的意义出发考察人类行动从而建构其社会行动论,帕累托是从行动的逻辑性与否构建其非逻辑行动论,哈贝马斯则是从行动的交往属性和行动的理性化开始对交往行动进行探索的,而科尔曼行动论则更多地注重行动的理性化等。尽管以往的行动论者都注意到知识对行动的意义,但是对与行动同构同体的知识还是没有应有的重视。这时,知识在社会学的理论体系中就成为了一种忽隐忽现的某种装饰品。

三、吉登斯创新:调和知识与行动的第三条道路

1. 吉登斯理论的实践性品质

安东尼·吉登斯(Anthony Giddens,1938—)是当代社会理论界

---

① 科尔曼:《社会理论的基础》,[北京]社会科学文献出版社 1990 年。

② 赵纪彬:《中国知行学说简史》,[北京]中国文化服务社 1943 年;方克立:《中国哲学史上的知行观》,[北京]人民出版社 1982 年。

著名的社会学家。吉登斯的理论兴趣非常广泛，但是其结构化理论是通过对社会学经典思想的系统清理和对现当代诸多社会思潮的广泛整理、批判和吸收融汇综合而成的“最有建树的理论成果之一”。吉登斯建构结构化理论的目的首先在于：他试图克服“正统共识”社会理论中客观主义与主观主义、整体论与个体论、决定论与唯意志论之间的二元对立，用结构的二重性(duality of structure)去说明个人与社会之间的互动关系。吉登斯结构化理论创新首先在于他试图开辟社会学理论甚至社会理论上的第三条道路，为其意识形态上的第三条道路提供基础。从具体内容上看，他回归了马克思，因为这个理论从本质上揭示了在现代性条件下，在人类实践基础上的使动性和制约性的统一、主体能动性和社会结构的统一。

我认为，吉登斯的结构化理论实质是行动的结构化理论，对吉登斯结构化理论的社会行动论属性，霍姆伍德(John Holmwood)和斯图尔特(Sandy Stemart)有这样的定说：吉登斯的结构化理论在行动理论中已经成为核心①。奥特斯(Malcoim Waters)更是这样指出：吉登斯的结构化理论不仅是行动理论传统最晚近的继承者，而且显然还把行动重新放回到社会学理论阐述的主流。结构化理论是最佳的行动理论②。“我们应该从吉登斯的行动和行动者的概念出发来讨论他的结构化理论。这是因为：第一，吉登斯本人在《社会学研究新规则》一书中就是以行动的概念开始的；第二，这对于理解他的结构化理论具有本质性意义。③”因为理解结构化理论从行动开始无疑是正确的做法，或者说对理解结构化理论具有本质性意义。但是我看作最关键的理由应该是行动论是吉登斯结构化理论的核心部分，讨论

---

① John Holmwood and Sandy Stemart (1991), Explanation and Social Theory. Basingstoke: Macmillan.

② 奥特斯(Malcoim Waters)在赞扬吉登斯的同时也对吉登斯提出了六大批评，但是主要的批评集中在对结构突生(the emergence of structure)这个核心问题上。参见，[澳]马尔科姆・奥特斯：《现代社会学理论》，[北京]华夏出版社 2000 年第 58 页。

③ 郎友兴：《第三条道路》，[杭州]浙江大学出版社 2000 年第 23 页。

结构化理论必须讨论吉登斯的行动论，理解结构化理论也必须把理解行动论作为基础甚至是全部内容。

在吉登斯的结构化理论中，吉登斯出人意料地关注知识尤其是知识与行动的关系，并把建构这种关系看作是结构化理论的核心内容。所以，在吉登斯的行动结构化理论中知识与其说是一种构成性要素，不如说是行动的结构化特征。问题是，吉登斯为什么异常关注知识与行动的结构性关联？这种关注意味着什么？我们能否从这种关注中获得更多的理论上的社会学想象力？探讨这些问题不仅仅关切着吉登斯的结构化理论的生命力，而且还关切着社会理论的发展未来。

2. 吉登斯问题所引发的时代思考

在吉登斯的知识与行动的结构性关系的阐述中，不能回避的问题包括有两类：第一类问题是，有知识的行动者所进行的行动是知识行动吗？如果是，那么是什么意义上的知识行动？那么从古至今的所有知识行动者所进行的行动都是知识行动吗？如果认定所有行动者都是知识行动者，所有知识的行动者所进行的行动都是知识行动，那么时代是否是无差异的？也就是说知识时代的行动者和知识行动是否独具特色？如果是，那么知识时代是否需要支撑这个时代发展的理论？如果需要，何种理论可以成为知识时代发展的支撑理论？第二类问题是，如果知识行动者所进行的行动不是知识行动，那么知识行动者的知识又有何用？知识行动者所进行的行动有多大程度上是以知识为基础的？这些问题有的是吉登斯明确提出来的，有的隐含在吉登斯的结构化理论中，有的吉登斯并没有提出来，但是这些问题都是我们迫切要回答的基本问题。

如果说，人类社会要进入知识时代，那么，我有一个基本的宣称：吉登斯的理论对应的是前知识时代，也是资本主义为主体的工业社会。所以这种行动结构化理论更多地关注现代性问题，从而把现代性作为建构行动结构化理论的基础性要素。这个宣称是否有意义？是否符合实际，需要对吉登斯的理论加以考察。

3. 吉登斯重构行动论的努力尝试

吉登斯的结构化理论所显示的内容，实质上的行动结构化理论或者结构行动论表现了吉登斯在重构行动论上的努力。从吉登斯理论建构线路上看，吉登斯结构化理论的逻辑出发点是行动者，而行动者又是知识行动者。这时就不可避免地要讨论知识、行动以及行动者之间的关系。由此阐发了知识与行动的一种结构性关联的模式。但是吉登斯却在知识与行动的关系上迈入了结构化的陷阱。

我们知道，行动进而社会被知识所定义所建构抑或所破坏是所有行动以及全部社会所具有的永恒特性。行动的合理性进而合法性与以知识为基础的社会理性是结构性勾结的，同时与知识的合法性也是联结在一起的。

行动为知识奠基，行动的合法性论证就成为知识合法性的奠基性论证；同时知识本身的合法性也要对知识进行结构性分析比如知识的真与假、常识与科学、知识的时空状态等。“知识首先在其本身之内找到合法性的因素，（这种知识）才有资格去说服政府和社会应该如何行事[①]”。

知识的状态决定行动的合理化程度和行动的合法化水平，社会的本质也同样由知识所决定，舍勒指出：“所有知识——尤其是关于同一对象的一般知识，都以某种方式决定社会——就其可能具有的所有方面而言——的本性。[②]”还需要说明的是，知识不仅定义、修改和建构（破坏）行动和社会，同时知识还通过对行动的定义与建构（破坏）来定义、修改和建构社会，而且知识还通过对自己的反思、修改而改变行动所依赖的基础。

从行动到互动、从互动类型化到行动的制度化，从行动者的意义世界到凝视者的生活世界都是由知识所定义所建构。“反过来说，所

① 利奥塔：《后现代状况——关于知识的报告》，岛子译，[长沙]湖南美术出版社 1996 年第 113 页。

② M·舍勒：《知识社会学问题》，艾彦译，[北京]华夏出版社 2000 年第 58 页。

以知识也是由这个社会及其特有的结构所决定[①]。”无论何种知识都脱离不了同社会的干系，在社会场域中的知识都是在行动中产生和再生的。特定的知识对特定的个人来说是后验的，但是社会性知识对社会行动者来说则具有先验的性质。知识可能不是行动，但是它是行动的前提、过程和结果，所以斯特尔才把知识看作是行动和行动的能力[②]。知识在行动中产生，知识也在行动中修改，曼海姆认为“有而且只有行动本身才能产生知识[③]”。盗窃的行动体验可以演进成为娴熟的技术，骗人的伎俩可以转化为知识，诸如此类的知识都被行动者的行动过程以及行动所存活的特定社会结构所定义、所构建。社会的知识化实质就是社会建构、选择和应用知识的过程和结果[④]。

尽管吉登斯发明了“双重(向)阐释”模式，但是也没有完全解决知识与行动进而知识与社会的相互定义问题。因为吉登斯没有找到建构同知识社会的知识实践[⑤]做出理论回应的基本方式，即使把传统知识社会学的理论纳入到主流社会学理论之中也是无济于事的。因为，目前的社会行动理论是一种有缺陷的理论[⑥]，而目前的知识社会学也是不成熟的和不全面的[⑦]。依我看来其缺陷的主要表现就是缺乏知识与行动进而知识与社会关系的独立理论形态的系统研究。

---

① 舍勒对此解释说：“启蒙时代的人们只以某种片面的方式把知识看作是社会存在的条件。而看到知识的存在也需要某种社会条件，则是 19 世纪和 20 世纪的人们的一种重要认识。”参见，M·舍勒：《知识社会学问题》，艾彦译，[北京]华夏出版社 2000 年第 78 页。

② 斯特尔：《知识社会》，殷晓蓉译，[上海]上海译文出版社 1998 年第 153 页。

③ 曼海姆：《知识社会学导论》，张明贵译，[台北]风云论坛出版社 1998 年第72 页。

④ 郭强：《知识化》，[北京]人民出版社 2001 年。

⑤ 李国昌：《论知识实践》，《探索》2000 年第 6 期；罗钢、孟登迎：《文化研究与反科学的知识实践》，《文化研究》，2002 年第 4 期。

⑥ 詹姆斯·博曼：《理性选择解释的限制》，曾长进译，《国外社会学》2000 年第 1 期和吕炳强：《凝视与社会行动》，《社会学研究》2000 年第 3 期。

⑦ 现存的关于认为知识具有重要作用的现代社会理论之最严重的理论缺陷是他们那个关键的组成部分，也就是对于知识本身的绝无差异的处理。这些理论中的知识的至关重要性与对于知识概念的范围广泛和有见解的讨论还不匹配。甚至更宽泛地说，我们关于知识的知识尽管(一度也正是因为)是知识社会学，但(所以)并不十分成熟和全面。**(接下页)**

“知识与社会相互贯穿并相互定义， 同时也构成了社会学理论的基础。[①]”为社会学理论的基础性发展要修正这种缺陷，进行知识与行动进而知识与社会关系的独立形态的社会学系统研究。吉登斯的知识与行动的结构化研究，为这种研究提供了丰富的思想资料和社会学想象力。

吉登斯的结构化理论实质是行动的结构化理论，而在吉登斯的行动结构化理论中知识与其说是一种构成性要素，不如说是行动的结构化特征。系统全面把握吉登斯的行动结构化理论不是一件容易的事情。我要做的依然是循着吉登斯对知识与行动关系的论述以获得某些启发。要申明的是：我与其述评吉登斯行动结构化理论中知识与行动之关系的某种关怀，倒不如说是对这种关怀进行某种强化。同时还要声明：是否做到了这种强化或者这种强化的程度如何同吉登斯几乎是无关的。

在具体讨论吉登斯的论题之前，我先提出这样的问题来思考：吉登斯的结构化理论的主体是什么，能否划等号地称为行动的结构化理论？如果可以这样的称呼的话，这种理论所照应的时代背景又该如何说明？我认为，吉登斯的结构化理论尽管涉入了许多的因素包括的内容很广泛，但是总体上还是可以这样称呼：结构化理论在某种意义上的行动结构化理论。而且这种理论对应的是前知识时代，也是资本主义为主体的工业社会。所以这种行动结构化理论更多地关注现代性问题，从而把现代性作为建构行动结构化理论的基础性要素。值得说明的是：这个宣称还需要进一步论证。我将在以下的内容中适当地加以说明，更多的说明要指涉这一章的全部内容。

对吉登斯结构化理论的社会行动论属性，霍姆伍德（John

（接上页）参见，stehr and meja，1984 *The development of The sociology of knowledge*，Stehr，Nico & Volker Meja（eds.），*Society and Knowledge: Contemprary Perspectives on the sociology of Knowledge*. New Brunswick，NJ：Transaction books.

① 景天魁等：《2000年社会学在中国：研究进展状况及热点和难点问题》，《新华文摘》2001年第7期。

Holmwood)和斯图尔特(Sandy Stemart)有这样的定说：吉登斯的结构化理论在行动理论中已经成为核心[①]。奥特斯(Malcoim Waters)更是这样指出：吉登斯的结构化理论不仅是行动理论传统最晚近的继承者，而且显然还把行动重新放回到社会学理论阐述的主流：结构化理论是最佳的行动理论[②]。

① John Holmwood and Sandy Stemart (1991), Explanation and Social Theory. Basingstoke: Macmillan.

② 奥特斯(Malcoim Waters)在赞扬吉登斯的同时也对吉登斯提出了六大批评，但是主要的批评集中在对结构突生(the emergence of structure)这个核心问题上。参见，[澳]马尔科姆·奥特斯：《现代社会学理论》，[北京]华夏出版社2000年第58页。

第一章 知识行动者

“我们应该从吉登斯的行动和行动者的概念出发来讨论他的结构化理论。这是因为：(1) 吉登斯本人在《社会学研究新规则》一书中就是以行动的概念开始的；(2) 这对于理解他的结构化理论具有本质性意义。[①]”这是个好建议，但是建议的理由并不充分。因为理解结构化理论从行动开始无疑是正确的做法，或者说对理解结构化理论具有本质性意义。但是我看作最关键的理由应该是，行动论是吉登斯结构化理论的核心部分，讨论结构化理论必须讨论吉登斯的行动论，理解结构化理论也必须把理解行动论作为基础甚至是全部内容。我可以不管这个建议的理由如何，还是听从这个建议，讨论吉登斯的行动论的基础性范畴并与知识行动论联系起来一同思考。

在分析吉登斯的行动理论的时候，我依然遵循吉登斯自己所设定的知识上的逻辑起点，对行动者做出某种意义上的讨论，并把这种讨论称为具有知识行动论意义的说明。吉登斯对现代行动哲学的批判主要集中在行动哲学并没有解释行动没有被认识到的条件和行动意料之外的结构。行动的一个条件就是行动者身体和肉体的能力即行动不能离开躯体而存在。

第一节 行动者的知识性特征：知识行动者

行动者是吉登斯行动论分析的重点内容，这种分析内容实质同

① 郎友兴：《第三条道路》，[杭州]浙江大学出版社 2000 年第 23 页。

对行动的分析是不可分割的[①],为了叙述的方便尤其是为读者考虑,我把这种分析变得层次化一些。但是这种层次化也是冒险的,因为搞不好就偏离了吉登斯,原因在于行动者和行动必须一同分析。

一、结构化理论的逻辑起点

吉登斯的行动概念是一个非常具有知识行动论意义的概念。我声称吉登斯的结构化理论是行动结构化理论,而行动结构化理论又显示了知识行动论的意义,其中一个原因就是吉登斯结构化理论的逻辑出发点是行动者,而对行动者的界定又是非常具有知识行动论的意味,也就是说吉登斯把行动者看作是知识行动者。这时就不可避免地要讨论知识、行动以及行动者之间的关系。我将沿着吉登斯结构化理论的逻辑起点按照知识行动论的要求一路走下去。

1. 什么是行动者

吉登斯认为行动者是知识行动者(knowledgable actor/agent),有知识是行动者的显著特色。行动者是具有知识能力(knowledgeability)[②]的社会成员,而知识能力的基础就是知识。所以吉登斯指出:所有的

---

① 吉登斯在讨论人类行动者同其他行动者不同的时候指出:人类行动是有机体的表现形式,它拥有一个实体,该实体偶尔会渗透到一系列构成行动环境的事件中。因此,行动假定有一种"事件的发动机"(a motor of events),这就是行动者。这就必然意味着这个"发动机"是一个概念的承载体,这一概念被用来组织修正世界上大量事件的活动。换而言之,人类行动者具有"以其他方式行动"(acting otherwise)的能力。我们可以假设高等动物是概念的承载体,那么行动者也具有这一层含义。人类区别于其他动物是因为他们拥有按照分析性句法规则使用的语言。他们所要进行的概念性行动的范围——无论是否已经嵌入他们行动的实际内容,或是以一种散漫的方式存在——都比非人类的动物所能利用范围大得多。人类具有对自己作为行动者的理解能力,因此也能对行动做出知识上的反思,而非人类的动物就被剥夺了这种反思的能力。参见,安东尼·吉登斯:《社会理论与现代社会学》,[北京]社会科学文献出版社 2003 年第 234 页。

② 吉登斯把知识能力表述为:行动者凭借自身和他人行动的生产和再生产,对这些行动的背景环境所知晓或者相信的那些东西,除了可以同话语形式表述的知识,还包括不言而喻的默会知识。同时也需要指出的是,国内对吉登斯所提出的 knowledgeability 概念的翻译,我是有不同看法的。一些介绍吉登斯著作的作者把 knowledgeability 翻译为"认知能力",我是不同意的。我则把 knowledgeability 译做"知识能力"。这倒不是说,这种译法是多么得体,而是感觉到这种译法是同我所提出的知识行动论很贴近的。

人都是具有知识能力的行动者。也就是说，所有的社会行动者对他们在日常生活中的所作所为的条件和后果都拥有大量的知识。吉登斯指出：就其性质而言，这种知识并不完全是命题性的，而且对于社会行动者的各种活动来说也并非无足轻重①。

很显然，吉登斯把行动者对行动条件和后果的知识看作是行动得以实现的条件，同时把拥有知识看作是行动者所具有的特征，而且这种特征对承载行动的社会成员来说具有普遍性。我们可以这样理解：凡是行动者都是有知识能力的，而这种知识能力的基础是知识的掌握。所以就可以这样认为，行动者被界定为知识行动者，行动者所掌握的这些以知识能力来表征的知识不论是命题性还是非命题性，对行动的完成都是至关重要的。

2. 行动者的资格

那么，吉登斯在何种程度或在何种意义上称行动者是有"知识能力"的？或者说，作为表征知识能力的知识指的是什么呢？能不能把这种知识等同于信念呢？如果不能有效地界定知识，也就无法确知行动者的知识能力指涉的意义。为此吉登斯做了这样的一个假定："知识能力"中的"知识"相当于确切或有效的自觉意识(awareness)。吉登斯认为这种表征知识的"自觉意识"并不是"信念"，因为信念只是知识能力的一个方面。

那么，问题是这种意识同实践意识又有什么关联呢②？吉登斯指出：有人认为实践意识纯粹是由命题式信念构成的，这种看法并不合

---

① 安东尼·吉登斯：《社会的构成》，[北京]生活·读书·新知三联书店1998年第408页。

② 行动者的知识能力根植在实践意识中，面貌极为复杂。正统的社会学视角，特别是那些和客体主义相联系的思路，一般来说完全忽视了这种复杂性。在日常情况中，行动者也能够运用话语方式描述他们的行为及其理由，不过这些能力通常是适应日常行为流的特点。只有当个人被他人问及他们为什么会如此这般地行事时，行为的理性化才会促使行动者借助话语的方式，为他们的所作所为提供理由。当然，一般来说，只有当有关行动在某些方面使人困惑时，才会使人们提出这样的问题。这种情况往往是行为冒犯了习俗，或者偏离了某个待定的人习惯上的行为方式。参见，安东尼·吉登斯：《社会的构成》，[北京]生活·读书·新知三联书店1998年第408页。

理,虽说有些要素原则上可以用这种方式表述。实践意识包括知晓某些规则和策略,日常社会生活正是通过这些规则和策略,得以在广泛的时空范围内反复地构成。社会行动者有时会弄错这些规则和策略可能具有的含义。在那些情况下,他们的失误也许会表现为“情景失态”。但是,如果说社会生活根本上存在什么连续性的话,绝大多数行动者在绝大多数的时间里就必定是正确无误的。也就是说,他们知道自己在做的事情,也成功地把自己的知识传递给了别人。行动者知识能力中的知识所含有的实践意识的意义,不仅使行动者自身拥有了构成自己知识能力的知识,同时也获得对这种知识进行传播的功能。也就是说当行动者在使用自己的知识作为行动的基础或者在把自己的行动赋予更多的知识行动的意义的同时,也把自己同来指导行动的知识传递给了别人。

不仅如此,行动者的知识所含有的实践意识的内容也使得行动者同这个世界紧紧地关联在一起。按照吉登斯的意思,就是行动者关于这个世界的知识和行动者与这个世界本身是不可分开的。照我看来,作为行动组成部分或者作为行动内在基础的知识表现在行动者的知识能力上,这种知识能力直接地包含在构成日常生活主体的实践活动中,从而是社会世界的一项构成性特征。所以吉登斯这样指出:“知识能力(knowledgeability)包含在构成日常生活主体的实践活动中,是社会世界的一项构成性特征(此外还有权力)。作为社会世界的组成者,行动者对社会世界的知识是和这个世界分不开的;他们有关自然界事件或对象的知识的情况也是如此。①”

3. 行动共识

在吉登斯看来,经过共同理解而达成一致的行动共识是检验行动者的知识包括知识如何践行的基本依据。说行动者是知识行动者

① 在吉登斯看来,拥有知识和拥有对象是同一个过程,拥有了这个世界也就拥有了这个世界的知识。进一步说,获得了对这个世界的知识也就拥有了这个世界。参见,安东尼·吉登斯:《社会的构成》,[北京]生活·读书·新知三联书店1998年第169页。

是一回事,实际上行动者是否有知识是另一回事;确知行动者是有知识的是一回事,但是行动者是否以这些知识为依据进行行动也是另一回事。明白地说:行动是否成为知识行动,在技术层面上取决于行动者是否有知识和是否践行了这种知识。在某种意义上,如果行动者是知识行动者并且践行了这种知识,那么无疑这种行动应该被看作是知识行动——当然这种说法是从吉登斯的意见中推论出来的。那么,如何判定行动者是有知识的并且知道行动者所知道的知识以及行动者如何践行其知识?吉登斯这样说:"我们要想充分地检验行动者所知的东西,以及他们如何践行这些知识(普通行动者与社会观察者一样投入这种践行过程)[①],必须以使用同样的材料为基础,也就是说,对反复不断地组织起来的实践活动有共同理解,因为有关这些知识的假设正是依照这些材料推演而来的。[②]"

遗憾的是,吉登斯并没有说明共同理解模式是怎样产生并怎样对行动者是否有知识和是否践行所拥有知识做出评价的?我的猜测是:这个问题实在是太棘手了,一时根本说不清楚。所以吉登斯实质上也就暂时把这个问题放入括号中了。因为我们说行动者是否有知识并不能仅仅从行动者自身来寻找,要是这样的话就是缘木求鱼。因为我也听到过"高学历者"的"无知"的斥责。所以,只有共同的理解模式才能对行动者是否有知识和是否践行其知识做出评价和判定。但是如果这样认为,那么问题就相当复杂,因为这种共同的理解模式如果形成,即便了解这种共同的理解模式的形成,但是要考

① 从吉登斯所做的这样判断中,我可以知道并且我还将进一步证明:知识行动,形式上,社会观察者和普通行动者并没有两样。吉登斯的判断是"社会观察者与普通行动者都拥有知识并在实践中践行这些知识"。吉登斯明确指出:在借以判断信念主张〔假设或理论〕的有效性标准方面,社会的普通成员和社会观察者之间并无逻辑上的差异(安东尼·吉登斯:《社会的构成》,[北京]生活·读书·新知三联书店1998年第170页)。但是吉登斯的判断是否也预(遗)留了这样的一个问题:依据的知识不同,知识行动是否也有不同的性质与特征。科学知识社会学(SSK)的研究涉及到这个问题的一部分,我将在适当的时候充分参考科学知识社会学所讨论的特征类型的知识行动来详细说明或论证吉登斯预留问题。

② 安东尼·吉登斯:《社会的构成》,[北京]生活·读书·新知三联书店1998年第169页。

察这种共同的理解模式对行动者知识的检验也要花费一番功夫。但是，好在吉登斯提出了衡量这种共同理解模式即提供判断行动者知识的基础“材料”的“有效性”的标准。吉登斯说：要衡量这些材料的“有效性”，得看行动者在多大程度上能在不偏离自己行为目的的情况下，与他人相互协调彼此的行动①。实际上，吉登斯就是把“协调目标行动”看作是行动者是否和如何践行所拥有行动知识的一个有效性标准。我对这个标准持不赞赏的态度。保持自己的行动目标，但是又同时能够同实践世界中的其他行动者进行行动协调，这实质是为了实现目标完成行动的一个方面，体现了行动知识的灵活技巧；这并没有体现行动的全部知识基础和行动过程中践行所有知识的状态。所以，从这个意义上，吉登斯所给出的这个标准并不是衡量知识行动的标准，因此不具有知识行动论的完全意义。当然，如果做出这种要求，对吉登斯行动结构化理论来说可能是苛刻的。

4. 行动者知识的情境性

吉登斯认为，行动者所拥有的知识不仅具有在身的情境性(contextuality)②，而且还可以走出这种在身的情境性。也就是说行动者的知识不仅在同在世界中是有效的，而且在行动圈外也是有效的，尽管行动者所拥有的知识是有异的。吉登斯指出：当然，有关行动者在行动环境中的实际行为规则和策略的知识，与那些在远离行动者经验的具体情境中采用的知识，二者之间还是有些潜在的差异。行动者的社会技能在多大程度上能使其在置身陌生的文化情境时，无须借助其他力量就可以应付自如，这显然会有许多种情况。当然，体现各种文化或社会之间不同界限的多种不同的习俗，它们之间的

① 评价行动者知识的依据材料是否具有“有效性”同确立行动者是否有知识和如何践行这些知识的依据是同样重要的。安东尼·吉登斯：《社会的构成》，[北京]生活·读书·新知三联书店1998年第169页。

② 情境性(contextuality)指的是互动定位在具体时空中的特征，包括互动中的场景、共同在场达到行动者以及他们彼此之间的相互沟通。

融合过程同样也是差异各见。行动者并不是只能通过那些自己能以话语形式阐述出来的知识或信念主张,才能体现出对超出自己活动所发生范围的那些更广泛的社会生活状况的自觉意识。例如,对于那些明显置身于社会底层的行动者来说,他们常常是在进行例行活动的方式中,体现比对自身受压迫状况的自觉意识的[①]。同时吉登斯还认为,当行动者所拥有的知识转变为话语形态时,当我们说"行动者有关自己所在社会的知识"以及有关其他社会的知识时,指的就是话语意识。在这里,我们可以看出吉登斯的现代性动力机制中的时空分离对行动者分析的影响。无论是以话语意识所表现出来的行动者知识还是以实践意识所表征的行动者知识都不是固定地黏附在行动者所在的行动圈之内,都会超越这种行动的具体情境。而且在吉登斯看来——不管我是否同意——意识包括话语意识和实践意识是知识的存在方式,这种存在方式是超越知识自身包括超越不同的知识类型和不同的知识领域。所以,在行动者实际的话语体系中能够说出的以话语形式出现的话语意识——一种知识或者知识体系——仅仅是知识的一部分;实质上没有说出的或者说没有用言语所表达的超出自己行动领域之外非常遥远的范围上的社会生活形式也是行动者话语意识的构成部分。当然,践行这些知识的行动者的实践意识也同话语意识一样作为行动者知识的组成部分,除了它本身所具有的使社会具有生成性或者建构性特征之外,它还指涉行动者之外的实践模式和社会生活方式。

二、行动者知识践行的因素

影响行动者知识践行的因素有哪些呢?或者说,就一般情况来说,哪些类型的情况容易影响到行动者对系统再生产条件的"洞察"的程度与性质呢?吉登斯认为,大致包括以下因素:(1)行动者凭借

① 安东尼·吉登斯:《社会的构成》,[北京]生活·读书·新知三联书店 1998 年第 170—171 页。

自己的社会定位所拥有的获得知识的方式;(2) 组织并表达知识的类型;(3) 与被视为“知识”的信念主张的有效性相关的情况;(4) 与可资利用的知识的传递方式有关的因素。

1. 获得知识的方式

在吉登斯所提出的“行动者凭借自己的社会定位所拥有的获得知识的方式”方面,主要涉及到“行动者的社会定位”和“获得知识的方式”两个内容。对“行动者的社会定位”的问题我将在后面进行专门评析。现在我们更多地要讨论“行动者获得知识的方式”以及与此有关社会层面的不同构成。我在这里发明一个概念就叫“行动圈(action cycle)”。在吉登斯看来,所有行动都联系到圈内和圈外两个领域,“所有行动者都是在更大范围内总体中的具体情境下行动的”。也就是说行动的情境包括总体情境和具体情境,这种情境的划分就限制了行动者对自己没有直接经验的其他具体情境产生更多的了解。从知识的来源说,行动者知识的一个来源是自己行动直接经验的知识,另一个来源则是行动者自己直接经验的积累。按照舒茨的说法就是自我性知识和他人性知识。吉登斯认为:“诚然,所有的社会行动者所掌握的知识,比起自己曾亲身体验过的来说都要多得多,其原因正在于经验借助语言而实现的积淀。[①]”这里也说明了他人性知识自我化的机制就是因为经验的语言组织化处理,使得他人性知识转化为社会性的共享知识。尽管实际存在着知识的社会分配机制可以使行动者积累和使用的知识远远超过自己实践中积累的直接知识,但实际要面对的情况是:行动者的范围不论是意义上还是在举止上,都要局限在一种环境里,对其他环境中发生的事情则多少有些无知。也就是说行动者的知识所具有的结构是同行动者能够达及的范围和情境有关或者受其制约。因此,行动者的知识分布和知识结构也就决定了行动者对身临其中的环境的知晓程度更高一些,所获得

① 安东尼·吉登斯:《社会的构成》,[北京]生活·读书·新知三联书店 1998 年第 170—171 页。

的知识也更多一些;这些知识对行动者的实际行动的定向功能和意义功能也更明显一些。这种同时空结构连接在一起的,尤其是同行动者行动场景直接联系起来的特性也就具有了知识行动论的意义,"这一判断不仅适用于某种'横向'即空间分离的意义,也适用于较大范围的社会中的'纵向'意义。所以说,精英集团里的行动者对其他那些社会地位较低的人群的活法可能会知之甚少,反之亦然。不过,我们有必要在此指出,环境的纵向分割几乎始终同时是空间分割。①"我认为,这种分割直接决定或影响着行动者获得知识的方式,同样行动者获得知识方式的不同也就影响到对系统再生产条件的"洞察"的程度与性质。

2. 组织与表达知识的类型

关于第二种因素即组织并表达知识的类型对系统再生产条件的"洞察"的程度与性质,吉登斯主要划分了两种知识的类型及其所具有的特征。吉登斯指出:"我的意思既是指信念主张在多大程度上可以完全通过'话语'来安排,又是指不同话语的性质②。"吉登斯认为,日常知识即日常的知识主张同社会科学知识的是不同的。这里最大的不同就是日常知识是一种通俗的常识,这种常识是支离破碎和缺乏联系的,吉登斯形象地说这类知识是出自业余者之手的"粗糙产品"。但是正是由于这种并不完善的知识才成为普通行动者的赖以进行行动的基础,才构成了具有话语意识和实践意识的行动要素。所以,吉登斯指出:在所有的社会中,普通成员的大多数日常谈话都是依据零零散散或未加验证的知识主张来进行的。尽管日常知识不同于社会科学知识,但是科学知识却对日常知识有着广泛的影响,以话语形式所表现出来的对行动的社会解释就牵连到日常知识和科学

① 安东尼·吉登斯:《社会的构成》,[北京]生活·读书·新知三联书店 1998 年第 171 页。

② 安东尼·吉登斯:《社会的构成》,[北京]生活·读书·新知三联书店 1998 年第 171 页。

知识的共同解释[①]。

3. 知识主张的有效性

首先,由于在实践意识和话语意识之间可能存在的张力[②],有时会导致知识的信念主张无效。其次,个体在描述或说明自身行动的具体情境及至大范围内的社会系统的特征时,采用的理论可能是错误的。依我看来,这种情况还可以进一步进行分析,在个体行动者说明自身行动的具体情境时所选用的理论或知识的有效性会大一些,但是当个体行动者在描述或说明自己行动的具体情境相关联的更大范围内的社会系统的特征时所选用的知识有时可能是错误的。吉登斯认为,出现这种情况最初的起源可能是某种心理动力机制。在压抑过程中,有关人们为什么这么做的理由,以及对那些理由他们想说或能说的东西,都被打散或搅乱了。但显然还存在某些更有力系统的社会压力,能影响到某个社会的成员会在多大程度上对该社会的特性特有的错误信念[③]。实质这种有效性是个体与社会关联的一种表现形式,不仅仅是行动者的知识选择而且社会所决定的这种知识选择同样影响着这种有效性。

4. 知识传递方式的类型

吉登斯说:口头文化与书写、印刷、电讯等沟通媒介之间在历史及空间上的关系尤具影响力,这一点几乎已是众所周知。吉登斯尤其强调指出:用以传递知识的沟通媒介,不仅仅影响到可资利用的知

① 不管怎么说,在那些社会科学已经颇具影响力的社会里,社会科学话语的出现显然影响了各个层面上的社会解释,比如戈夫曼就拥有大量的读者,而不仅仅限于他那些作为职业社会学家的同事们。参见,安东尼·吉登斯:《社会的构成》,[北京]生活·读书·新知三联书店 1998 年第 171 页。

② 吉登斯在这里并没有指出这种张力的机制和原因。照我看来,可以说出来的意识和无法言语的意识所形成的张力在知识的类型上就可以表现出来,比如在行动者的知识结构中只可以意会而难以言传的默会知识即隐性知识和可以表达的显性知识在对行动的意义结构的构成上就体现了不同的张力,吉登斯所指出的在表达行动载有意义的特征时所选用的知识有可能是错误的说法只是说明了这种张力的一种表现。

③ 安东尼·吉登斯:《社会的构成》,[北京]生活·读书·新知三联书店 1998 年第 171 页。

识库存，而且还改变了人们产生出的知识的类型[①]。知识传递和可资利用的知识传递方式在现代社会中，很大程度上影响着行动者获得知识的方式和知识获得的程度以及践行这些知识的能力。

三、知识行动者的意义

吉登斯对行动者是有知识的声称是很有意义的。行动者是有知识的(knowledgable)[②]，这种支持着行动者在行动的时候反身性监控(reflexively monitor)自己的行动过程包括自己的表现和他人的观感与反应，而且社会中的所有人都是这样。这样一来，行动者便有了一个资格问题，有了知识并且能够践行这些知识，在吉登斯看来才是合格的行动者。李康认为，具备"从心所欲而不逾矩"就算具有了行动者的资格能力。就是说具有资格能力的行动者在行动的过程中始终保持着通晓行动根据的能力，当被问及时能够不太困难地提供自己行动的依据和理由。这个过程一般都是持续的流转而不是一个行动者予以关注的一个个被分割开来的"瞬间(moment)[③]"。

1. 把行动者看作知识行动者的价值

把行动者作为知识行动者，把行动者作为有知识能力(knowledgeability)的行动者，其意义不仅在于使行动获得了能动性，也同时使得行动者所在的社会获得了构成性的特征。

把行动者作为知识行动者，把自觉的和有效的实践意识作为知识的基本组成，其意义不仅使行动论获得了新意，同时也提供知识行

---

① 安东尼·吉登斯：《社会的构成》，[北京]生活·读书·新知三联书店 1998 年第 172 页。

② 在说明行动者是知识行动者的时候，吉登斯并没有完全否定行动者无知的因素或者状态。我把吉登斯的这句话写下来，就可以知道吉登斯把行动者界定为知识行动者的时候还是留有一手的。"对于自然主义社会学家来说，社会行动的意外特征要求我们必须考虑到行动者无知这一因素，并以此来对社会生活进行分析(安东尼·吉登斯：《社会理论与现代社会学》，[北京]社会科学文献出版社 2003 年第 71 页)。"

③ 李康：《吉登斯的结构化理论与现代性分析》，参见，杨善华主编：《现代西方社会学》，[北京]北京大学出版社 2002 年第 223 页。

动论的相当启发。

把行动者作为知识行动者，就赋予了知识以实践的性能以及知识行动的丰富多彩特性。知识的涉身性和体验性①，使知识显现出隐性知识和显性知识并不断使这两类知识转化，从而更加奠定知识时代中行动的知识基础。

2. 遗留的行动者问题

吉登斯就行动者本身所留下来的问题却是很多，我把这种问题叫做“行动者问题”——实际上是社会学知识的本体论问题。这些问题不解决，就难以建构具有“行动者关怀”的社会理论。我一直认为而且坚持一直认为，“行动者关怀”是社会理论的知识要义和终极目的。在建构社会理论的时候，我们不仅要有认识论也就是说我们不仅要认识什么，同时还要做些什么也就是说还要有实践论的意义；但是仅仅有这些还是远远不够的：因为我们认识些什么和我们做些什么到底是为了谁？没有行动者问题的解决，就不可能谈得上社会理论的“本体论关怀”②。应该说社会理论的“本体论关怀”是建立在“行动者关怀”基础之上的。

吉登斯“行动者问题”可以列举这样几个方面：第一，行动者在结构化理论的知识增长中价值渐低化趋势或者行动者消失。“吉登斯是唯一能够真正阐述结构而不是把行动与结构归并起来的行动理论家。他独辟蹊径，视结构为行动的意外结果。在这种局面下，行动者的技能和创造性，以及他们的理性，都成为这个过程中无足轻重的因素。③”我看不出来，奥特斯这句话是对吉登斯的褒扬还是批评。但是这句话中更多地显出了吉登斯的耀眼之光的灭暗性，行动者以及附

---

① 郭强、施琴芬：《论企业隐性知识显性化的外部机制与技术模式》，《自然辩证法研究》2004年第4期。

② 我将在以后的内容中介绍吉登斯的社会理论所主张和所贯彻“本体论关怀”的原则。但是吉登斯社会理论的“本体论关怀”仅仅是一种表征而已，因为吉登斯留下了一连串的“行动者问题”。

③ [澳]马尔科姆·奥特斯：《现代社会学理论》，[北京]华夏出版社2000年第57页。

着在行动者身上的行动理性[①]和行动的知识基础被消失在结构内。所以在吉登斯的“研究人类社会行动的本体论框架”中，吉登斯在有意或无意中把本体论中心由行动者转移到社会本体（制度与权力）。第二，行动者被绑架的嫌疑。行动者到底安置在什么地方呢？由于行动者的自由性使得行动者被吉登斯绑架到结构内。“在吉登斯的行动理论中，究竟是谁或者什么东西在进行选择。如果结构寓于行动者实践意识中的记忆痕迹，那么就必然主张是结构真正地构成了行动者。而行动者如果不从结构中分离出来，那么，自由行动的个体的本体论就必定会有问题。[②]”行动者本来是自由的，而且吉登斯把行动者界定为知识行动者已经为把行动者从帕森斯等人的行动论的漆黑夜幕中拯救出来准备好了知识工具并且做出了努力，但是最后行动者就又被绑架到结构里。第三，把意识作为知识[③]，不管这种意识是什么或者具有什么属性，尽管关联到意识者本身好像是把社会学的认识论同社会学的本体论连接了起来，但是实际上中间还缺乏一座真正连接的桥梁。因为在日常生活实践中主体意识同主体知识还是有区别的。我在这里所列举的“行动者问题”只是吉登斯行动者问题的冰山一角。问题还在后面。

第二节　行动者的分层模式

吉登斯认为，人类行动者的知识能力（knowledgeability）总是受到限制，这种限制一方面来自无意识，另一方面来自行动中未被行动

① 行动者的知识属性决定了行动者的行动理性的内容，行动者的这些理性会不停地激发其日常行动，同时在支配行动者的行动内容上理性和行动认同（action-identifications）都不是随意表达的。所以，理性在维持行动者了解自己行动的内容和动因上是有效的。参见，安东尼·吉登斯：《社会理论与现代社会学》，[北京]社会科学文献出版社 2003 年第 3 页。

② [澳] 马尔科姆·奥特斯：《现代社会学理论》，[北京]华夏出版社 2000 年第 59 页。

③ 马克思在《1844 哲学与经济学手稿》中早就非常明确而且是十分肯定地把知识作为意识的存在方式，而且一再强调知识是意识的唯一存在方式。

者认识到的条件和行动的意外后果。社会科学最重要的任务就包括探索这些限制人类行动者知识能力的边界,意外后果对于系统再生产的重要意义,以及这些边界所具有的意识形态意涵①。那么,这种没有被行动者所意识到的条件和行动的意外后果是什么呢?回答这个问题,就要讨论吉登斯的行动者分层模式(stratification model)②。

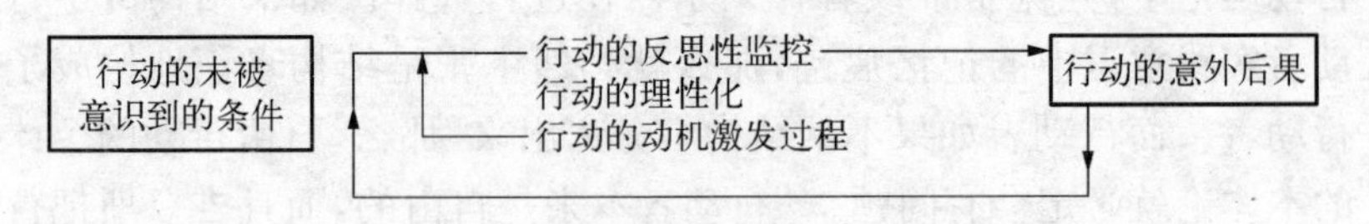

图 1.1　吉登斯行动者分层模式

吉登斯的关于行动者分层模式主要说明了行动者的行动动机或行动意识的层次的特点,从而客观上使行动类型化。因为这种模式的基础是知识,尤其是划分行动者层次的依据是行动者自身具有的意识包括话语意识、实践意识和无意识,而在吉登斯看来这些意识实质上是知识的表现形态。

吉登斯的行动者分层模式(stratified model)涉及的内容主要由行动的反身性监控、行动的理性化过程和行动的动机能力组成。分层模式本质上解决的是行动的能动性问题,得出的关键性结论是行动的意外后果的产生结构。吉登斯之所以设计了这样一个行动者的分层模式就在于他把行动者设想为一系列的意识层面。简单分析,这一模式的内容结构是:在最具意识或者是行动者最自觉的意识层面上是行动者监控着自身的行动流,方式就是反身性监控;在语言意识层面上,行动者借助语言以例行的方式维持对行动的自我解释。

---

① 安东尼·吉登斯:《社会的构成》,[北京]生活·读书·新知三联书店 1998 年第 49 页。

② 行动者分层模式(stratification model)指的是对人类行动者的一种解释方式,这种方式强调认知和动机以及理性化所激发的三个层面即话语意识、实践意识和无意识。

一、行动反思性的知识化意义

在行动者分层模式的内容结构中，吉登斯认为行动的反思性监控具有重要的知识化的意义。

1. 普适性意义

行动的反思性监控是日常行动的惯有特性，凡是在日常生活世界中所发生的行动都会具有这种特性。但是为什么会具有这样的特性，吉登斯并没有详细说明。不仅如此，吉登斯也没有说明对于行动者也来说的反思性监控的过程。实际上，行动者对自己行动的反思性监控体现不同行动流的方向和不同性质的两个过程。行动者的行动过程并不允许行动者对自己行动进行反思，同时行动者也不可能有分身术，一边行动一边反思行动。实质上，当行动者对自己行动进行反思的时候，已经把自己所做出的行动本身作为反思的对象，当然此时行动者的行动就必须停下来。我把这两个过程分别叫做是原质行动流和反思行动流。后一种行动以前一种行动为对象，从而把行动分为两个不同的过程和体现了不同的行动方向。这里，我仅仅说明这种现象而已，详细的分析和说明将在适当的时候做出。吉登斯在对行动者进行分层的时候注意到了行动者的行动反思特性，但是这种特性对行动的意义和这种特性本身的特性并没有得到恰当的把握。

2. 结构性意义

行动者的行动反思所涉及的范围不仅包括行动域中一级行动者和次级行动者，也就是说发出行动的行动者在对自己行动进行反思的时候还期望他人也监控着自己的行动。按照吉登斯的话说就是行动者的反思行动“不仅涉及到个体自身的行为，还涉及到他人的行为。也就是说，行动者不仅始终监控着自己的活动流，还期望他人也如此监控着自身。①”行动者在其日常行动中不仅经常不断地观看自

① 安东尼·吉登斯：《社会的构成》，[北京]生活·读书·新知三联书店 1998 年第 65 页。

己的各种活动和行动、行动者在其日常行动中不仅常常希望他人经常不断地对自己的行动加以反应并且能够确知这种反应，同时行动者还习惯性地力求了解自己得以在其中许多的社会和物理环境。行动者在行动的时候，社会环境甚至物理环境在行动的意义的积淀中也是发挥一定功能的。所以，在吉登斯看来，行动者的行动是一个复杂的过程，即便是行动者自己的行动也不仅仅是行动者自己的事情，也不仅仅是行动的单一的简单过程，而是应该被看作是一个涉及到本体论意义的行动认知场。在这个认知场域的范围内，包括行动者自身的一个行动两个过程，包括行动者的行动本身也包括行动者行动之外的与行动有关联的其他行动者和行动所在情境。那么，现在的问题是行动者的反思性监控对知识行动论的意义何在？类似这样的问题是我在考察行动研究者所有问题都关注的问题。事实上，无论是行动哲学的作者还是行动社会理论的作者所关注的所有行动问题都在一定程度上关联了知识行动论的有关问题。

3. 增生性意义

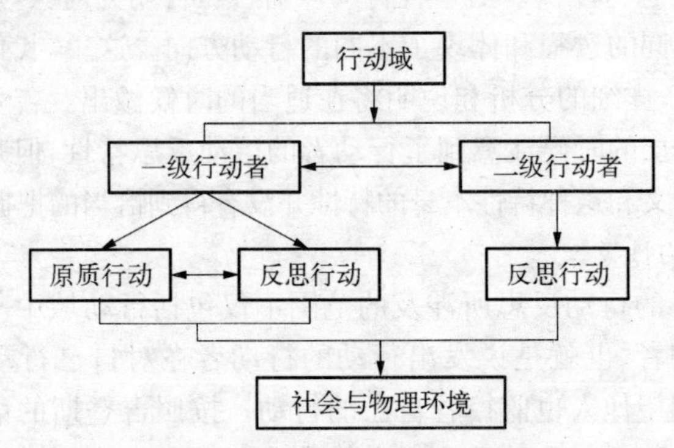

图 1.2　行动类型与环境框图

就吉登斯的行动者分层模式中的行动者的反思性问题也值得进行学术追问：行动者靠什么并且怎样对自己的行动进行反思？这个反思的过程是知识的过程还是超越知识的过程？如果不是超越知识的过程，那么在这个过程中知识与行动是如何实现关联的和结构化的？在行动者期待别人对自己行动做出反应并对这种反应进行了解时以及对自己所处的行动情境的看法与判定，是同一行动流的内容吗？如果是牵涉到行动整合，这种整合的过程同行动者的知识无关吗？如果是有关的，那么这种关系如何在行动中体现和融合？与此关联的问题我还可以继续追问下去，但是我不再这样做了。因为这里我如果处理这些问题，就难以完成本章所设定的阐述内容。我只是给自己同时也想给读者一个启发式问题，吉登斯的阐述有许许多多的知识行动论问题需要我思考。

二、行动理性化的机制

在行动者的分层模式中，行动者的理性化（rationalization of action）是其结构中的重要组成部分。

1. 什么是行动理性化

在吉登斯看来，行动者的理性化是具有资格能力的行动者（知识行动者 knowledgiable actor）在行动的时候“维持通晓”行动根据的能力，也就是说当被问及行动的理由或依据时，行动者可以提供出来。吉登斯指出：行动者的理性化“是指行动者对自身活动的根据始终保持‘理论性的理解’——这同样是例行性的，一般也都足以应付。[①]”行动者的这种理性化过程，表征着行动者的日常行动能力，也是行动者有知识的一种显现，当然也可以看作行动者有否行动能力的一条判断标准，表现为行动者习惯性地保持对自己行动的各种环境条件和行动意义把握的一种理论性领悟（theoretics understand/apperception）。很显然，吉登斯认定：凡是能够对自己行动的理由加以理论化解释的时候，那么这样的行动者就具有了行动者的资格。否则就不能称得上有资格的行动者，或者可以进一步地说这样的行动者是没有知识的行动者。

① 安东尼·吉登斯：《社会的构成》，[北京]生活·读书·新知三联书店 1998 年第 65 页。

2. 行动理性化的知识过程

把能否给出行动的理由看作是判断行动者是否具有资格能力的一个主要标准,事实上也会有一定问题的。因为吉登斯认为,即使说行动者拥有对自己行动的一种理论上的理解,也并不意味着他们对行为的各个具体部分都能以话语形式给出理由,更不等于以话语形式详细地阐明这类理由的能力。所以这里我们一定要搞清吉登斯的意思:给出行动的理由尽管是源于行动者对自己行动意义的知识化或者理论性理解,但是并不是所有行动者都能够把行动的理由以话语形式给出。当然,我说出这句话,就会使吉登斯陷入了在此问题上的复杂化。因为当问及行动者的行动理由时,如果不能以话语形式给出,那么会以何种形式给出这种理由呢?理由的表达,按照常规可以用举止表达也可以用话语表达还可以用话语加上举止一同表达。那么如果行动者给出的行动理由不能用话语形式来表达,那么举止所承载的行动理由又何以表达?这种追问牵扯到行动意义的呈现和行动理由的表达问题,吉登斯把这个问题放入括号之中,认为普通行动者的行动理由是具有自然性的一种行动构成,除非哲学家加以追问,一般行动者是不会询问大家都心知肚明的行动者行动理由的。但是当出现这样的情况的时候,人们便会关注行动者的行动理由:行动者的行动或者行动的某些方面明显令人费解或者是行动者资格能力中出现“疏忽”或破裂①。我对这个问题的讨论建立在这样的基础

① 而这些“疏忽”或破裂,事实上可能是行动者有意而为的。因此,如果其他个体所从事的活动,对于他作为某个成员所从属的群体和文化而言,尽管是循例而行的话,那我们通常就不会询问他为何如此。同样,假使行动者似乎不太可能承担“疏忽”的责任,譬如身体控制方面的闪失。我们一般也不会要求他对此做出解释,当然,假如弗洛伊德说的不错,这样的现象也属事出有因,虽说不管是犯这些闪失的人,还是现场目睹者,都很少意识到这一点。在行动者的资格能力的构成中到底存在着什么因素可以导致资格能力的疏忽或破裂,吉登斯并没有言说。如果联系到吉登斯把行动者看作是知识行动者,那么能否可以看作是知识与能力的破裂或者断裂。吉登斯对“失言”的讨论在一定程度上表明了行动者资格能力中所出现的“疏忽”或者破裂现象。参见,安东尼·吉登斯:《社会的构成》第二章第八节第155页以下对“哎哟”的分析和附论部分中对失言的讨论,[北京]生活·读书·新知三联书店1998年第65页。

上：行动者理性化是以知识为基础的对行动的意义赋予过程和行动理由的理解过程。如果追问行动者——不管这种追问是哲学上的还是生活上的——行动者都有维持“通晓”行动依据的能力从而能用多种方式和多种形式给出这种行动的依据；如果不去追问行动者的行动依据，那么行动者自己依然通晓自己行动的理由。我还是忍不住要追问：行动者为何具有这种理性化的能力？也就是说行动者为什么能够通晓自己行动的依据？按照吉登斯所给定的思路其原因就在于行动者可以对自己行动的依据进行“理论化的理解”。尽管我不能把这种理论化的理解等同于知识化的理解，但确实具有知识化的含义。我理解我要做什么或者说我知道我为什么要做这件事，也就是说我知道自己何以如此？这种行动者的理性化过程，照我看来，只能说明行动者的所提供的行动是知识行动或者说是某些类型的知识行动。正是由于知识成为行动的结构性要素，才决定了行动理由的可给出性[①]。

三、行动者动机激发的知识机制

1. 动机是对行动的知识化设计

关于行动者分层模式中的第三个结构性要素即行动者的动机，吉登斯认为它是潜在于行动结构之中的，也就是说这种动机实质上是对行动的一个规划或者设计。吉登斯指出：动机在大多数情况下提供的是通盘的计划和方案，即舒茨所谓的“筹划”(project)，并在这种“筹划”中逐步完成一系列行为。至于我们的日常行为，则很少出自动机的直接激发。到这里吉登斯已经靠近舒茨了，但是遗憾的是，吉登斯在靠近舒茨的时候却裹步不前了。这里我使用遗憾这个词

① 吉登斯这样说：因为行动者们具有认知能力，可以学会“让”什么“发生”，“让”什么“不发生”，从而在行动的时候了解自己为何如此。这当然是同理论有关的。关于社会理论中的理论与行动者对行动理由进行理解的理论之间的关系，我将在以后加以阐述。行动者的认知能力和行动者的行动能力之间的关系在吉登斯的理论阐述中也有一定说明。关于知识行动者和有知识行动者的行动特性的关联我也将在以后加以说明。

语,仅仅是针对知识行动论来说的。因为舒茨把行动看作是计划的举止与言辞,最为关键的——不论是对舒茨的现象学社会学还是对知识行动论——舒茨把行动计划的基础看作是知识——不管是手头知识还是库存的其他知识。从而知识成为行动的基础,于是才有了舒茨知识论和行动论的相互关照。吉登斯看到了动机作为行动的一种策划或者计划的属性,但对这种属性的基础视而不见,这可能也是吉登斯迷路①的一种征兆。

2. 动机激发的综合因素

在行动者分层模式中的三个结构性内容的关系处理上,吉登斯把行动的反思性监控和理性化与行动的动机激发过程区分开来。认为,如果说理由指的是行动的根据,那么动机指的则是激发这一行动的需要。不过,与另外两者不同的是,动机激发过程并不与行动的连续过程直接联系在一起。他所指涉的与其说是行动者惯常的行动样式,不如说是行动的潜在可能。只有在较不寻常的背景中,在以某种形式偏离惯例的情境下,动机才可能直接作用于行动。照吉登斯看来,动机不是结构化于行动之中的。

行动反思性监控 行动的理性化过程	话语意识	知 识 ↕	自我
	实践意识		超我
动机激发	无意识动机/认知		本我

图 1.3　行动者分层模式结构要素与意识结构要素对应

我并不完全赞成这种说法:"无意识即是动机层次,行动的理性

① 吉登斯的社会理论的本体论关怀声称给我——日常生活的行动者——给你心理带来暖呼呼的感觉,但是当你我在仔细端详吉登斯的理论关怀时,发现上当了。上当的原因是吉登斯迷路了——不知是有意的还是有别的隐情。本来是从日常生活中的普通行动者出发一路走下去,但是当走到了充满诱惑的地方——以精英掌管的体系世界时——按照哈贝马斯所说的以市场体系和官僚体系组成——却再也走不动了。这是舒茨、加芬克尔等在日常生活世界中自娱自乐的理论家除外的绝大多数社会理论家都没有经得住诱惑的通例。但愿知识行动论能够经得住这种越来越重的诱惑,从行动者出发再回到行动者。

化相对于实践意识,而行动的反思性监控相对于话语意识。[1]"按照吉登斯的话说就是:反思性只在一定程度上体现于话语意识;而行动者对其自己的所作所为及其缘由的了解即它们作为行动者所具有的知识能力(knowledgeability)大抵于实践意识[2]。从我所给出的表格也可以看出来,行动的反思性监控与行动理性化过程并不完全对应于话语意识和实践意识。因为尽管吉登斯认为具有资格能力的行动者几乎总是可以用话语的形式,对自己的所作所为给出自己的意图和理由。但是行动的未预期的结果和这种结果成为未被意识到的条件就说明了三者之间并不是一种完全对应的关系。为了促进对这种关系的理解,我要分析吉登斯的行动(者)的意识结构。

四、表征行动者知识的意识结构

1. 考察行动者行动意识结构的意义

既然把行动的要素内容同一定意识勾连起来,那么意识的结构问题和意识术语的使用问题也是吉登斯不可逾越的问题。从表面上看来,吉登斯的话语意识、实践意识和无意识大体上对称于弗洛伊德(Freud)的心理结构模式。吉登斯自己也承认,他要用话语意识、实践意识和无意识概念来取代传统精神分析的三维概念:自我(ego),超我(super-ego)和本我(id)。但是吉登斯本人也清楚地认识到自己的行动者的意识结构并不完全等同于弗洛伊德的心理结构模式。吉登斯指出:弗洛伊德对自我和本我的区分无法很好地用于分析实践意识,因为精神分析理论与我们前面所说的其他社会思潮一样,都未能奠定实践意识的理论基础。在精神分析的所有概念中,"前意识"(pre-conscious)与实践意识或许最为贴近,但在通常用法上显然还是有些不同。我宁可用"主我"(I)来代替"自我"。自我被描述成某种缩

① 郎友兴:《第三条道路》,[杭州]浙江大学出版社 2000 年第 36 页。
② 安东尼·吉登斯:《社会的构成》,[北京]生活·读书·新知三联书店 1998 年第 42 页。

微了的行动者[1]，而我的新用语虽未能避免这种拟人论(anthropomorphism)，但总算是迈出了“解决问题的第一步”。“主我”这个词的使用，来源于行动者在日常社会接触中的定位过程，并因此和后者有着紧密的联系。“主我”作为某种指称性的术语，与“宾我”(me)蕴涵的行动者对自身的丰富描述相比，在实质内容上是“空洞”的。行动者在谈话中反思性地熟练掌握“主我”、“宾我”和“你”的关系，是他在语言学习过程中逐渐产生出资格能力的关键。我不采用“自我”这一术语，显然最好也不要采用“超我”，不管怎么说，它都是个蹩脚的术语，用“道德良知”(moral conscience)来代替它肯定要好得多。吉登斯在术语的使用上以及对术语关系的隐含性关系上可以看出非常接近舒茨，主我和宾我以及同你的关系实际上靠近了舒茨的我和变形自我以及对我们关系的分析，正是在这种我们关系中，行动者才获得自己行动所需要的知识和技巧，行动者才变成了知识行动者，行动者才有行动的资格能力。这里实质上隐含了行动者被社会关系所建构的义涵。超我的“道德良知”表述也含有我被社会所建构的意义。走出自我是社会理论具有普适性意义的所在，吉登斯成功地迈出了“解决问题的第一步”。但是非常可惜的是，吉登斯迈出这一步之后就勇往直前，再也没有能够回来。

还是要分析吉登斯的行动者意识结构和知识结构之间的关系。当然要做的首先是，讨论建立在行动者分层模式基础上的行动者的意识结构。吉登斯这样概括：“实践意识在一定意义上是无意识的，也就是说，它所包含的知识形态在话语中没有直接用到。但它的这种无意识，不像屈从于压制的认知模式和符号的那种无意识，因为后

① 我认为，不管是实名的行动者还是匿名的行动者，不管是被缩微了的行动者还是被放大了的行动者，只要能够从行动者出发去分析社会是如何被行动者通过知识行动所建构的和行动者又是如何通过知识化被社会所型塑并实现二者的架通，时刻关照行动者，这样的理论才真正具有本体论的关怀，并实现本体论、认识论与实践论的融合一体，才能解决个人为什么没有陷入一切人反对一切人的战争之中，才能知道社会何以构成和有何用途的意义。

者不能离开某种扭曲机制的影响而直接被转化到话语中。无意识在人类的行动中是有一定作用的，因为以下观点也是合理的：只有遵循无意识'像语言一样是被建构的'的思想，才能进一步理解无意识是什么。但无意识和意识之间还有一个作为人类活动中介的实践意识。这种复杂的不是语言与语言的关系，而是作为行动者的个体与群体，在循环往复的活动中建构和重构的制度间关系。我们大多数行动能以某种灵活的方式通过实践意识而建构起来。[①]"

2. 实践意识与知识的关联

我首先讨论行动者实践意识（practical consciousness）与知识（knowledge）的关联问题。

(1) 实践意识的意义或价值

我认为，实践意识在吉登斯的结构化理论中占有重要的位置。可以这样说，要了解吉登斯的结构化理论必须把握行动与结构之间的关系。而结构与行动之间关系的把握又必须以对行动的认识为基础，对行动的认识必须了解行动何以是行动或者是行动到底是如何发生的和如何同社会关联的，而这种了解是建立在对行动者的实践意识基础之上的。所以实践意识在吉登斯的结构化理论中是一个根本性的基础概念。吉登斯指出：尽管说具有资格能力的行动者几乎总是可以用话语的形式，对自己的所作所为给出自己的意图和理由，但他们并不总是能够说清楚动机。无意识层次上的动机激发过程是人的行为的一项重要特征，对结构化理论而言，实践意识的观念具有根本性的意义[②]。但是吉登斯也认为，正是行动者的这种实践意识或

① 安东尼·吉登斯：《社会理论与现代社会学》，[北京]社会科学文献出版社 2003 年第 66 页。

② 吉登斯指出：贯穿《结构化理论》一书的一个主题便是实践意识的重要意识，必须把它与意识（话语意识和无意识）区分开来。认知和动机激发过程中的无意识特征的确具有重要意义，但并不认为我们可以满足于这些相沿已久的既定观点。我之所以用经过改造的自我心理学（ego psychology），只是力图把它与例行化概念（routinization）直接联系起来。因为我认为，它是结构化理论的核心概念之一。参见，安东尼·吉登斯：《社会的构成》，[北京]生活·读书·新知三联书店 1998 年第 42—43 页和第 66 页。

者说是类主体行动者的特性正是结构主义视而不见的东西。而其他类型的客体主义思潮也有这样的缺陷。同时吉登斯认为在社会学的各种思潮的传统中，只有在现象学和本土方法论那里才能找到对实践意识本质的详尽而透彻的分析①。

吉登斯之所以把行动者的实践意识看作是结构化理论的根本性概念还在于吉登斯这样的认识：社会系统的结构性特征根植于行动者的实践意识之中。为什么会得出这样的结论呢？在吉登斯看来，知识能力是行动者具有行动资格的或者具有资格能力的重要体现或者标志。那么很显然，吉登斯把这种能力同知识连接在一起，认为这种能力指的是行动者凭借自身和他人行动的生产和再生产对这些行动的背景环境所知晓（相信）的东西。那么这种东西是什么呢？很显然是知识，只不过这些知识既包括可以用话语言明的明确知识，也包括默会在心的意会知识②。“在互动的生产与再生产中，行动者所提取和利用的知识库存同时也是他们对行动的意图、理由和动机所做说明的依据。但在实践当中，行动者的知识能力只有一部分表现为话语意识。就行动者能力所及的层面而言，社会系统的结构性特征是根植在实践意识之中的。③”我认为，在实践的范围中，知识、能力和意识是不同称呼的同一个东西。这个东西支配着人们的结构观念。吉登斯这样认为：说结构是转换性关系的某种“虚拟秩序”，是说作为被再生产出来的社会系统并不具有什么“结构”，只不过体现着“结构性特征”；同时作为时空在场的结构只是以具体的方式出现在这种实

① 吉登斯不仅把现象学社会学和本土方法论看作是自己实践意识的直接来源，而且还把现象学社会学和本土方法论看作是对正统共识的一种修正。吉登斯指出：事实上，正是现象学社会学和本土方法论的这些思想传统和日常语言哲学的共同努力，才揭示了那些正统的社会科学理论在这方面的缺陷。参见，安东尼·吉登斯：《社会的构成》，[北京]生活·读书·新知三联书店 1998 年第 67 页。

② 关于这两类知识同行动的关系是行动哲学和社会知识论者孜孜不倦追求的主题，无论是波普还是波兰宜等都对这个问题有过很多启发式论述。在吉登斯这里只是一笔带过或者就像行动者的隐含知识一样隐含在其对结构化问题的论述之中。

③ 李康：《吉登斯的结构化理论与现代性分析》，参见，杨善华主编：《现代西方社会学》，北京大学出版社 2002 年第 224 页。

践活动中,并作为记忆痕迹,导引着具有知识能力的行动者的行动①。所以,可以看出:社会系统所具有的结构性特征或者干脆说社会系统的某种结构是由于人们的某种“记忆痕迹”所表征的结构观念——我认为同样吉登斯也认为在根本上是实践意识——引导行动者的实践行动所创造出来的。也就是说,支配行动者行动的结构以及结构观念并不是像传统认识论所言称的是一种逻辑思维,不是用语言表达出来的概念和判断,而是在日常生活世界中行动者通过行动所积累形成的用知识所表示的一种习惯性的实践意识。

(2) 何谓实践意识

那么什么是实践意识(practical consciousness)呢?按照吉登斯的意见,实践意识指的是行动者在社会生活的具体情境中,无需明言就知道如何“进行”的那些意识。对于这些意识,行动并不能给出直接的话语表达。也就是说,实践意识是行动者关于(尤其是自身行动)社会条件所知晓(相信)但无法用话语形式所表述的那些行动意识。但是对这种意识来说,并不存在维护无意识的那种压抑性障碍②。首先,实践意识不是本能无意识之层面上的,它是一种支配行动者行动的意识。所以吉登斯认为,他所说的实践意识并不是弗洛伊德的意识结构中的无意识,因此不能用有意识和无意识来说明他的“实践意识”。尽管实践意识不能被话语意识所察觉但是这种意识无论如何也不同于动机激发中受到压抑的无意识的源泉。其次,实践意识不仅不同于无意识同时也不同于话语意识,而是介于无意识和话语意识之间的一种“只做不说的意识”。作为行动者分层模式中的行动反思性监控在很大程度上就是针对实践意识而做出的。这种监控可以区分为两个方面:其一是缄默状态下对社会行动的监控,也

① 安东尼·吉登斯:《社会的构成》,[北京]生活·读书·新知三联书店 1998 年第 79—80 页。

② 安东尼·吉登斯:《社会的构成》,[北京]生活·读书·新知三联书店 1998 年第 524 页。

就是“心照不宣”;其二是对行动给以话语形式的认定(identification)[①],即是“明说”。“心知肚明”和“明言直说”的两种意识所支配的行动,在“心知肚明”阶段,其实践意识在强烈在场的,做而不说,或许是不愿意说,或许是说不出来,或许无须言说。但是只做不说的行动终究要遇到必须言说的情境,因为要迎接来自外部世界的挑战就必须做而说之,也就是要“明言直说”。在吉登斯看来,反思性监控使实践意识向话语意识的“上升”的“瞬间(moment)”,基本上是出于对外部世界挑战的一种回应,这种回应就使行动者处在一种危机环境(critical moment/situation)之中。我这里不打算讨论吉登斯的危机环境,因为在这里对行动环境的分析会冲淡我即时的讨论主题。我只是想说明,行动者的实践意识毫无方法地牵扯到行动的例行性(routinization),也就是说牵扯到实践意识本身所具有的特性。

(3) 实践意识的特点

实践意识至少要有这样两个方面的特点,A,只做不说;B,日常化和例常性。我在上面已经提出过实践意识所具有的只做不说特性的三种状态即或许是不愿意说包括不便于说,或许是说不出来,或许无须言说。实质上这三种状态包含了社会构成的意义,也包括了个人与社会的关系状态,当然更是包括了个人被社会所建构的意义。显然这些意义都是隐含性的,也是吉登斯所没有明说的。在以知识为基础的实践意识构成中,最明显的社会学意义就在于实践意识所具有的日常化和例常性的特点。“当吉登斯论及实践意识的惯例性(例行化)的日常性时,更清楚地说明他的社会理论视野是在日常生活世界中展开的,这一方面显示了现象学和‘常人方法学’对他的影响,另一方面也显示了他关注的生活世界是一个更为实在的具体的日常生

① 我将在对行动者行动的分析中详细讨论这种对举止的认定机制。行动的话语形式认定是由行动者和(或)互动结构中的行动者包括参与互动的多个行动者通过利用可以利用的具有共通性的意义框架加以解释和说明。

活领域。[1]”吉登斯对日常生活的关注无疑受到舒茨等现象学社会学以及沿着这条道路一路走下来的学者影响。但是吉登斯在对日常生活领域关注显示了其不彻底性和理论昏厥的特点。不彻底性在于，吉登斯尽管提出了或者说改造了舒茨库存知识的概念，但是并没有像舒茨等人那样全面地关照日常生活世界的常识性知识对日常行动者的惯常行动的意义(知识分析的不彻底性)；不彻底性还在于，吉登斯尽管注意到了日常生活世界同体系社会的关联，但是并没有像哈贝马斯那样认真考察二者之间的复杂关系。理论昏厥就在于，从日常生活社会中的普通行动者出发一路走下去，却在体系社会里迷失了道路，最终没有返回到日常生活的行动者。忘了回家[2]的路(忘记过去)，就意味着背叛。我尽管不能这样说：为某首相或者总统设计道路就意味着首相或者总统不与百姓相关或者干脆意味着对日常生活领域行动者背叛。但是我可以做出某些理解，比如作为社会理论者心里想着谁就能在理论上反映出这种意向。这段话并不意味着对吉登斯的评断，可能更多的是对我自己的一种提醒。返回吉登斯，发现吉登斯关于日常生活社会行动者的关注有许多新的思路比如这样一条思路就甚具想象力。

(4) 实践意识同日常活动的关系

吉登斯认为，实践意识所含有的惯常性是同日常生活社会的活

---

① 刘少杰：《后现代西方社会学理论》，[北京]社会科学文献出版社 2002 年第 345—346 页。

② 在社会理论的知识建构中，我把日常生活社会看作是一个家，家里人就是行动者；即便是体系社会中的精英也应该看作是家里人，因为这类行动者依然有日常生活，不管这种日常生活被体系侵占或殖民到何种程度。建构这种社会理论一定要有家的感觉。但是要提醒(包括对我自己的提醒)的是：不能总是呆在家里，从行动者出发建构社会理论。但是也不能不回家里，否则就会忘掉建构一种理论或者产生一种认识的目的和宗旨。之所以要从家里走出去也就是说之所以要从行动者出发研究行动者所在的社会情境是说明社会行动论的研究领域不能仅仅限于日常生活社会，日常生活社会必须同体系社会进行勾连才能成为一个统一和完整的社会；之所以要回家，就是因为建构社会不是目的，人成为真正的人才是目的。“我在这个社会中生活”到“我在这个*社会* 中生活”再到“*我* 在这个社会中生活”，才应该成为社会理论行走的路线。

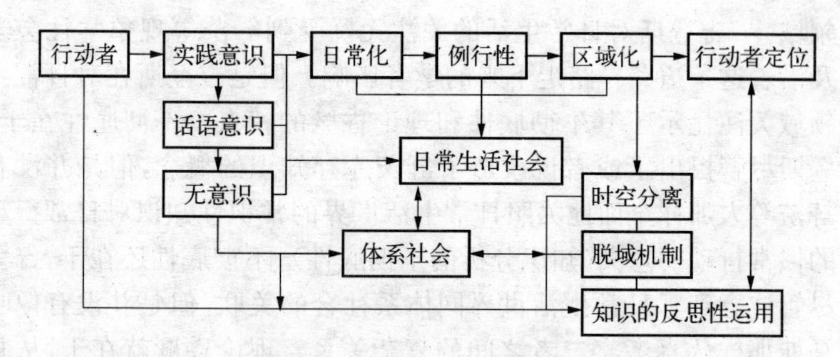

图 1.4　行动者所连接的世界

动联系在一起的。他指出：惯例(routine)(依习惯而为的任何事情)是日常社会活动的一项基本要素。但是这里的日常生活又指涉什么呢？吉登斯明确指出：我在使用"日常社会生活"这个词的时候，是严格依照它的字面意义，而不是那种经现象学普及的较为复杂——我认为也较为含糊——的意涵。"日常"这个词所涵括的恰恰是社会生活经由时空延展时所具有的例行化特征。各种活动日复一日地以相同方式进行，它所体现出的单调重复的特点，正是我所说社会生活循环往复的特征的实质根基①。社会生活日常活动中的某些心理机制维持着某种信任或本体性安全(ontological security)的感觉，而这些机制的关键正是例行化②。吉登斯认为惯例主要体现在实践意识的层次上，将有待引发的无意识成分和行动者表现出的对行动的反思性监控(reflexive monitoring of action)分隔开来。加芬克尔(Garfinkel)的"信任实验"(experoments with trust)来自琐碎的背景，但它在所涉及的那些人身上激起的焦虑反应却是异乎寻常的强烈。我想，原因正是在于：那些表面上微不足道的社会生活日常习俗，恰恰主导着对无意识紧张本源的制约，以免比它过多地困扰我们

① 我想通过这种循环往复特征揭示的，是让社会活动结构化了的特征经由结构二重性，持续不断地从建构它们的那些资源中再生产出来。

② 安东尼·吉登斯：《社会的构成》，[北京]生活·读书·新知三联书店 1998 年第 43 页。

清醒的生活。

3. 话语意识与知识要素

接下来分析话语意识(discursive consciousness)所隐含的知识性要素(knowledgical element)。这里的主要问题不是什么是话语意识的问题而是话语意识同实践意识的关系问题。

(1) 话语意识的基础

从内容上说,话语意识表明了能够被行动者有条理地表述出来的意识,但是实践意识则是行动者知道怎么做并且也就这么做了。所以从总体上说,话语意识是一种对行动做出反应,进行描述与监控并给以理性解释的能力。现在我的学术追问是:作为实践意识的内容比如知道如何做并且也就这么做了具有明显的知识论味道也就是说这种意识是同知识结构性地联结在一起;但是问题是话语意识所表征的对行动本身的关照是以知识为基础的吗?我如何对我做出的行动做出反应,而且做出何种类型的和做出什么程度的反应都是话语意识中所隐含的基础性内涵,这些内涵的知识性要义是不言自明的;与之相连的是:我对我的行动做出理性的解释并进行反观式描述除了说明我是知识行动者之外,是否还可以说明我提供的行动是一种知识行动?所以,话语意识同实践意识一样隐含了我如何说和我如何做的知识,吉登斯的这种隐含还可以使我继续想下去:行动者在日常生活社会中的行动结构性地存在着知识。说到这里就又有了学术性的追问:这种知识是涉身性的吗?这种知识是常识性的吗?我意识中的知识仅仅是我自己的吗?如果不是我自己的,那么知识又是怎样分配的呢?日常知识同科学知识有关联吗?如果有关联,那么又是如何实现这种关联的?这样的问题我可以一直追问到天亮(现在是晚上20点20分)。追问的结果就是吉登斯的行动论不是知识行动论,但是还是这样一句话:吉登斯的结构化特色的行动论却并非意外地给知识行动论以启发。

(2) 话语意识与实践意识的关系

吉登斯认为,在话语意识和实践意识之间并不能明确地区分,同时二者之间不仅有着某种关联也并非是不可逾越的，它们可以随着行动主体的社会化过程而有所改变。吉登斯这样指出：我并不想把话语意识和实践意识搞得泾渭分明。相反，鉴于行动者的社会化过程(process of socialization)与学习经验在许多方面都有所不同，这两者之间的区分也可能随之发生变化：话语意识和实践意识之间不存在什么固定不变的区别标准，两者之间的区别不过是，什么是可以被言说的，什么又只是只管去做而无须言说的①。我在这里要讨论的是：行动者的社会化和学习经验的多少或者不同是怎样影响话语意识和实践意识之间的关系？也就是说，话语意识和实践意识沟通的机制(mechanism)体现在什么地方？照吉登斯看来，行动者的实践意识和话语意识连通的桥梁是社会化机制。我把这种机制看作是行动者获取知识和应用知识并且遴选知识的一个过程，尽管社会化不能等同于知识化(knowledgeablization)，但是很明显知识化是社会化的中心内容。

4. 无意识动机

(1) 无意识

吉登斯意识结构中的第三种为无意识动机(unconsciousness motives/ cognition)。从与心理或意识结构来对应，动机层次是属于无意识的，但是这种无意识同行动本身并不相同。对吉登斯来说，动机是行动者的需要，是行动的潜势，但不是行动本身。尽管不是行动本身，动机性的无意识还是对行动产生综合性的影响，可以为行动提供全面的计划或打算。但是我也要说明的是，吉登斯的无意识同弗洛伊德是不同的。这种不同最主要的体现在吉登斯不认为行动者是受需要驱动的，因为行动者在进行行动的时候有各种各样的需要，但并不必须要采用行动去满足它。

(2) 有意识

吉登斯还对意识中的"无意识"和"有意识"进行了考察。吉登斯

① 安东尼·吉登斯：《社会的构成》，[北京]生活·读书·新知三联书店1998年第67页。

指出：我们有时谈论起意识来，就像在探讨某种可被称作"感觉"(sensibility)的东西一样。因此，当某人沉入睡梦之中或头部被猛击一拳时，我们就说他"陷入无意识之中"或"失去了知觉"。"无意识"在这里的意思与正统的弗洛伊德用法不尽相同，它所相对的"意识"内涵极其宽泛。这种意思上的所谓"有意识"，是指注意到周围环境中的一系列刺激。这种理解方式里绝不包含什么特别的对意识的反思性成分[①]。那么"有意识"又是指涉什么情境呢？吉登斯说：我们有时也用"有意识"来指这样一些情境：人们关注周围发生的事件，将自己的活动与这些事件联系起来。换句话说，所谓"有意识"是指人类行动者对行为的反思性监控，这里的意思大致属于我谈到过的实践意识。例如，某位老师对教室前排的孩子正在做什么可能会"有所意识"，但对已经开始交头接耳的其他靠近后排的孩子，她则可能"无所意识"。老师也许正有些走神，但并不是像某个已经"失去知觉"的人那种意思上的没有意识。即使说这种意思上的"有意识"在动物中也能找到它的对应，它的界定也并不像上述更基本意思上的意识那样清晰。图尔敏(Toulmin)的"表达的清晰性"(articulareness)这一说法，代表了第二种意思上的"有意识"，大体上对应于话语意识。图尔敏曾举过一例：一位以欺诈方式从顾客那里骗取钱财的商人，可以说是参与了这场"有意识的、处心积虑的欺诈"；然而，如果由于他不经意的活动导致了类似后果，那他就"无意识地"成了导致他人亏本的手段。所以说，行动者不得不"考虑"一下自己正在做的事，从而有意识地开展这一活动。这种意义上的意识前提在于有能力合乎逻辑地表述自己的活动及理由[②]。

---

① 吉登斯认为：人们所谓"失去"知觉意识或"恢复"知觉意识，其中包含的意思也可直接用于高等动物。这种意识观指的显然是身体的感觉机制及其"正常"的运作形态，至于作为它的前提的概念，则既有实践意识，又有话语意识。参见，安东尼·吉登斯：《社会的构成》，[北京]生活·读书·新知三联书店 1998 年第 113 页。

② 安东尼·吉登斯：《社会的构成》，[北京]生活·读书·新知三联书店 1998 年第 114 页。

(3) 唤回机制

但是问题在于到底什么是无意识？无意识同时间的关系又是怎样的？无意识能否把现在与过去连接起来？吉登斯对记忆的考察以及对唤回机制的分析可以有助于理解我所提出的这些问题。吉登斯指出：话语意识意味着有能力将事情转化为言语，而精神分析理论里所谓的“无意识”，意思恰恰与此相反，即没有能力通过言辞表述推动行动的过程。在吉登斯看来，无意识是同行动的时间性关联在一起的。吉登斯强调指出：要想进一步阐明上述意义上的“无意识”观念，就必然要谈谈记忆问题，因为记忆和语言显然有着紧密的关联。我认为，只有通过记忆才能理解所谓的“无意识”。这就意味着我们必须特别重视对记忆实质的考察。在这里，我再重复一下以往一直强调重视的对时间进行理论概括的所有问题①。当然，我只能以最简单地方式对吉登斯的有关记忆与无意识之间的关系做一点点知识行动论的考察。第一，如果不从心理学上当然更不是从生理学上分析，行动者的记忆②是知识系列在机体内的积淀。“初看起来，人们或许会假设记忆指的仅仅是过去——过去的体验，以某种方式残留在有机体内的痕迹。③”这里的知识系列不仅是吉登斯所说的一种以往行动的体验，我认为这个系列包括对以往行动的体验、经验、常识，最后到同科学知识特别是社会科学知识有着某种关联的知识。尽管行动是发生在现在(时间性 temporality)的空间性(extensity)里的，一旦需要或有所欲求，便随时调用有关过去的记忆以及承载在记忆之上的

① 我认为，事实上吉登斯的时空观已经成为其基本的方法论视角。我对吉登斯时空结构的分析也就说明时空对行动的意义。吉登斯在这里所强调的是无意识、时间和记忆之间的关系。参见，安东尼·吉登斯：《社会的构成》，[北京]生活·读书·新知三联书店 1998 年第 114 页。

② 关于记忆的主体，我在这里只能考察行动者。也就是说记忆的主体事实上不仅仅是行动者，但是行动者的记忆是最具特色和最为主要的记忆者，因为这种记忆具有生理学意义和心理学意义上的并且具有彻底涉身性的行动。其他主体的记忆都是从行动者记忆延伸出去并具有象征意味的记忆比如社会记忆。

③ 安东尼·吉登斯：《社会的构成》，[北京]生活·读书·新知三联书店 1998 年第 114 页。

知识,不管这些知识是体验还是经验还是常识。这里实际上涉及了库存知识如何上手的问题。舒茨用“等等”和“我可以再来一次”的有关类型化与关联性解决库存知识上手的问题。这里吉登斯不仅没有承认并阐明记忆是否承载知识和承载的知识如何在现时行动中应用,反而还认为这个结论并不恰当①。吉登斯之所以认为是不恰当的,是基于这样的考虑:所谓的“现在”,在自身尚未逐渐渐入过去之前,是无法被言说或书写的。如果时间并非一系列“现在”的继替,而是海德格尔意义上的“存现”(presencing),那么记忆就是存现的某种特征。我要说明的是,到这里吉登斯的笔几乎触及到现象学社会学的本质,也就是行动时间性的本质(essence of temporality)。实际上,对我的行动,当我思的时候或者当我说的时候,我必须停下来我正在进行的行动。也就是说,必须使我的现时(nonce)的行动成为过去,因为我思和我说的对象是我的行动,如果我思或我说行动之外的东西是可以做到的,但是我要思或说行动本身则不可能边思边说边行动。所以吉登斯就认为,如果现时的行动不停下来而不成为过去(即便是瞬间的),这时行动是不能被行动者自身所言说或书写。但是这里还有一个问题——这个问题不仅涉及到吉登斯也涉及到海德格尔(heidegger):记忆作为存现的某些特征,时间与现在的关系以及同记忆的关系甚至同知识的关系又该如何处理?吉登斯说,如果时间并非一系列现在的继替,那么记忆才是存现的某个特征。但是事实上,时间完全可以看作是一系列现在的继替,而正是因为时间是一系列现在的继替,才有了记忆对现在的摄入。所以,知识是活着的时间或者说是过去的现在,但是问题是作为知识的某种在体的记忆能否完全存现?现时的行动在进入记忆的时候是否有一些流失?如果有流失,过去很难完全地被记忆唤回到现在。说到这里,我接下来考察吉

① 但如果我们再仔细想一想,就能判断出这种看法并不恰当。这种看法就是现时的行动调用以往行动的经验之过程(以记忆形式来表现出来的)。参见,安东尼·吉登斯:《社会的构成》,[北京]生活·读书·新知三联书店 1998 年第 114 页。

登斯的“唤回机制”。第二，关于唤回机制与知识的调用。吉登斯指出：人们也许首先会把记忆设想成一种唤回机制(recall device)，即恢复信息或“回忆”(remembering)的一种形态。这种见解与以下看法极其吻合，即认为过去与现在泾渭分明，这样一来，就可以把记忆看成是指过去被重新唤回到现在。但一旦我们抛弃了这种立场，将记忆界定为对过去事情的回忆就不再站得住脚了[①]。吉登斯的问题是：过去与现在的关联同无意识、实践意识和话语意识之间又有什么瓜葛？吉登斯指出：如果不把“现在”从行动流中分离出去，那么“记忆”就只不过是描述人类行动者知识能力的方式之一而已。如果记忆并不指称“过去的经验”，那么意识包括无意识、话语意识和实践意识也不表述“现在”。一个人所“意识到”的东西不可能被限定在一个特定的时点上。因此，我们必须区分三种因素：一是作为感性觉察的意识(这是意识这个术语最常用的意思)；二是记忆，它被看作意识在时间上的构成；三是唤回机制，这种方式是要重新把握过去的经验，以将它们定位在行动的持续过程之中。我在这里的意思很清晰：无论行动与时间具有怎样的结构性关联，记忆都表征着时间性的过去的现在，知识性上的过去行动经验认知。但是这里吉登斯的关键问题是：为什么无意识不能同话语意识架通？吉登斯的解答是这样的：假如记忆指的是这种极其深刻地内在于人的经验中的时间性技能，那么话语意识与实践意识指的就是行动情境中利用的心理唤回机制。话语意识蕴含了那些行动者有能力给出言辞表达的唤回形式。至于实践意识所包含的唤回形式，行动者在行动的绵延中可以把握到它们，但却不能表述出他们对此“知晓”了些什么。而无意识指的则是这样一些唤回方式：行动者不能直接地把握到它们，因为存在某种否定性的“障碍”，使这些唤回形式无法直接融入行为的反思性监控过程，尤其是无法融入话语意识。这里所说的“障碍”有两种彼此相关联的起

① 回忆与记忆当然有所关联，但它并不界定记忆的内涵。参见，安东尼·吉登斯：《社会的构成》，[北京]生活·读书·新知三联书店1998年第114—115页。

源：首先，婴儿最早期的经验塑造了基本安全系统，这一系统为焦虑(anxiety)找到了正常的释放渠道，或者说是控制了焦虑。由于此时的婴儿尚未获得有所分化的语言能力(linguistic competence)，所以这些经验很有可能就此停留在话语意识的“界域之外”；其次，无意识包含了阻碍话语构建的压抑[①]。无意识无法唤回过去的现在(past now)，从而不能直接融入行为的反思性监控过程和话语意识之中。造成这种现象的原因，在吉登斯看来一则是无意识本身的含义所致，因为无意识本身就包含了压抑行动者的话语建构；二则是在婴儿早期经验所形塑的基本安全系统所控制的基本焦虑(basic anxiety)[②]是在无话语能力的阶段所形成，这种经验或者说这种无意识就停留在话语意识之外的领域。这种无意识对行动的有效性，用奥特斯(Malcoim Waters)的话表达我的意思：“行动者的第三个层面，也是最具有无意识色彩的那个层面，即无意识动机和认知的层面似乎具有独立的起源，并且在行动者分层模式中起着决定作用，但却没有在该分析的其他地方联系结构和结构化之类加以讨论。[③]”

到这里，我对吉登斯的行动者分层模式中的三种意识及其对行动的意义已经做出了简单的考察。尽管在这些考察中涉及到了意识与知识的关系，但是更加详细的分析将在行动结构的分析中呈现。对于行动者分层模式中三种意识之间的关系，在上述考察中也有所涉及。但在这里我还是结合吉登斯自己的阐述加以简略说明。

对话语意识与实践意识的关系，吉登斯认为无论是在个体行动者的经验里，还是考虑到社会活动不同情境下行动者的差异，话语意识和实践意识之间都没有什么固定的区分，而是彼此有所渗透。不管怎么说，在它们之间，不存在像无意识与话语意识之间那样的鸿

---

① 安东尼·吉登斯：《社会的构成》，[北京]生活·读书·新知三联书店 1998 年第 115 页。

② 荷妮对基本焦虑问题有较多的研究(荷妮：《自我的挣扎》，[北京]中国民间文艺出版社 1986 年内部发行)。我认为，吉登斯这里使用这个概念，实际上也采纳了荷妮的意见。

③ [澳]马尔科姆·奥特斯：《现代社会学理论》，[北京]华夏出版社 2000 年第 60 页。

沟。但是在这里我要说明的是：吉登斯对无意识的分析实质上是想彰显他的理论的学术品质。我这样说是基于这种考虑：一是吉登斯认为无意识作为行动者行动的某种动机[①]体现着个体行动者生活史的“深度”。这种深度(profundity)事实上不仅连接着行动者自身的现在过去还通向未来；这种深度事实不仅连接行动者自身的要素还连接着行动者之外的行动者。如果把这种深度看作是知识库存程度的话，那么这种知识包括的范围之广泛，时间之悠长、空间之远大是相当显著的。二是吉登斯极力表明其理论的本体论关怀，强调行动者的行动意义。他指出：不是说对弗洛伊德学说的基本原理毫无异议。正相反，我们必须摒弃他在著述中蕴含或者助长的两种还原论：一种是制度还原观，企图将无意识作为制度的根基，却忽视了各种自主性的社会力量所发挥的充分作用；另一种则是意识还原论，它力图表明社会生活极其深切地被行动者自觉意识之外的暗流所主宰，但却不能充分地把握行动者持有的对自己行为的反思性控制[②]。通过吉登斯这段话，我们可以看出：吉登斯要摒弃制度还原观是为了强调行动者在无意识为根基的制度面前不是无能为力的，而是相反；吉登斯要摒弃意识还原论是为了说明尽管在行动者自觉意识之外还存在无意识但行动者并非被这种无意识的暗流所主宰，而是相反。吉登斯所声称的这种学术品质彰显了其理论的主体主义的强烈色彩。我还认为，在吉登斯所讲述的故事中，行动者以及行动者对自己对社会的建构性特征作为故事的一半，吉登斯述说了这半故事的纷呈精彩，会吸引更多的听众共享这令人激动的情节。但是实质上，吉登斯本人被无意识的暗流冲击得没有了方向、迷失了道路：吉登斯的话语意

① 吉登斯这样指出：无意识包括某些类型的认知和冲动，它们要么完全被抑制在意识之外，要么只是以被歪曲的形式显现在意识中。精神分析理论告诉我们，行动中无意识的动机成分自身有着内在的等级秩序。后者体现着个体行动者生活史的“深度”。参见，安东尼·吉登斯：《社会的构成》，[北京]生活·读书·新知三联书店1998年第64页。

② 安东尼·吉登斯：《社会的构成》，[北京]生活·读书·新知三联书店1998年第64页。

识和实践意识存在着明显的分裂。

第三节 行动者的行动结果模式

行动者对行动的反思性监控、行动的理性化解释以及行动的筹划等说明了行动的意图性特征。行动者分层模式的复合结果构成了有意图的行动。"在此基础上，吉登斯进一步指出，人的有意图的行动完全可能产生预期之外的意外后果（unintended consequence），而这些非预期的意外后果又会反过来构成下一步行动的未被意识到的条件（unacknowledged condition）。这样，吉登斯就初步建立起了行动'流'图式。他通过这种图式表明，人的有意图的行动始终受到意外后果和未被认识到的行动条件的制约。此外，行动者的身体和生理能力也是行动的前提条件和局限，兼具能使动和约束的属性（enabling and constraining）。这一行动观一方面破除了各种解释社会学单纯通过人的意图、理性、动机来解释行动的做法；另一方面，也在功能主义诉诸系统的功能需要的处理视角（如默顿对隐功能的分析）之外，找到了一条立足于行动者自身的新途径。[①]"无疑，从行动者出发考察行动过程或者建构行动流模式的确是一条路子，但是这条路子并非是由吉登斯首先开辟出来的，因为社会理论上的行动论者没有不考察行动者的，行动者是行动论的逻辑起点。但是像吉登斯这样建立一个行动者的分层模式并同行动的意识结构一并分析确是具有新意。

一、行动者的行动能动性

行动者行动意识结构的分析是同行动的能动性联系在一起的。因为要分析或讨论行动的意识问题也就必然涉及到行动的能动性问题。

---

① 李康：《吉登斯的结构化理论与现代性分析》，参见，杨善华主编：《现代西方社会学》，北京大学出版社 2002 年第 224 页。

1. 什么是行动能动作用

什么是行动的能动作用？这种能动作用的实质又是什么？吉登斯这样界定：能动作用不仅仅指人们在做事时所具有的意图，而且首先指他们做这些事情的能力[①]。吉登斯指出：人们经常假定，只能通过意图来界定人的能动作用。也就是说，对于被作为行动考虑的某个行为部分来说，无论其实施者是谁，他肯定是有意为之的，如若不然，这里的行为也是针对外界刺激的反应。事实上，除非行动者有意为之，有些行为的确可能发生，或许从这点看来，以上观点似乎有些道理。吉登斯还举出涂尔干自杀理论所探讨的自杀社会性来说明自杀与意图之间的关系。实际上这样就蕴涵了在意图方面的行动类型的划分问题：有意行动与无意行动——能否沿着这种思路走下去把行动划分为有知行动和无知行动，我在此暂且不讨论这个问题。与此相联系的是吉登斯最关注的一种划分：无意所为之事和所为之事的意外后果。

反思性监控所牵连的就是行动者能动作用的有意性。吉登斯指出：能动作用涉及个人充当实施者的那些事件，即在任何行动既有顺序的任何阶段，个人都可以用不同的方式来行事。倘若这个人不曾介入，所发生的事或许就不会发生。行动是一个持续不断的过程，是一种流。在这个过程中，行动者维持着对自己的反思性监控，而这种监控对行动者在他们整个日常生活中习以为常地继续着的对身体的控制而言，又是十分关键的因素。个体所维持的反思性监控至为重要。之所以说行动的反思性监控牵连着行动者的能动作用还在于行动者的行动是真实的，是行动者所为。所以吉登斯指出，不管许多事

① 吉登斯把行动与权力联结起来的原因就在于，他把行动的能动性看作是行动的意图以及贯彻这种意图的能力。所以，吉登斯说：把行动的能动作用看作是做事情的能力就是能动作用之所以意味着权力的原因。吉登斯的这种说法的依据就在于吉登斯在《牛津英语词典》(the Oxford English Dictionary)中对“agent”词条的解释：行使权力或造成某种效果的人。参见，安东尼·吉登斯：《社会的构成》，[北京]生活·读书·新知三联书店 1998 年第 69—70 页。

情是否是我有意去做的,或者是否是我想要这么做的,可却都是由我造成的,不管怎么说,我的确是做了。也就是说,我作为行动者只要发出了行动不管行动的结果是什么,也不管我是否是有意的,那么我的行动则是真实的和客观的。但是作为行动者还有一种情况:在行动的过程中,我的能动作用并没有发挥功能,可是我却完成了自己的行动。吉登斯举例说:假设某甲恶作剧,故意把托盘上的杯子放得不稳,让别人端起来时很容易被洒出来。某乙端起咖啡,果然不出所料,把它洒了出来。也许应该说是甲造成了这一事故,或至少是促成了它的发生。可洒掉咖啡的是乙而不是甲。并不曾想洒掉咖啡的乙洒掉了它,而想要让咖啡洒掉的甲却并没有去泼洒它。在这种情况下,我想要完成的某事,也的确完成了它,但却并非借助于我的能动作用。

2. 行动折叠——复合效应

具有能动作用属性的意图行动的意外后果和无意所为的意外后果都具有两类效应。吉登斯把这两种效应称为"行动的折叠效应(accordion effect)"和"行动的复合效应(composition effect)"。所谓行动的折叠效应就是指无意间做了某事,而引起的一连串可以折叠在一起的行动后果。比如某人"啪"的一声打开了开关,照亮了房间,虽说这是有意的,但打开开关惊走了窃贼,事实上却并非出于有意。设想窃贼循路而逃,被某个警察抓住,因为盗窃罪受到指控,经过合法审判,在监狱里关了一年。而行动的复合效应指的是一系列行动组合起来的后果,这种效应适用这样的情况:人人为之,可又无人为之。

在吉登斯对有意行动的分析中笔锋很快指向了有意行动的知识属性。吉登斯认为,有意行动必须是同知识相关的,也就是说知识是判断行动是否有意图的一个标准。吉登斯说:如果行动的实施者知道或者相信行动具有某种特定的性质或后果,并且还利用了这些知识以实现这样的性质和后果,那么我们就说这一行动是"有意的"[①]。很明显,行动者离不开知识,行动者的行动也离不开知识。对自己行

① 安东尼·吉登斯:《社会的构成》,[北京]生活·读书·新知三联书店 1998 年第 71 页。

动的性质和后果的知识，不管是行动发出前就知道或者相信的，还是在行动中体会或者认知的，但是获得知识和应用知识来知道自己行动的性质和后果并且成为同行动过程一致的过程，所以最具有知识行动的意味。我这里狂喜：吉登斯证明了吉登斯。因为吉登斯指出无意所为之事和所为之事的意外后果是必然的和成为行动者行动的无知条件。很显然，吉登斯的意图是分析无意所为之事和所为之事的意外后果成为行动再生产或者形成结构的行动者所不知道的条件。但是正是在吉登斯的这种意图行动即有意所为之事却在无意间得出了知识行动的结果。这种情况也适合分析行动者的能动作用，正是由于做了，才可能有了后果——不管这种后果是意料之中的还是意料以外的。获得知识和应用知识的为或做(doing)即行动本身就是能动作用，这是行动者所具有独特属性，也是行动者知识化的结果。

3. 行动能动性层面

根据吉登斯对能动作用的界定，吉登斯提出要把行动者"所欲"和"所为"区分开来。传统理论主要是在所欲层面讨论行动的能动性，但吉登斯在着重讨论行动者所做层面的能动性。照我看来，这两种状态可以表征为"有知状态"和"无知状态"。当然如果这样划分就会走近哈耶克的社会理论。所欲层面的能动性，行动者大多是在自醒(省)状态中获得知识和应用知识，所以清醒的自觉意识也就成为行动者的能动性的构成。而在所为层面讨论能动性，吉登斯主张在所为(做)与后果的联系中来分析能动性，关注的不仅是自觉意识下的行动后果，而且更重要的是不自觉的无意识因素所产生的意外后果。表面上看，吉登斯解决了所欲与所为的分析张力，实质使吉登斯走得更远。尽管下面这段话不一定是恰当的，但我还是要再次引用这段话表明我对吉登斯解决所欲与所为之张力上的立场："他独辟蹊径，视结构为行动的意外结果。在这种局面下，行动者的技能和创造性，以及他们的理性，都成为这个过程中无足轻重的因素。①"这种情

① [澳]马尔科姆·奥特斯：《现代社会学理论》，[北京]华夏出版社2000年第57页。

况下，在吉登斯的理论中行动者失落了。然而，行动者的失落实质上也是我的失落，因为我坚决捍卫能够提供知识行动的知识行动者，不管行动的后果是意料之中的还是意料之外的，不管他对自己行动后果是完全知晓的还是根本无知的。

二、意图行动的意外后果

行动者行动的能动性要同行动者的有意图的行动所产生或带来的意外后果一同考察。吉登斯提问，日常生活的绵延固然是作为意图行动流发生的，但行动还产生了意外后果。而且这些意外后果可以系统地反馈回来，成为下一步行动未知的条件。那么，我们又如何来概括意外后果的内涵呢?

1. 行动意外后果的意义

吉登斯认为，能动作用指的是“做”或者“为”的本身。应该这样说，如果没有行动的发生就不可能有行动者的能动作用的表现或者干脆说行动者的能动性就寄存在行动者的行为身上。而且吉登斯还认为不管行动的后果是什么——是无意之果还是有意为之——，那么这个结果也不是同行动者的能动作用无关的。吉登斯指出：打开灯是行动者所做的事，惊走窃贼也是他所做的事。如果行动者不知道房间里有窃贼，如果他出于某种原因，尽管知道也不愿借此吓跑这个闯进来的人，那么惊走窃贼这件事就是无意所为。所以，从概念上来讲，我们可以区分无意所为之事与所为之事的意外后果[①]。行动者所做之事的后果，指的就是这样的事件：如果行动者换一种方式行事，这事件或许将不会发生，但这类事件的发生却并非行动者权力范

---

① 吉登斯认为，把行动者的行动考察的关注点仅仅放在有意和无意的关系上，即便是通过这种关系对行动进行划分也不会有多大意义。在这里，吉登斯所关注的重点不是行动者发出的行动是有意还是无意，而是要考察行动者所做之事的后果。参见，安东尼·吉登斯：《社会的构成》，[北京]生活·读书·新知三联书店 1998 年第 71 页。

围所及(不管他有着怎样的意图)①。

2. 行动原初情景与行动意外后果

能动行动的意外后果是同行动发生的原初情境相关的,也就是说,行动的后果在时间和地点上越是远离行动所发生的原初情境,或者说行动的后果越是脱离行动发生的最初情境,那么这种后果也就会脱离原来行动的意图。所以,吉登斯说,考虑到这里所说的这个人并不知道房间里有个窃贼,因此无意之间引发了这一系列事情,那么,在此人打开开关之后,窃贼碰上的一切就都属于该行为的意外后果。一件事情或者说一个举止所引发的一系列后果在一定程度上会完全脱离了行动者的行动发生原初情境以及行动者的行动意图。吉登斯在经常所举的例子中存在着这样一个未料后果链条:拉灯照明→惊跑窃贼→警察抓住→合法审判→入狱一年。之所以出现这种相当复杂的现象,在吉登斯看来复杂就复杂在一件看起来微不足道的行为,如何能够引发出一系列在时间和地点上远远脱离它的原初情境的事件,而不是在最初行为的实施者的意图中是否包含有这些后果。因此,吉登斯指出:一般来说,行为的后果在时间和地点上越是远离它的原初情境,这些后果就越不可能属于最初的意图,当然,这也得看行动者具有怎样的知识能力以及他们可以调动的权力。我注意到,当然也是需要提醒读者注意的是:吉登斯在这里提出一个关键问题:行动的未料后果的链化特征是否出现,或者是行动的意外后果是否脱离了行动者的行动原初情境以及行动意图(含有寄存在这种意图上的能动性)一个重要的因素是行动者所具有的知识能力以及行动者可以调动的权力。尽管在这里我不想讨论吉登斯的行动者行动权力的有关问题,但是我却要声明:行动者的知识能力实质上表征着一种权力,因为行动者的行动所引发的一系列意外后果是同行

① 事件发生中的行动者的能动性是同权力联系在一起的,吉登斯就是把行动方式的转变看作是行动者所具有的自身的一种对世界的干预权力。参见,安东尼·吉登斯:《社会的构成》,[北京]生活·读书·新知三联书店 1998 年第 76 页以下。

动者所实施的行动联系在一起，如果没有这种作为也可能不会有链型的意外后果的发生，但是问题是如果行动者没有作为或者行动者转换了作为形式，链型后果可能就不会出现。也就是说链型的意外后果出现是同行动者所选择的行动样式有关的，行动者的行动样式的选择就是行动者的权力所在。这种选择和黏附在选择上的权力的调用在吉登斯看来同行动者所具有的知识能力联系起来。尽管吉登斯并没有明说行动者具有怎样的知识和权力，调动能力与行动者行动意外后果是否脱离本原行动所在的原初情境以及原初意图到底有何种明确的关系以及这种关系的机制，但是毕竟吉登斯讲述了这个意思。这对知识行动论也就足够了①。

3. 行动意外后果与知识要素

接下来继续考察吉登斯所强调的意图行动的意外后果的分析。如果概括这种分析，我可以得出这样的几个结论：一是吉登斯特别强调意图行动的意外结果；二是结合功能分析讨论意图行动的意外后果；三是说明了行动者在无意之间建构了用来重构自我的社会。吉登斯指出：站在社会科学的立场上来看，无论我们怎样强调有意图行为的意外后果，都不会夸大其词。吉登斯之所以做出这样的声称，我认为根本的原因还在于提醒人们警惕不要过高估计行动者的行动自觉性，同时还在于社会科学要研究社会发展就必须从行动者的自觉意识转移到行动者有意图行动的意外后果上并加以分析，这样才能解释社会变迁的复杂情形。我的看法：尽管不能过高估计吉登斯所强调的这个问题的意义以及这个问题对吉登斯社会理论本身的意

① 同时吉登斯还认为或者说是提醒：我们考察行动者的“所为”，一般是根据多少属于他控制范围之内的迹象，而不是在他的活动之后接续产生的各种后果。在绝大多数的生活领域和活动形式中，行动者的控制范围仅限于行动或互动的当下情境。所以我们说，打开灯这件事确是行动者所为，惊走窃贼或许也是如此，但不能说导致窃贼被警察抓获及最终蹲了一年监狱也属于这种情况。尽管说彼时彼刻要没有打开开关这一行为，这些事件也许都不会发生，但它们的发生取决于这么多的其他偶然性后果，以至于我们很难认为它们是最初那位行动者的“所为之事”。参见，安东尼·吉登斯：《社会的构成》，[北京]生活·读书·新知三联书店 1998 年第 72 页。

义，但是非常明显的是这种强调具有方法论的价值。我在对哈耶克的知识与秩序的关系分析中将强调这种价值特别是结合哈耶克的自发秩序与哈耶克的无知观进行分析更加能够说明吉登斯这种声称的方法论意义。吉登斯在强调意图行动的非意图结果的同时，结合功能主义者特别是默顿的功能分析范式对行动者意图行动的意外后果进行分析，解释了行动的自然属性。吉登斯认为：默顿非常正确地指出，对意外后果的考察是社会学探索的重要组成部分①。特定的活动组成部分的后果要么不具有重要意义，要么具有重要意义；要么是简单重要后果，要么则是复合重要后果。而评判何谓“重要”的标准，则在于所进行的考察或所探求的理论的性质。吉登斯认为，默顿的分析是一种功能主义的分析，而且在默顿那里，有意的活动（显功能）和它的意外后果（隐功能）两相对应。默顿隐功能分析的目的之一就是要表明表面非理性的社会活动也许根本就不是那么回事，尤其是那些持续存在的活动或实践。而我们却通常把它们误认为“迷信”、“非理性”、“纯属传统惰性”之类的东西，从而对它们不屑一顾。但默顿认为，如果我们发现它们具有隐功能，即具有某种或某些意外后果，有助于维持所探讨的实践的持续再生产，那么我们就可以宣称，它们根本就不像人们所说的那样不合理性。但是，吉登斯认为，默顿这种功能范式的分析缺乏足够的有效性。吉登斯指出：我们不能就此认定，通过揭示某种实践形式的一项功能关系，就可以用后者来解释前者的存在理由。这里多少有些不明不白地掺合进另一种观念，即学者们以自己硬性规定的一些社会需求为根据，塑造出所谓“社会的理

---

① 吉登斯认为，默顿对意图行动的意外后果的问题的分析堪称经典。如果说是一种经典的话，那么实质上就在于默顿创设了自己的功能分析范式，这种范式更多地强调没有被人们注意到的行动功能，所以潜功能的发现为吉登斯的分析提供了概念工具和分析框架，尽管吉登斯可能并不完全同意默顿的有些观点。比如吉登斯就认为，默顿随即便将意外后果与功能分析掺合在一起：尽管这种概念运用的尝试在社会学文献里屡见不鲜，但我却并不愿意接受这种做法。尤其重要的是，我们必须认识到，对意外后果的考察并不像默顿所主张的那样，是要理解表面不符理性的社会行为形态或模式（安东尼·吉登斯：《社会的构成》，[北京]生活·读书·新知三联书店 1998 年第 73 页）。

由”(society reasons)[①]。吉登斯指出，如果我们说，甲社会状况需要在乙社会实践的协助下，才能以相当一致的形式维持下去。就又引出一个亟待解决的问题，而这又是功能分析本身不能答复的。甲和乙之间的关系不同于个体行动者的欲求、需要及意图之间的关系。就个体行动者而言，动机激发与意向性之间的动力关系产生于那些构成行动者动机推力的欲求。而社会系统的情况则不是这样，除非行动者在行事之时，认识到他们所做的正是社会的需要。我在这里要做的说明就是：行动者的意图同社会需要是否有关联，而且这种有关联是否是行动者做出的？这里实质上隐含了这样的问题：我行动的——不管这种行动是否是有意的——意外后果产生了一种结构（自我的社会属性），那么这种结构的产生是社会的需求吗？如果是，那么这种意外后果就必然同行动者的行动有关——不管这种行动是何种类型的行动。这些相互连接的问题引起我深思的是：这种意图行动或者非意图行动的意外后果的出现以及反过来同行动者的关联同知识有关吗？说到底就是行动者在无意中建构了社会内涵的问题该如何了解：即便是行动者无意间建构了社会，那么这种建构的秘密过程是怎样完成的？在吉登斯看来，这个过程肯定不是自然而然的自发性过程——这实际上同哈耶克区别开来了，这个过程肯定是同行动者有关的过程。我最关心的是：这个过程是否同知识有关或者说这个过程是否就是行动者知识化的过程与社会的知识化过程的同一过程。当然，从吉登斯的论述中所得出的这个挑战性的问题还有待于进一步分析与解答。

三、行动意外后果的情景

“意图导向的行动也可能产生意外后果，而这又可能反过来成为

① 吉登斯认为，在对仪式的功能分析中更说明了功能分析中所隐含的因果断裂。也就是说，倘若我们认识到群体“需要”这一仪式来维续自身，那就不应该再把仪式的维持看作是非理性的。参见，安东尼·吉登斯：《社会的构成》，[北京]生活·读书·新知三联书店1998年第73页。

未来行动的未被认识到的条件。它们提供了限制或边界，提供了约制，人类的行动就是在这样的制约中发生的。[①]”吉登斯确定了三种可以分析行动意外后果的研究情景并认为：对意外后果影响的分析主要有三种情景。这三种情景只是在分析意义上彼此具有独立意义，而其中最为重要的是从制度化实践入手[②]。

1. 行动序列

第一种情景是一个行动开启一个行动序列，该行动序列共同产生了一个结果，而行动者并没有意识到这一行动序列。从意外后果上看，这是一种偶发情景所引起的意外后果。吉登斯举例说：如打开灯，窃贼受到惊吓，循路而逃。研究者在考察这种情景时，关注的是由某一触发情境（initiating circumastance）引发的一系列事件的累积，若没有这一情境，或许就不会有这些事件累积而成的结果。韦伯分析了马拉松平原之战如何影响了希腊文明在此之后的发展，并进而影响了欧洲整体文化的形塑过程。他还分析了在萨拉热窝发生的射杀斐迪南大公事件的一系列后果，这都是些很恰当的例子。此处问题的关键，在于从反事实的角度（counterfactually），追溯考察这一系列事件。研究者会追问：“如果事件甲未曾发生，那么事件乙、丙、丁、戊等是否还会发生？”并力求通过这种追问，把握事件甲在该因果链或者说因果顺序中的作用。吉登斯认为，研究此类情景下所触发的意外后果的关键在于：追溯性地考察意外后果和偶发情景之间的累积关系，以及追问偶发情景下的事件在因果序列中的作用或者功能。我认为这种情景下的意外后果的出现，实质上吉登斯还是想通过这个分析告诉这样一个结论：行动有相当久远的索引说明，或者说行动指向社会。同时我还想说明，吉登斯提出反事实

① ［澳］马尔科姆·奥特斯：《现代社会学理论》，［北京］华夏出版社2000年第55页。

② 吉登斯的这种制度化实践的分析来源于默顿分析的启发。默顿着重指出，如果我们在探讨行动的意外后果的时候，把它与那些深深根植在时空之中的制度化实践联系起来，会是很有意义的。参见，安东尼·吉登斯：《社会的构成》，［北京］生活·读书·新知三联书店1998年第74页。

(counterfactual)的概念和反事实的角度(counterfactually)对我们认识这种意外后果是有所帮助的。反事实概念,汉语解释为指在不同条件下有可能发生但违反现存事实的一种情形。吉登斯所说明的一个行动的原初触发情境(initiating circumastance)所引发的意外后果实质上是一种反事实,我的一个偶发行动或者我所设计的一个有意图的行动的发出却引发了可能同我行动意图完全相反或者同我行动间无任何意义的一种意外后果,而且这种后果隐含或者明显地违反或者异化于我以及我的行动。我看,反事实的角度(counterfactually)更是一种观察这种现象的视角:不要以为你的行动只是有益于你自己,实质上极有可能你的行动成为一种具有结构化特征的异己物,从而作用于自己。所以,你不仅在无意间建构了社会(结构),同时结构还会在你不知不觉中左右着你的行动。当然这段话是我对吉登斯意思的引申,但我确信吉登斯的分析中是有这个意思的,只不过我更加明确地说了出来。

2. 行动复合体

第二个情景是:一个行动属于一个同期发生的行动复合体,这个行动复合体共同产生了一个结果,而行动者并没有意识到这些活动的一般模式。吉登斯把这种模式叫做"由一系列个体行动复合而成的模式"。这种模式最显著的特征就是"人人为之,可又无人为之"。但从行动意识角度看,在这种模式中即便是每个个体的行动都是有意识的,但是众多个体活动汇集在一起却产生了谁也意识不到的结果。在喝酒时"众人皆醒",但是结果是人人都醉。所以从结果来看,即使不同的个体行动者分别实施一系列合乎理性的行动,但是这些行动的后果对个体行动者总体而言,也可能是非理性的。这种现象以及由这种现象所组成的结果,被吉登斯称作"偏离效应(perverse effect)"。吉登斯认为,尽管这种效应也只不过是意外后果的类型之一而已,但是产生这种"偏离效应(perverse effect)"的情景无疑具有特殊的价值。因为这种效应不应该仅仅从理性与非理性的标准去评价,实质上它是社会生活中不可避免的意外后果形式。这种意外后果就相当于"集体无意识"或者是"历史无意识"。

3. 反馈情景

第三种情景是因果循环的反馈情景,其中的行动者无法认识到,由于在时空中相距甚远,后果也就变成了条件。吉登斯指出:在这种情景下,研究者的兴趣在于制度化实践再生产的机制,在这里,行动的意外后果以某种非反思性的反馈圈(non-reflexive-feedback cycle)即因果循环(causal loops)①的形式,构成了进一步行动的条件。到这里,我的问题是,通过反馈而形成的行动的条件对行动者来说意味着什么?行动者是否知晓这种被重构了的条件?吉登斯说,对这些条件,行动者是有所认识的。实际上,这些条件实质是意外后果的反馈圈经过不断反复,使社会特征得以在漫长的时间里完成着自身的再生产的一种过程。不管怎样地说法或者如何的解释,吉登斯实质上并没有超出舒茨所揭示的行动类型化和关联性的机制。吉登斯指出:定位在某一时空情境里的重复性活动,会在相对自身情境而言较为"遥远"的时空情境中产生例行化的后果,而这并不是参与这些活动的那些人意图之中的结果,而这些与原初情境相距甚远的情境中发生的事件,又会直接或间接地影响到原初情境下的行动以后所面临的条件。

我这样分析,定位在特定时空情境中的重复性活动实质上就是一种类型化的活动,如果这种活动同相对久远的时空情境中的活动相互连接,那么这种活动实际上也就是典型的例行化行动。这种超越时空的情境相连也就必然使行动类型化为例行行动。只不过吉登斯并没有说清楚这种如何是一种行动的意外后果同时这种行动怎样

---

① 吉登斯还这样描述了"贫困循环"的例子:物质剥夺(孩子)→恶劣的教育→低层次的就业→物质剥夺(成人)。物质剥夺的条件导致可以形容为低层次教育和职业成就的行动,而低层次教育和职业成就又会导致未来进一步的物质剥夺的条件。参见,Giddens, A, The Problems in Social Theory. London: Macmillan, 1979: 79. 转引,[澳]马尔科姆·奥特斯:《现代社会学理论》,[北京]华夏出版社2000年第55页。

又成为下一个行动的条件而且会被行动者有所认识。我在此要说清楚，这种行动成为下一个行动的条件并被行动者所认识，实质上是以知识形式或者确切地说，存有知识的意识表征了上一次的行动，从而才有可能被行动者所认识。上一个行动实质上是被上一个行动所建构的产物，也就是没有被行动者所意识到的结果即意外后果，成为了当下行动的条件。这样我就把这种情景以及这种情景下的结果同知识和用知识表示的制度化社会的规则联系起来，以完成知识行动论的改造任务。还有一点要说明的是：吉登斯也同样提出了行动者如何获得对行动意外后果的认知，“要想弄清楚事态的发展进程，只需了解这样一些解释变量：个体为什么会受到推动，去从事各种在时空向度上伸展开来的例行化社会实践，又会导致怎样的后果。意外后果是例行化行为的附带结果，也同样以一种例行化的方式被‘分播’(distributed)开来，而参与者在反思性地维持着这些行为的时候，也就是这样看待它们的。①”

在讨论吉登斯意图行动的意外后果的最后，我同意这样的说法，“吉登斯对意外后果作如此丰富论述的目的在于：不能过高估计社会行动以及历史过程的自觉性，不仅许多因果序列的后果是无意识的偶发事件所导致的，而且社会历史中呈现的必然趋势也是人们无法自学的，是自觉的个别事件聚合了不自觉的历史必然，特别是一向被社会学家认为是人类有意为之的社会制度化过程，实质上也是无意识的后果。社会生活和历史过程中的无意识后果的普遍存在，要求社会理论在研究社会问题时，必须充分重视社会活动中的非自觉因素，重视在人们的行动及其结果层面上开展研究，而不能像传统理论那样目光仅仅聚集在心理层面或认识层面。②”

① 安东尼·吉登斯：《社会的构成》，[北京]生活·读书·新知三联书店 1998 年第 75—76 页。

② 刘少杰：《后现代西方社会学理论》，[北京]社会科学文献出版社 2002 年第 352—353 页。

第四节　行动者是我吗：行动者的社会定位

一、我与行动者

行动者同我的关系是现象学社会学逾越不过的基本问题，但是在吉登斯这里尽管缺乏现象学社会学的更多意味，但是我是否就是行动者也是必须考察的问题。对我来说，这个问题更有意义，因为行动者应该是行动知识的载体和在体，对行动知识的涉身性和生物性，我将结合马克斯·舍勒对知识的界定加以论述。但是在这里，我沿着吉登斯去努力追寻我的世界与他人的世界以及同日常生活知识的某种或者是明显的或者是隐含的生命性关联。

1. 我的结构

吉登斯非常关注“我”的问题尤其是我是否是行动者的问题。吉登斯认为，应该如何最准确地把握自我，特别是作为反思性行动者的“主我”，是其结构化理论的主要内容。还认为，我及其我的身体和在一定时空中的定位即对我身体的关注是其关键主题，吉登斯指出：“身体是行动中自我的中心，并且在时空之中有它的具体定位，对身体的这种关注，是贯穿我们分析和探讨的所有材料的关键主题。[①]”

我的结构可以表明何种类型的我是行动者。如何对我本身进行分析，吉登斯首先把弗洛伊德所描述的心理结构作为自己对我分析

---

① 吉登斯说：我将联系对无意识本质的解释来谈结构化理论的主要概念，以探讨几个基本的概念问题。这就引出了一个问题：然后，我将描述意识与无意识之间相互交织关系的心理学基础并着重参考了埃里克松(Erikson)的著作。但这方面的描绘随即会引发以下问题，即某种社会性的本性(social nature)与日常生活例行特征的关系，这也是我论述的要点之一。例行常规在“危机情境”(critical situations)中往往遇到相当程度的破坏，我试图通过分析这些情境，揭示出这样一个事实，即对共同在场情境下日常接触的反思性监控，通常总能与人格中的无意识成分相互协调。这就使我们直接转向审视某些有关共同在场的行动者之间互动的深刻见解，它们源于戈夫曼对这一问题的研究。身体是行动中自我的中心，并且在时空之中有它的具体定位，对身体的这种关注，是贯穿我们分析和探讨的所有材料的关键主题。参见，安东尼·吉登斯：《社会的构成》，[北京]生活·读书·新知三联书店1998年第109页。

的起点或者基础。很显然,吉登斯对弗洛伊德使用“本我”、“自我”和“超我”的术语并不满意,而是提出了行动者的分层模式即把行动者分为无意识(基本安全系统 basic security system)、实践意识和话语意识[①],并认为行动者在弗洛伊德的行为的构成过程中采用多个相互交织的层面,并根植于所有这三个人格维度中。但可以肯定的是,“主我”(das lch)是话语意识所牵涉的东西的核心[②]。那么,主我又是什么呢?主我就是行动者吗?吉登斯对弗洛伊德的分析也提出这样的疑问:假设“主我”的确是心智的一个组成部分,那么弗洛伊德又如何能够说像自我“决定抛弃与己不容的主意”这样的话?难道自我的决定过程是行动者决定过程的某种缩微?同时,弗洛伊德还提出过有关自我“想要睡觉的愿望”,尽管当真的入睡时,自我仍然“保持警惕”,“看管”着做梦者的睡眠,以防邪恶不堪的无意识成分释放出来。由此也产生了一系列的疑问:自我所欲求的是谁的睡眠?是行动者的,还是自我本身的?“看管者”保持着清醒,是指谁的清醒而言等等。最后我们来看看弗洛伊德对自我任务所做的最扼要的概括。自我负有“自我维护”(self-preservation)的任务,并“通过学会将外在世界的变化引向适于本身利益的方向”,来贯彻这一任务。可自我(ego)护卫的又是哪一个“自我”(self)?自我的利益是否也是我的利益?

---

① 从表面上看来,吉登斯的话语意识、实践意识和无意识大体上对称于弗洛伊德(Freud)的心理结构模式。吉登斯自己也承认,他要用话语意识、实践意识和无意识概念来取代传统精神分析的三维概念:自我(ego),超我(super-ego)和本我(id)。但是吉登斯本人也清楚地认识到自己的行动者的意识结构并不完全等同于弗洛伊德的心理结构模式。吉登斯指出:弗洛伊德对自我和本我的区分无法很好地用于分析实践意识,因为精神分析理论与我们前面所说的其他社会思潮一样,都未能奠定实践意识的理论基础。在精神分析的所有概念中,“前意识”(pre-conscious)与实践意识或许最为贴近,但在通常用法上显然还是有些不同。我宁可用“主我”(I)来代替“自我”。

② 但是吉登斯认为,弗洛伊德也把个体看成某种行动者,并且常将本我、自我和超我说成是个体所具有的能动作用。他在 20 世纪 20 年代以前的著作里,常常用“主我”这个词来指整个人,同时也用来指称心智的某一部分。“超我”也同样存在类似的用语转换。弗洛伊德有时把它与另一个概念——即“理想自我”(ego-ideal)——区别开来。术语上的自相矛盾与前后不一,似乎表明这里存在某些极其严重的概念上的困境。参见,安东尼·吉登斯:《社会的构成》,[北京]生活·读书·新知三联书店 1998 年第 110 页。

在吉登斯看来，自我、超我和本我概念的使用方式，都有着能动作用的意涵，都是处于行动者自身之中的缩微行动者。如果我们将“本我”和“超我”两个术语弃而不用，情况也许会好些，但只是这样做还不够，必须辅之以对“主我”独特性质的认识。那么这样主我也就成为某种方式的行动者。所以吉登斯指出：“或许我们可以把‘主我’设定为行动者。①”

2. 我同他的关系

我同他的关系是在同他的关系行动中构成的。吉登斯说：只有通过“他者话语”(discourse of the other)，即只有通过语言的获得，“主我”方得以构成，而且主我体现出我们经验中最丰富、最切身的特征。从语言学角度来说，“主我”这一术语是个“转换词”(shifter)，是社会“定位过程”的具体情境，决定了在任何一个谈话情境中，谁是这个“主我”。“主我”指的只是正在说话的人，即某一句子或表达的“主语”。行动者掌握了“主我”的使用方法，也就掌握了“宾我”的用法，但这只是通过相应地掌握某种句法上有所差异的语言而实现的。比如，当我对“你”说话时，我必须明白我是个“主我”，但当你对“宾我”说话时，你又成了一个“主我”，而我则成了一个“你”，如此等等。问题的关键在于，这些用法是以某种极其复杂精细的语言技能为前提的，而且它们还伴随着对身体的繁复控制，并发展起一套有关如何“应对”各种不同的社会生活情境的知识②。在这里我对我的把握实质上建立在某种知识的基础上，所以吉登斯把我的用法看作是行动者在行动的时候所依据的知识，正是由于我掌握了这套方法或者这些知识，我是一种合格的行动者。当然，这段话，是我对吉登斯想说而没有说出来的意思的延伸。这种延伸不仅建立在吉登斯对我是否是行动者问题上的认识，而且还是我对我的结构与行动者关系的一

① 安东尼·吉登斯：《社会的构成》，[北京]生活·读书·新知三联书店 1998 年第 111 页。

② 安东尼·吉登斯：《社会的构成》，[北京]生活·读书·新知三联书店 1998 年第 112 页。

种看法。

3. 谁是行动者

吉登斯自己这样归纳:“主我”是行动的反思性监控的本质特征之一,但它既不等同于行动者,和自我也不完全是一个意思[①]。我所说的“行动者”(“agent”or“actor”),指的是作为整体存在的人类主体,定位在活生生的有机体肉身性的具体时空之中。“主我”有着自我不具备的形象(image)。但自我不是处在行动者之中的某种微型的能动作用机制,而是某些唤回机制形式的总和。行动者可以通过这些形式的唤回机制,反思性地概括出在自己行动的起源中,“都包含了些什么”。也就是说,自我是行动者概括出来的行动者,是被描述成某种缩微了的行动者。行动者在谈话中反思性地熟练掌握“主我”、“宾我”和“你”的关系,是他在语言学习过程中逐渐产生出资格能力的关键。

4. 我对我的思考

我对吉登斯这些归纳本身提出这样几个问题进行思考:(1) 我是否是行动者取决于我本身的定位,这种定位是社会性的,不仅是意义性定位还有知识性定位。我在何处,我所在同你所在的关系,我有何知,我知同你知的关系,我的言说与举止以及同你的关系等等可能是决定我是否是行动者的因素[②]。(2) 主我是否等同于行动者,它就是自我本身吗? 吉登斯的观点很明确,主我不同于行动者。作为行

① 吉登斯在《现代性与自我认同》中这样概述主我的存在:主我宾我(以及主我/宾我/你)的关系是内在于语言中的,而不是个体的非社会部分(主我)与“社会自我”之间的联结。“主我”是个语言转换器,它从术语的网络中获得其意义,而借助这个网络,主体性的话语系统得以形成。运用“主我”以及其他相关的主体性术语的能力,是自我觉知突现的条件,但并不由此限定自我觉知意义。参见,安东尼·吉登斯:《现代性与自我认同》,[北京]生活·读书·新知三联书店 1998 年第 58 页。

② 我的认知实质上是同主体间性相关的。吉登斯说,个体不是突然地遭遇他人的存在,以一种情感认知的方式发现他人,在自我觉知的最初发展中占据核心地位。所以“他人问题”并不是个体如何实现从自身内在经验的确定性向不可知的他人转变的问题(安东尼·吉登斯:《现代性与自我认同》,[北京]生活·读书·新知三联书店 1998 年第 56—57 页)。因此,迪卡尔说:本我仅仅能了解他人的身体,因为本我无法接近他人意识。

动的反思性监控的本质特征的主我，为什么不同于自我或者说不同于行动者，吉登斯的分析说明，主我是实质上是自我反思的结果，它是不能作为能动者存在的①。自我则成为能动性的在者，它不仅反思主我还反思客我，也就是说是实质上的行动者。(3) 自我是行动者概括出来的行动者。也就是说，如果说自我是行动者的话，那么这种行动者实际是行动者自身所赋予的，按照吉登斯的话说就被行动者概括出来的一种行动者。这种概括实际是行动者的自我认同的又一种体现。同时吉登斯还不止一次地提出：自我还是被描述成某种缩微了的行动者。问题是：为什么是缩微的和怎样缩微的？吉登斯并没有解决我所提出的这个问题。我倒认为这种缩微是同知识有关的②。能否可以说这种缩微就是知识的缩微我还不能肯定，但是实现缩微和缩微内容应该是同知识有关的，因为我们可以从吉登斯对自我性质的描述中可以看出这样的征兆。比较而言，就行动者与知识的关系方面，尤其是我、我们关系，他者世界以及同常识性的知识世界的关系研究，吉登斯要比舒茨退步得很多。但是吉登斯的分析中还是保持了这种意涵，这也可以说是对知识行动论的一些启发。

二、行动者与身体

不管行动者在社会理论中匿名到什么程度，但是作为知识行动论或者具有知识行动论意味的理论分析，更进一步说，无论具有什么形态的理论主要关注日常生活以及日常生活所承载的知识世界就不得不考虑这些知识或者说是用知识所表现的社会的行动规则产生的时空背景。这也就规定了必须注重对身体的分析。吉登斯作为结构

① 吉登斯认为，要想将"主我"同能动性联系起来，必须再次踏上结构主义者指出的那条迂回之路，就是说将主体去中心化(decentring of the subject)，但却不能像他们那样得出这样的结论：仅仅将主体视为表意结构中的指号。参见，安东尼·吉登斯：《社会的构成》，[北京]生活·读书·新知三联书店1998年第112页。

② 吉登斯在《现代性与自我认同》一书中对自我的特性做了十个方面的阐述(安东尼·吉登斯：《现代性与自我认同》，[北京]生活·读书·新知三联书店1998年第86—91页)。我认为，这些阐述蕴涵知识的含义。同时这也是吉登斯的行动者是知识行动者的佐证。

化理论的建构者也不能例外,“身体是行动中自我的中心,并且在时空之中有它的具体定位,对身体的这种关注,是贯穿我们分析和探讨的所有材料的关键主题。[①]”我试图通过对吉登斯身体定位的论述,来说明知识的地方性或者本土化与行动规则的关系。

1. 身体与行动

无论行动者匿名到什么程度,也就是说不管社会体系或者社会结构在实存社会中怎样表征,最后都可以还原为行动者。所以行动是行动者的行动,这是行动论内设的基本原理。吉登斯也同样遵循这条原理。既然行动是行动者的行动,那么行动者的身体是不能免于考察的[②]。吉登斯指出:身体是积极行动的自我的“所在”(locus)。我在这里要加上一句:身体不仅是积极行动的自我的存在地方,同时也是行动最初发源地和行动存活物。但是问题也很明显:自我显然不仅仅是作为其“承载者”的有机体物质特征的延伸[③]。吉登斯同意梅洛-庞蒂的这种观点:身体并不完全像物质客体那样“占据”着时空,如其所言,“我身体的轮廓是某种无法被一般的空间关联跨越的边界”。这是因为,身体及其运动的经验是各种行动与自觉意识的核心,后者其实又反过来确定了身体的整体统一。实质上,我们可以反过头来回忆吉登斯的行动者意识结构的无意识之来源的思想,因为无意识的来源最初也是同身体有关的,而且是同没有语言能力阶段的身体有关。当然行动的意义同身体直接连接是与共同在场的社会特征处在同一个情境之中的。吉登斯认为,共同在场的社会特征是以身体的空间性为基础,同时面向他人及经验中的自我[④]。而身体的

---

① 安东尼·吉登斯:《社会的构成》,[北京]生活·读书·新知三联书店 1998 年第 109 页。

② 在对行动者身体的解释中吉登斯本人并没有更多的主张,而是更多地考察现象学家的身体理论比如梅洛-庞蒂和海德格尔以及社会学拟剧论、后现代主义者的观点。

③ 安东尼·吉登斯:《社会的构成》,[北京]生活·读书·新知三联书店 1998 年第 102 页。

④ 安东尼·吉登斯:《社会的构成》,[北京]生活·读书·新知三联书店 1998 年第 138 页。

空间性实际上表现为两种形态,第一是情境空间性(apatiality of situation)和第二位置空间性(apatiality of position)。在行动场域中身体存活的时空结构对行动本身的意义起着一种预先给定或者是一种扎根的意义价值。吉登斯同意用梅洛-庞蒂对身体时空关联的分析,认为,以身体为核心的在场的时空关联,被纳入的是一种"情境空间性"而不是"位置空间性"。对身体来说,它所谓的"这里"(here)指的不是某种确定的坐标体系,而是积极活动的身体面向任务的情境定位。身体的情境空间性最根本的原因就在于身体被行动的目标所极化(polarized),身体存在自身就是为了行动的目标并且能将自身聚集成一个整体来完成这些目标。所以,在这种情形下,身体的形象最终成为判定身体在世(in-the-world)的一种途径。因而,吉登斯明确指出:身体空间作为各种习惯性行动的聚合领域,极其复杂,意义重大①。不仅如此,身体也只有指向行动并纳入一定情境下的行动流,才能被理解为身体。在日常生活中身体是不断纳入活动绵延的,因为只有在具体行动情境中,身体才能进行各种动作,也才能被它的拥有者理解为"身体"。同时吉登斯还认为,是日常行为流中身体活动的时空情境关联才成为行动理论的关键,而正是这种基于时空情境关联状态下,身体在行动流中的这种活动直接关系到本体性安全或"信任",即相信日常生活绵延中包容的自我及世界具有连续性②。

2. 行动者脱身的知识性意义

第一,身体首先是肉体存在(corporeality)。所以,吉登斯指出:自我,当然是由其肉体体现的。人的身体具有一种不可分性,而在人

---

① 安东尼·吉登斯:《社会的构成》,[北京]生活·读书·新知三联书店1998年第139页。

② 维特根斯坦提出过这样一个问题,"我举起我的手臂和我的手臂举了起来,这两者有什么不同?"不管他原本想让我们关注什么,这个问题在此引发了许多疑难,因为它像是把某种测试或游戏性的要求当成典型情况;这样一来,我们就有可能误把行动理论的关键当成"运动"或"行动"(一系列分离的动作)之间的显著差别,而不是日常行为流中身体活动的时空情境关联。参见,安东尼·吉登斯:《社会的构成》,[北京]生活·读书·新知三联书店1998年第140页。

类存在的环境中，其他一些生命体或有机体也同样具有这一特征。肉体存在(corporeality)对人类行动者的运动能力和知觉能力都强加了严格的限制[①]。第二，身体不仅仅是一种实体，还是一种实践模式。吉登斯指出：对身体的轮廓和特性的觉知，是对世界的创造性探索的真正起源。借助这种探索，儿童了解客体和他人的特征。儿童并没有领会自己"有"身体，因为自我意识是通过身体的分化而不是其他方式而出现的。其身体的领会主要是依据与客体世界及其他人的实践性参与活动而实现的。他们通过日常实践来把握现实。身体因此不仅仅是一种"实体"，而且被体验为应对外在情境和事件(梅洛-庞蒂也强调这一点)的实践模式。面部表情和其他体态，提供了作为日常交往之条件的场合性(contextuality)或索引性(indexicality)的基本内容。学习成为一个有能力的能动者，即能够在平等的基础上与他人一起参与到社会关系的生产和再生产中，就是能够对面部和身体实施持续的成功监控。身体的控制是"不可言说"事项的核心方面，因为它是可以言说事项的必要框架[②]。我认为，身体作为一种实践模式不仅具有认识自身的功能也同时具备认识自我的功能。自身和自我的认识是一种相当复杂的过程，不仅要学习还要实践，不仅涉及到自己还涉及到他人，不仅涉及到我们关系，还涉及到我们与他们的关系。这些就为自我走出自身提供了知识条件。第三，自我可以脱身[③]。吉登斯所说的脱离肉身是在心理学意义上的，具体体现在自我认同方面，比如把自己的欲望游离于身体之外，把对自身的危险体验作为是对别人的威胁，而且把自己身体存在的环境虚拟化等。"肉体的脱身为超越危险及获得安全的企图。小而言之，肉体的脱身是在

---

① 安东尼·吉登斯：《社会的构成》，[北京]生活·读书·新知三联书店 1998 年第 197 页。

② 关于身体的控制以及身体同权力之间的关系，吉登斯的阐述可以参见安东尼·吉登斯的《现代性与自我认同》(三联书店 1998 年)中第二章以及戈夫曼与福柯的有关著作。

③ 关于自我的脱身问题可以参见道格拉斯·R·霍夫施塔特、丹尼尔·C·丹尼特：《心我论——对自我和灵魂的奇思冥想》，上海译文出版社 1999 年；布莱恩·特纳：《身体与社会》，[沈阳]春风文艺出版社 2000 年。

日常生活的危机情景中每个人在本体安全被打乱时都能感受到。①”吉登斯所讨论的自我的脱身并不是我所关注的，但是这个主题却是吉登斯的研究主题，因为作为研究现代性的社会学必须考察现代性所具有的基本特色，这个基本特色就是现代性的风险性。但是我所关心的问题是：当自我——实质上是自我所承载的社会关系和社会结构——走出自身的时候，知识也就产生了。自我作为行动者是历次行动所塑造的产物，它所承载的行动体验转化为经验。当这些经验脱离自我的身体的时候，也是日常知识即常识产生的时候，也是自我匿名化的时候。这个时候众多的走出肉身的自我集合在一起并成为所谓的社会或者日常知识的世界。所以，社会作为实在的本质属性就要求，无论知识即便是体验性知识多么具有涉身性，但是最终必须脱离自身不管这种脱离的程度和脱离的多少。因为这样社会才能构成，社会才能成为行动者所建构的一种实在。这些构成知识行动论内容的看法，尽管同吉登斯有关，但是关系非常疏远，因为吉登斯在最关键的地方停了下来。逃避风险的脱身是很重要，但是更重要的应该是把这种脱身看作是一种机制或者是社会被建构的一种行动努力。我延伸吉登斯的身体讨论，在介绍马克斯·舍勒的知识概念与行动者的关系时将进一步发挥这种讨论。

关于行动与身体的关系，我还是用吉登斯的话来概括：“正如已经被强调的，身体不仅仅是我们‘拥有’的物理实体，它也是一个行动系统，一种实践模式。②”

三、行动者的社会定位

吉登斯指出：自林顿(Linton)以来，学者们一般都联系角色概念

① 安东尼·吉登斯：《现代性与自我认同》，[北京]生活·读书·新知三联书店1998年第65—66页。

② 吉登斯指出：在日常生活的互动中，身体的实际嵌入，是维持连贯的自我认同感的基本途径。参见，安东尼·吉登斯：《现代性与自我认同》，[北京]生活·读书·新知三联书店1998年第111页。

来谈社会定位的概念，有关角色的讨论与分析要比后者多得多。但是吉登斯也不满意角色理论中的给定论内容。认为，无论是帕森斯的观点[①]，还是戈夫曼提出的拟剧论都强调角色的“既定”特征，从而暴露出行动与结构之间的二元论，而这是社会理论中许多领域普遍存在的特征。脚本写就，舞台搭成，行动者只管尽力演好为他们准备的角色。所以，在研究行动者的时候必须要否定这样的立场。那么如何才能在研究中更多地体现行动者的知识能力和能动性呢？吉登斯建议（只是想实实在在地提醒大家），要更加重视考察行动者的“定位过程”或者是“定位实践（position-practice）[②]”。

1. 社会定位与角色

那么，什么是社会定位呢？吉登斯认为，应该把社会定位理解为“某种社会身份，它同时蕴含一系列特定的（无论其范围多么宽泛）特权与责任，被赋予该身份的行动者（或该位置的‘在任者’）会充分利用或执行这些东西：它们构成了与此位置相连的角色规定（role-Prescription）”。这种定义是有问题的，因为我们并不清楚社会定位与角色到底有什么不同。我的看法，行动者的社会定位应该是双主体的关联过程和结果，也就是说社会作为一个主体对行动者进行期待和对行动提供规范，而行动者履行这些规范并形成相对固定位置的一种过程和结果。更确切地说是：行动者在通过行动与社会进行互动过程中（定位实践）所形成的社会身份。过程是行动者在社会的制约下进行的定位实践，结果是通过这种定位实践所形成的相对稳

① 吉登斯认为，角色在帕森斯的理论中之所以至为关键，是出于它与动机激发、规范期待和“价值”的关系。这种角色观，吉登斯是不敢苟同的。因为它过于依重帕森斯关于社会整合依赖“价值共识”的理论假设。参见，安东尼·吉登斯：《社会的构成》，[北京]生活·读书·新知三联书店 1998 年第 162 页。

② 人们在日常社会接触中，存在一种对身体的定位过程（Positioning），这是社会生活里的一项关键因素。“定位过程”这一术语在这里的意涵是很丰富的。身体根据直接与他人的共同在场相关联的背景来加以定位：戈夫曼极其精细但又不失力度地向我们展示了社会生活的持续过程中内在的面部操纵（face work）、姿态以及对身体动作的反思性控制。当然，我们还可以联系日常接触在时空向度上的序列性（seriality）来理解定位过程。参见，安东尼·吉登斯：《社会的构成》，[北京]生活·读书·新知三联书店 1998 年第 44 页。

定的以身份表现的社会位置。所以,这个过程肯定含有知识化的过程,因为行动者要在以知识为基础的社会中定位或者找到自己的位置,必须持续不断地获得知识和应用知识。这种知识化的过程实际上包含了行动者走出自身的过程,或者说是行动自我的脱身过程。

在吉登斯看来,行动者的社会定位实际上是一种关系性实践过程,也就是我所说的双主体的互动过程。吉登斯指出:社会系统是作为常规化的社会实践活动得以组织起来,在散布在时空之中的日常接触里得以继续的。不管怎么说,那些自己的行为构成了这类社会实践的行动者都被“定了位”。所有行动者在时空中都有自己的定位或“处境”。都要经历赫格斯持兰德所说的各自的时空路径;同时,“社会定位”这一术语也表明,他们的定位是关系性的。只有在社会实践的连续性中,也只有通过随时间流逝而逐渐消逝的社会实践的连续性,社会系统方能存在。不过,我们最好是把社会系统的一部分结构性特征概括为“定位实践”的关系。社会定位在结构上是作为表意、支配与合法化过程的特定交织关系构成的,这又涉及到行动者的类型化问题。一种社会定位需要在某个社会关系网中指定一个人的确切“身份”。不管怎样,这一身份成了某种“类别”,伴有一系列特定的规范约束①。

2. 行动者定位在何处

行动者定位在何处呢?吉登斯认为:

A. 定位在日常生活流中;

B. 定位在他的整个生存时段即寿命中;

C. 定位在“制度性时间”的绵延,即社会制度“超个人”的结构化过程中。

吉登斯指出:每个人都以“多重”方式定位于由各种特定社会身份所赋予的社会关系之中。共同在场的多种模态直接以身体的感性

① 安东尼·吉登斯:《社会的构成》,[北京]生活·读书·新知三联书店 1998 年第 161 页。

特质为中介，明显不同于与时空中不在场的他人之间建立的社会纽带（social ties）和社会互动形式[①]。

日常生活流是行动者存活的基本形式，行动者的社会定位首先是同日常生活的活动联系在一起的。但是吉登斯对日常生活流中的行动者定位讨论较少或者说根本就没有讨论。

我认为讨论行动者的社会定位最主要的领域应该放在日常生活的领域。在这个领域中行动者才能走出自身，行动者的能动性或者说行动者对社会生活的建构意义才能在行动者自我的脱身而形成的日常常识的知识世界中才能突显。我认为吉登斯的兴趣不在此处，而是在于行动的结构化特征，所以他更加关注的是行动者定位过程所内含的制度化要义。吉登斯指出：在共同在场的情境下，行动者的定位过程是日常接触结构化过程的一个本质特征。在这里，定体过程除了包含整个身体通过日常例行常规各区域性部分的移动之外，还牵涉到身体运动和手势的许多微妙型态。

吉登斯还把行动者在日常时空区域的定位过程同跨社会系统的定位过程关联起来。指出：行动者在他们日常时空路径各区域中所进行的定位过程，同时也是在更为广泛的社会总体区域化过程以及跨社会系统中的定位过程。而且吉登斯还把跨社会系统的行动者定位过程看作是最基本意义上的定位过程。认为，跨社会系统具有广泛的跨度，与各社会系统的全球性地缘政治分布融汇在一起。指出：这种最基本意义上的定位过程，其重要性显然与社会总体时空延伸的程度密切相关。吉登斯还认为，行动者的定位过程所显现特色是同社会发展水平或者状态关联的，比如在不发达社会中社会整合与系统整合几近重叠的情况下，社会中定位过程的“层化”（layered）程度就不很发达。而在现代社会中由于时空延伸，个人则被定位于一

---

① 吉登斯认为，他的结构化理论是围绕着时间性的三个方面建构起来的，行动者的定位也总是以这三个方面为轴线。安东尼·吉登斯：《社会的构成》，[北京]生活·读书·新知三联书店 1998 年第 44 页。

系列丰富广泛得多的层面上，这些都展现出某些系统整合的特征，将日常生活的琐碎细节与大规模时空延展的社会现象日益紧密地联系在了一起①。

对于B部分来说，行动者生活道路的定位过程同行动者的社会化有关。吉登斯指出：对每一个人来说，在日常生活时空路径中的定位过程都同时是其"生命周期"或生活道路的定位过程。我认为这种定位过程包含了社会分化的过程，也同时含有行动者社会化的过程。比如"主我"的内在意涵必然是将自我与在话语和行动的序列性中进行的定位过程结合起来。同时在生活路径上进行的定位过程总是与社会身份的类别化过程有着密切的关系。所以，行动者的知识能力实际上就是从这种形式的定位过程中逐渐获得的，而社会分化也同时揉进了这个过程。吉登斯就认为像年龄的分级，就可以有一系列的形式，其中的"儿童期"与"成年期"总是糅合着年龄定位的生物性与社会性标准。在物质再生产和社会再生产的融合过程中，家庭发挥了根本作用，在生活路径上进行的定位过程的差异是左右这一作用的主要限制因素。任何一个人类社会都不可能出现所有成员都来自同一年龄群的情况，因为人类的幼年在很长的一段时期里，多少可以说是完全依赖长辈的照料。同时吉登斯还指出：产生社会定位过程总体框架的，则是以上这些形式的定位过程与制度长时段中进行的定位过程的交织关系。只有在制度化实践活动中存在的这种交织作用的情境下，我们才能较好地把握与结构二重性联系在一起的各种时空定位过程。在所有的社会中，年龄（或年龄等级）与性别看来都是确定社会身份的最综合的标准②。

3. 社会情景的定位

社会定位不仅包括行动者定位而且还包括行动或者互动的情境

---

① 安东尼·吉登斯：《社会的构成》，[北京]生活·读书·新知三联书店 1998 年第162—163页。

② 安东尼·吉登斯：《社会的构成》，[北京]生活·读书·新知三联书店 1998 年第164页。

定位。所以,吉登斯指出:彼此之间互相“定位”的不仅是个人,还有社会互动的情境[①]。所有社会互动都是情境定位的互动,就是说互动是发生在具体时空情境中的。所以把社会互动理解为断断续续但却是例行发生的日常接触,会逐渐消逝在时空之中,又能在不同的时空领域里持续不断地重新构成。日常接触在时空上的常规性或例行性正体现出社会系统的制度化特征。例行常规以传统、习俗或习惯为基础,但我们绝不能就此假定这些现象属于不言自明的东西,以为它们只不过是些“不假思索”地重复进行的行动方式,而是相反,绝大多数社会活动的例行化特征,都需要由那些在自己的日常行动中维持这些特征的人持续不断地“施加作用”[②]。在这里我不打算讨论吉登斯的时序化、区域化与例行化特征同行动者社会定位以及同互动的场景定位。尽管这些问题同吉登斯的理论旨趣是一致的,因为吉登斯也指出:结构化理论关注的是人的社会关系中超越具体时空的“秩序”,而要阐明这种超越过程,例行化是不可或缺的一个因素。但是,限于我讨论问题的范围的要求,就行动者的问题不能无法收场地讨论下去。应该说,社会理论的研究不能超越行动,而行动又必须是行动者的行动,所以行动者同社会理论的所有理论都是关联在一起的。就行动者的定位问题对知识行动论的借鉴,也有许多的内容。无论行动者把自己定位在日常生活的行动流中还是定位在日常生活的行动历程中以及定位在社会关系所组成的社会结构中,行动者的定位过程实质是一种以知识为基础以时空为存活条件的社会性实践。吉

① 以赫格斯持兰德(Hagertrand)为代表发展起来的时间地理学(time-geography),其中的技术与途径在考察这些关联,探求社会互动的情境特性方面极富洞察力。时间地理学也将个体在时空中的定位作为自己的主要关注点,但尤其强调源于身体的生理特征,以及行动者的活动环境的物理待性对活动的制约。这里提到的只是地理学给予社会学启迪的一个方面,另一方面则是对都市生活方式的解释。我认为后一方面对社会理论也具有重大意义。当然,更为重要的是时间地理学对空间和位置总体上保持的敏锐把握。参见,安东尼·吉登斯:《社会的构成》,[北京]生活·读书·新知三联书店 1998 年第 45 页。

② 安东尼·吉登斯:《社会的构成》,[北京]生活·读书·新知三联书店 1998 年第 165 页。

登斯提出了定位实践的概念，但仅仅是一带而过，并没有对定位实践给予充分的重视，所以我感到很是遗憾，吉登斯错过了对行动者进行知识行动论研究的机会，或者说在架通日常生活世界和社会体系世界方面，定位实践作为这座桥梁的建造者同吉登斯擦肩而过，实在是觉得遗憾。因为在行动者的定位过程中，行动者并不是一种完全被社会定位的被动者，相反，行动者无论是自己的定位过程还是社会对行动者的定位过程都是一个能动的过程，或者说都具有一定的能动性，这也是吉登斯不使用角色概念而选择使用定位概念的一个基本原因。但是吉登斯却到此为止，不在定位实践的道路上或者不是在行动者能动性的路径上前行，而是进入了时空结构的分析。

我引用这样一段话作为对吉登斯行动者理论评述的结束："行动者之所以会以想当然的方式抱守着许多例行常规，就是因为这些例行常规满足了行动者对于本体性安全的无意识需要，有鉴于此，再要去问这些行动者是在满足其他需要方面受到限制，还是被阻止生活在一个更为可取的社会里，这样的问题就难再提出来了，更不用说以哪一种具有实质意义的方式给出回答了。只有在行动者的本体性安全受到破坏的时候，约束和规范理念对于行动者才会产生密切联系。在这一点上，吉登斯或许是提出了一种经验上可验证的论点……吉登斯力图证明，只要行动者感到自己享有本体性安全，就始终不情愿为达到'好社会'而努力，但不管他为证明这一点会提出什么样的事实证据，也不会令某些人满意，这些人在分析行动的时候，就看到了人的行为坚持着一些情景，以待一种更好的生活的到来。[①]"

① I·柯亨(Ira J. Cohen)：《关于行动与实践的各种理论》。参见，布赖恩·特纳：《社会理论指南》，上海人民出版社2003年119—120页。

第二章 行动知识化

行动是行动者的行动，所以在讨论行动问题的时候依然要关联到行动者，而且这种关联还是一种内在的关联。从行动者到行动，或者说我讨论了行动者之后接着讨论行动者的行动，所不能回避的问题包括有两类：第一类问题是，知识行动者所进行的行动是知识行动吗？如果是，那么是什么意义上的知识行动？那么从古至今的所有知识行动者所进行的行动都是知识行动吗？如果认定所有行动者都是知识行动者，所有的知识行动者所进行的行动都是知识行动，那么时代是否无差异的？也就是说知识时代的行动者和知识行动是否独具特色，如果是那么知识时代是否需要支撑这个时代发展的理论？如果需要，知识行动论可否成为知识时代发展的基础理论？第二类问题是，如果知识行动者所进行的行动不是知识行动，那么知识行动者的知识又有何用？知识行动者所进行的行动有多大程度上是以知识为基础的？这些问题有的是吉登斯明确提出来的，有的隐含在吉登斯的结构化理论中，有的吉登斯并没有提出来。但是这些问题却是知识行动论的关键问题或者说是重要问题，也是知识行动论获得正当性的基本问题。对这些问题吉登斯并没有解答，也不可能解答。但实事求是地讲，吉登斯关于知识与行动者之间关系的阐述、关于知识与行动的阐述以及关于行动者与行动关系的阐述可以给出一定的启发，我要沿着这些启发——尽管可能这些启发是隐含的或者是默会的——阐述或者解答知识行动论的这些问题。

第一节 行动的知识性定义

吉登斯对行动哲学的关注为结构化理论奠定了哲学基础。但是吉登斯对行动哲学的评价并不高。吉登斯指出：英美哲学家的许多著作已经关注到“行动哲学（philosophy of action）”的问题。但是这些关注的收获却是很有限的，“尽管‘行动哲学’的文献卷帙浩繁，它的收获却极为有限。[①]”

在吉登斯看来，造成这种有限性的原因可能存在两个方面，第一方面在于行动哲学在行动问题研究领域上的基本分歧，尤其是在社会结构、制度发展和制度变迁方面所存在的相当分歧，这种分歧所带来的后果一则是显示了具有后维特根斯坦哲学的局限性，同时这种分歧“不仅仅是哲学家和社会科学家工作上的合理分歧，它是根置于哲学与人类能动行为特性中的一种缺陷。”第二个方面，“造成行动哲学近期文献具有芜杂性的一个更直接的原因是，没有能够将彼此需要加以区别的不同问题分开对待[②]”。这就直接导致吉登斯对行动与举止等问题的澄清。

“行动问题属相当复杂的哲学范畴，不管是社会学家还是历史学家都不大可能在某种程度上获得最终解决。[③]”但是考察行动的概念有助于解决行动问题。吉登斯认为，解释学和行动哲学的许多学者都倾向于将“行动”等同于“有意图的行动”，将“有意义的举止”等同于“有意图的后果”。前一种倾向的后果是将行动从行动流中割离出来，混淆了行动与举止，破坏了对行动的结构化过程的理解；后一种倾向的后果是难以理解结构的二重性，从而无法理解行动流的持续转换和建构能力。那么应该如何理解行动呢？

---

① 安东尼·吉登斯：《社会学方法的新规则——一种对解释社会学的建设性批判》，[北京]社会科学文献出版社 2003 年第 155 页。

② 这些问题包括：行动（action）或能动行为（agency）概念的表达；行动概念与意图或目的概念之间的关系；举动类型的描述（认定）；与能动行为有关的理由和动机的意义；交往举动（communicative acts）的性质。参见，安东尼·吉登斯：《社会学方法的新规则——一种对解释社会学的建设性批判》，[北京]社会科学文献出版社 2003 年第 155—156 页。

③ 安东尼·吉登斯：《社会理论与现代社会学》，[北京]社会科学文献出版社 2003 年第 221 页。

一、行动的道德义涵

日常生活中对行动的道德定义界定了道德性行动。吉登斯指出：在日常生活中，我们倾向于遵循这样的等式：行动[①](agency)＝道德责任(moral responsibility)＝道德正当性情境(context of moral justification)。吉登斯举例解释说，在法律理论中，即使一个人并没有认识到他正在做什么或者会触犯什么法规，但是这个人仍被视作对其举动或者举止(acts)负有责任。如果判决他"应当早就知道"，那么这个人就被认为有罪。同时吉登斯也指出：当然，也许碰巧这个人的无知让他逃避了制裁[②]。所以吉登斯说：在这个方面，法律理论就体现了日常实践的正式化。对行动结果是否有知，不是行动者对行动结果是否负有责任的关键因素。这里，吉登斯就强调了行动者知识的社会化要求，"有一些事情是每个人都'被要求了解的'，或者在特定类别中的每一个都'被要求了解的'[③]。"行动者对行动知识化的社会性要求给予了行动道德的日常情境。所以，这就容易明白，为什么一些哲学家认为行动的概念必须根据道德正当性和仅仅由此而来的道德规范来定义。

吉登斯在对涂尔干著作的评述中指出：社会世界因其道德("规范的")特征在本质上区别于自然界。这是社会世界与自然界之间一个极其根本的断裂，因为道德律令与自然界中事物毫无对应关系，因此它决不能从后者被推导出来；于是，人们就公然宣称，"行动"可以

---

① 尽管我对行动、行为、举止、动作等会遵循吉登斯要做一些必要的区分，但是在对agency、action和act词语的使用上，有时候会统一用汉语的行动来表达。因为，把agency看作是能动行动，那么action难道就不是能动行动吗？这种细微的差异，有时候只能用意会的方式来领会。

② 从这段话中，可以看出，吉登斯所强调的是知识与行动之间的关系，无知和有知可能对行动所负有的责任是不同的，也就是说有知和无知对行动的结果是有影响的，这种影响不仅仅在于自身行动的样式，而且还在于行动的结果。

③ 安东尼·吉登斯：《社会学方法的新规则——一种对解释社会学的建设性批判》，[北京]社会科学文献出版社2003年第158页。

被视为以规范或惯例为取向的行为[①]。

从后来的阐述中，很显然吉登斯是不赞同从道德规范的角度来定义行动的，不管这种行动是能动的还是被动的，也不管这种行动者对行动的后果是有知的还是无知的。

二、行动与动作

在对行动概念的社会学澄清中，吉登斯还讨论行动哲学的行动与动作之间的关系。吉登斯指出：更为普遍的是，哲学家诉诸更为泛化的习俗或者规则的概念以将行动(actions)从动作(movements)中区别开来。吉登斯认为，许多哲学著作的中心思想是，动作能够在特定的条件下——通常与特殊的习俗或规则有关——认作(count)或者被重新描述(redescribed)为行动。当然反过来也是如此，任何行动都能被重新描述为一种动作或者一系列动作(表达制止性质的动作除外)。吉登斯指出：在谈到一个作为动作的行动时，意味着它是机械的对某人来说碰巧发生的事情；并且如果它是某人"造成发生"或所做的事情，那么用这种方式来描述一个行动则是完全错误的。那么，问题是行动和动作之间到底有什么关联？又有什么区别呢？吉登斯强调说：涉及行动分析的正确单位只能是人(person)，行动本身(acting self)。但是问题又来了：动作又是什么呢？在哲学假设中，动作是可以被用来进行直接观察和描述的行动。这时又一个问题跟上来了：行动是否可以被直接观察与描述？回答是肯定的。吉登斯说：的确正像我们直接观察动作一样直接的或者不知不觉地观察行动。但是对动作与对行动的描述是有性质上的区别的：对行动的描述包括更深一层的程序、推论或者解释，例如按照规则解释动作。我

① 为此，吉登斯还指出：后维特根斯坦的哲学家们不可避免地遵循把行动视为规则表现的路线，通过把"有意义的"行为同化为"规则支配"的行为，进入对目的性行为的研究，从而离开它们涉及到的尚不清楚的规则源头(也忽视它们被约束的性质)。参见，安东尼·吉登斯：《社会学方法的新规则——一种对解释社会学的建设性批判》，[北京]社会科学文献出版社2003年第188—189页。

的看法是：不管吉登斯对这个哲学中心思想如何看待，我都会主张：真正意义上行动的观察与描述是同知识连接在一起的，不管是对构成行动的言语要素，还是构成行动的举止要素；不管是对言语要素的理解，还是对举止要素的观察都需要一定的知识条件的。构成行动的一个动作或者一个举止的出现，已经不是一个单纯的举止或动作而是同行动连接在一起的意义，对这种意义的理解不管是行动者自身还是互动参与者甚至是专业的科学观察者，都需要有理解的程序性知识、推论性知识，不管这种知识是多么肤浅或者多么深奥，不管是日常生活常识还是体系世界的科学知识。

三、行动与举止

如何界定行动呢？吉登斯指出："行动"(action)并不是一些"举止"(act)的组合：只有在我们对已经历过的经验的绵延给予话语层次上的关注的时刻，所谓的"行为"方得以构成。另一方面，我们也不能脱离身体来探讨行动，因为身体正是"行动"与它的周围世界的中介，是行动中的自我的统合体(cohercnce)①。

吉登斯还指出：人的行动是作为一种绵延(duree)而发生的，是一种持续不断的行为流，正如认知一样有目的的行动并不是由一堆或一系列单个分离的意图、理由或动机组成的。吉登斯非常重视行动作为一种连续系统，即"流"的特性，并借鉴了舒茨的用法，严格区分了"行动"(action)与"举止"(act)的概念。吉登斯使用的"行动"(action)概念是特指人的行为中具有持续意识过程，具有时间性的那一方面；而"举止"(act)则是特指人的行为中已经完成的某一行为。当人在"行动"时，他就会沉浸于绵延的时间流中，而只有当他意识到这种时间流并对这种绵延进行回溯，也就是说诉诸反思时，行动流才被概念化为离散的部分和碎片。这种经过反思认定的"行动"的"要

① 安东尼·吉登斯：《社会的构成》，[北京]生活·读书·新知三联书店 1998 年第 63 页。

素”或“部分”就称为“举止”。

这样一来，吉登斯就对“行动”这个概念以及常常混淆在一起的相关概念如意图、理由和动机等进行澄清，超越了解释社会学的局限性，使人们对行动的理解不再局限于极易主观化的“意义”世界中（往往属于解释学和社会哲学的视阈），而转向一种它同社会系统互动作用的“社会学”视阈中。“行动”也不再仅仅是一种经过意义认定的“举止”，而且是包含动机的激发和始终一以贯之的理性化这三者在内的流动过程。

表2.1　行动与举止关系简略表

类　型	关　系	特　征	方　式	序列性
行　动	举止的结果	时间性特征	定　格	进行时态
举　止	行动的表现	空间性特征	流　动	完成时态

四、行动的定义

吉登斯认为，行动概念是从行动的意图中逻辑地推演出来的①。吉登斯认为，行动是一种生活体验(lived-through experience)的连续流。这种生活体验流实质上分为两个部分即离散的部分和反思的部分（碎片依赖于行动者注意力的反思过程或者类似的方面）。为了区别日常行为经历过程的行动(action or agency)，吉登斯把行动组成部

① 吉登斯指出：相当多的哲学家认为行动概念本质上以意图概念为中心。意图概念逻辑地暗示着行动的概念，并且预设行动概念为自身前提，而不是相反。作为一个意向性的现象学话题的例子，人们会说一个行动者不能只是计划，他必须计划做些什么——不管结果是否是有意为之。所以，吉登斯就直截了当地主张：对行动类型的描述与行动概念同样是从意图中逻辑地推演出来。吉登斯还告诫：必须细致地从行动类型的描述问题中分离出行动的一般特征。吉登斯认为，舒茨指出了这一点，但是多数英国行动哲学的著作却忽视了这一点。参见，安东尼·吉登斯：《社会学方法的新规则——一种对解释社会学的建设性批判》，[北京]社会科学文献出版社2003年第160—161页。

分的要素称为举止(acts)[①]。为了说明行动与实践之间的关系,吉登斯更是直接地把行动定义为:物质存在对世界事件(events-in-the-world)进行过程的、现实或者预期的、有原因介入的连续流。吉登斯认为,行动的概念是同实践(praxis)的概念联系在一起,并且认为作为现实活动(practical activities)的践习(practices)构成行动的要素[②]。所以,在吉登斯对行动的界定中,那种预期的和现实的连续流就是具有实践意义的行动。吉登斯本人对行动的定义作过这样的解释:行动① 是一个人"本可以以其他方式"(could have acted otherwise)行为(act),并且② 由过程事件流(a steam of events in-process)构成的、不依赖于行动者的世界、不会提供一种预先设定的未来。很显然,这种解释本身也还需要重新解释,所以吉登斯指出:"本可以以别样方式行为"并不等同于日常生活中的用语"我没有选择"或者"我别无他择",因而也与涂尔干的社会"约规"或者"强制"不同。同时吉登斯还指出:尽管一种进行中的活动流也许可以并且经常可以包括对未来行动过程的反思性期待,但是它对于行动概念本身却并不必要[③]。

我对吉登斯的这种行动定义是有保留的。这种保留倒不在于吉登斯把行动看作是什么,而是在于吉登斯在给行动作出解释之前强加给行动的自我预设。这种预设的根本意义就是行动具有能动意义而且不依赖于行动者自身的指向未来的性质。指向未来的行动过

---

① 吉登斯说:在有些人中间存在一种错误的观念,这种观念认为在哲学文献中存在着表现为各种形式的"基本行动(basic actions)"。之所以会出现这样的看法就在于没有看到行动和举止之间的差别。参见,安东尼·吉登斯:《社会学方法的新规则——一种对解释社会学的建设性批判》,[北京]社会科学文献出版社 2003 年第 161 页。

② 关于行动与实践的关系,I·柯亨这样指出:"有些理论家主张,对于行动的理解,最好是着眼于它对于所涉及的行动者(们)的主观(存在或现象学意义)。另有些理论家则从行为的实行、实施或产生的方式入手,来确定具有重要意义的模式。我将保留这一区分,将强调主观性质的理论说成是行动理论,而将强调实施性质的理论说成是实践理论。"在二者的区分上,I·柯亨认为,行动理论或许强调主观意义,而实践理论或许强调实行过程。参见,I·柯亨(Ira J. Cohen):《关于行动与实践的各种理论》。转引,布赖恩·特纳:《社会理论指南》,上海人民出版社 2003 年第 93 页。

③ 安东尼·吉登斯:《社会学方法的新规则——一种对解释社会学的建设性批判》,[北京]社会科学文献出版社 2003 年第 162 页。

程的性质在对行动概念的理解上是不成问题的,因为行动作为日常生活经验流或者说是过程事件流都指涉把行动作为过程的思想。但是对行动能动性的预设是否存在问题需要讨论。说到行动的能动性实质上言及到行动的本质,我将做一点说明。吉登斯举例说:在一个风和日丽的日子里,由于职业责任被迫呆在办公室的人,与一个因双腿骨折被迫呆在家中的人,并非处在同一种情境中。那么在不同的情境中,行动的相同性质是什么呢?吉登斯说,相同的是他们都要忍耐,包括对一种行动可能过程有所限制的打算。且忍耐是以对行动的可能过程的认知意识为前提:它并不等同于仅仅不做一个人本可以做的事[①]。对此,首先,吉登斯在对行动的定义上试图超越现象学社会学尤其是想超越舒茨的"我可以再来一次"的类型化与例行化意义,因为把行动理解为"本可以以其他方式行为"意味着行动者对行动要素比如言语与举止的一种能动的选择过程。其次,这种选择的依据是什么或者说"本来可以以其他方式行为"的本来性含义的知识基础是什么?或者换一句话说就是我不管在我的行动流中是否真的对举止或言语进行了选择,如果我要选择我所依赖的是什么?我的回答是:从最本来的意义上说我所依赖的是我以往的行动,这种行动是以现在的经历作为经验或者作为经验性知识而在我的记忆中存在。话至如此,又回到了舒茨那里。可以想象,我的选择——不管它本身多么具有行为的意味——不管是否有意——都是以"我可以再来一次"为基础的。别人做过了而且成功了,我可以再做一次;别人做过了且成功的经历转化为我的知识以及我的直接的知识性经验"我过去做过且成功了"——也同样可以转化为别人的知识——是我选择行动中行为样式的基本依据。再次,在吉登斯的行动概念解释中,"我本可以以其他方式行为"所显示的行动者的行动能动性在实际的行动样式中或者在实际的实践中,并没有得到实施或者执行。

---

① 安东尼·吉登斯:《社会学方法的新规则——一种对解释社会学的建设性批判》,[北京]社会科学文献出版社2003年第162页。

我本可以以其他方式行事,但是事实上我并没有以其他方式行事。我可以选择但是我并没有选择,是我不愿意选择吗?是我无能力选择吗?吉登斯说,不是我不愿意选择也不是我没有能力选择,知识行动者和生活风格的定格等都说明了我有能力选择和我很想选择。但是我别无他择,因为我很无奈,所以吉登斯说无论是由于职业责任而被迫呆在办公室的人还是因双腿骨折被迫呆在家中的人,相同的地方就是都要忍耐。这时,行动中行动者的能动性就退色了。原因,部分地可以在个人知识的社会化中寻找,也可以在匿名的行动制度化过程中探究。

因为吉登斯的行动界定涉及到社会理论的中心和基础,所以对这种界定的保留也不是仅仅以上所说出的三个方面,言外之意的保留还有一些,但是我将在其他地方进行阐释。

第二节　行动的知识化本质

吉登斯对行动的研究是以揭示行动本质属性为重要内容的。但是行动到底在结构化理论方面的视角中具有哪些属性,如何认知这些属性,这些属性同知识有没有关系等是必须要说明的。在说明这些问题之前,还要首先说明,我并没有能力或者并没有兴趣全面的和深入讨论吉登斯所描述的行动特性。只能在我的视野中也就是说只能在知识行动论的预设中加以说明。同时还要说明的是,在知识行动者所提供的行动中包括有多方面的属性或者特征,而且这些属性或者特征都是互为交织在一起的,把它分开只是为了分析的方便,在行动的实质结构中这些属性是难以分开的。

一、能动性

对行动的能动性(agency)问题[①],我在分析吉登斯的行动者部分

① 在对行动能动性概念的使用上,可以把行动的能动性看作是行动的使动性。但是后一种说明更加强调了行动者对行动的意义,我还是倾向于使用行动的能动性,因为这样就可以内涵有行动的制约性要素,或者说行动实质是能动性和制约性的结构化结果。

已经做出了一些简要的涉及性讨论。在这里我主要从能动性与制约性的关系角度来分析吉登斯所一再强调的行动能动性。

在吉登斯看来，行动的特性首要的就是能动性，这从吉登斯对 agency 的重视以及 agency 与 actions 的关联中可以看出这种特性的种种表征。我从吉登斯对行动概念的解释的分析中已经一定程度上说明了这种特性的要义。吉登斯指出：在结构化理论中，没有人的能动作用，人类社会或者说社会系统显然将不复存在。正是由于行动者的能动作用，才再生产出或者说改变了社会系统，"在实践的连续过程中不断更新业已产生的东西。①"吉登斯认为，个体(individual)不仅仅是一个主体(subject or body)，也是一个行动者(agent)。但是大多数社会学家，甚至包括许多在解释社会学框架内工作的社会学家，他们都没有认识到，无论社会理论关注的问题多么"宏观"，它都要求像解释社会的复杂性一样，对主体以及主体的能动性进行精确的理解②。由此可以看出，行动的能动性特征在吉登斯结构化理论中所占据的重要位置。

对行动能动性的确认是吉登斯建立在对正统共识丧失了它所享有的中心根基以后的社会理论的共同主题的分析之基础上的。吉登斯这样说，绝大多数介入讨论的思想流派都强调，人的行为具有主动性和反思性。这就意味着，人们都一致舍弃了正统共识的某种倾向，不再将人的行为视作行动者既无法控制也无法理解的力量的产物；此外，它们还极其重视社会生活阐明过程中的认知能力和语言③。"社会理论的任务之一，就是对人的社会活动和具有能动作用的行动

① 安东尼・吉登斯：《社会的构成》，[北京]生活・读书・新知三联书店 1998 年第 273 页。

② 安东尼・吉登斯：《社会学方法的新规则——一种对解释社会学的建设性批判》，[北京]社会科学文献出版社 2003 年第 53—54 页。

③ 对这一主题，吉登斯说结构主义和后结构主义并不承认行动的能动性和反思性，但是对行动者在社会生活中的行动认知能力和语言水平是赞同的。参见，安东尼・吉登斯：《社会的构成》，[北京]生活・读书・新知三联书店 1998 年第 34 页。

者的性质做出理论概括。[1]"吉登斯不仅赞同社会理论对社会行动基本特性的共识,而且把自己的结构化理论同行动的本质属性紧密连接起来。认为,结构化理论之所以要称之为"理论",就在于这种理论关注的是对人的能动作用和社会制度的理解。吉登斯说,他交替使用能动者(agent)和行动者(actor)这两个概念,就是用来说明人们在行事时有能力理解他们所为之事,这正是他们所为之事的内在特征[2]。

在行动的能动性与能动作用的关系上,我的理解是:吉登斯把行动的能动性看作是行动的首要属性,而把行动中所体现的能动作用看作是包含在行动的能动性之中的行动者所具有的一种行动能力。所以,吉登斯指出:能动作用不是仅仅指人们在做事时所具有的意图,而是首先指他们做这些事情的能力[3]。当然这种做事的能力是通过做事本身来显现的,所以吉登斯还把这种行动能动作用看作是做事本身。这时,我对能动作用的解说就是:行动的能动作用就是行动者做事本身以及做事过程中所获得的知识化能力[4]。这样的说法实际上就把行动论与知识论联系起来了。

行动能动性与行动权力的知识化关联也是从吉登斯的阐述中要

---

① 安东尼·吉登斯:《社会的构成》,[北京]生活·读书·新知三联书店 1998 年第 35 页。

② 吉登斯在使用行动者这个概念时实际上交替使用这样两个术语:agent 和 actor。之所以要交替使用这两个术语,我的理解是:这不在于是 agent 和 actor 的某些细微差别,而在于 agent 和 actor 所内含的基本共性,这个共性就是行动本身所内含的能动性。

③ 有意思的是,吉登斯把行动的能动性所含的能动作用的能力特征与行动的权力化特征联系在一起进行考察(安东尼·吉登斯:《社会的构成》,[北京]生活·读书·新知三联书店 1998 年第 69 页以下),从而架通了行动的微观意义到行动的社会意义的某种关联。这种关联倒是值得研究吉登斯学说的学者的密切关注,否则吉登斯的行动论的社会理论意义就难以在机制上凸显出来。

④ 吉登斯指出:能力成为行动的基础。如果一个人丧失了这种能力,那么他就不再成其为行动者了(安东尼·吉登斯:《社会的构成》,[北京]生活·读书·新知三联书店 1998 年第 76 页)。但是问题也很明显,就是:能力作为行动的基础,其来源何在?我可以肯定地说,这种能力不管表现状态如何都同知识有关。但是知识、能力和行动又是如何社会化地关联成为一种转换机制的?这个问题吉登斯有涉及,但是无深入讨论。这也是我讨论吉登斯行动论合理化行动的依据之一。

明确的一个关键性要点。我认为，吉登斯所说的行动能力从实质的内涵上考究就是行动过程中行动者实施或执行权力的能力。直接地说，行动能力就是实施某种行动权力的能力，也就是说能力就是权力能力。这种行动权力能力可以表述为行动者建构社会的权力能力。吉登斯指出：我们说有能力"换一种方式"行动，就是说能够介入、干预这个世界，或者能够摆脱这种干预，同时产生影响事件特定过程或事态的效果。具体讲，按照吉登斯的说法就是：行动者能够在日常生活流中周而复始地实施一系列具有因果关系性质的权力包括那些影响他人所实施权力的权力。正是这种能力而不是其他能力才构成了行动的基础，才成为行动者身份认定的标准。在行动权力和能力的关系的分析上，吉登斯做出了两点有意义的讨论。其一，实施权力和受到约束要在控制的辩证法(dialectics of control)中得到解释；其二，赞同零和(zero-sum)权力观。在第一个方面，吉登斯指出：在一定区域内，个体权力受到一系列可以确定的具体境况的限制。但是最重要的是要认识到，在考察个体在其间"别无他择"的那些社会制约的具体情况时，不能将他们径直理解为行动本身的终结。"别无他择"并不等于说行动已经完全被反应所替代[①]。所以，制约只是过程中的某种形式，而不是使行动断裂或者终结。对第二个方面，吉登斯不满意性的赞同并改造了零和(zero-sum)权力观[②]，吉登斯认为即使不采用他们的术语，也可以通过以下方式来表述权力关系中的结构二重性(the duality of structure)。通过表意过程和合法化过程集中起来

---

① 在客体主义与"结构社会学"有密切关系的社会理论的流派，并没有真正处理好能力权力和社会制约的关系。吉登斯批评说：他们假定制约的作用方式类似于自然界中的力，"别无他择"就此仿佛成为了被机械的压力所驱动，既不可抗拒，又无法理解。参见，安东尼·吉登斯：《社会的构成》，[北京]生活·读书·新知三联书店1998年第77页。

② 吉登斯说：我赞同巴克拉克(Bachrach)和巴拉兹(Bnratz)在对权力的著名保时中提出的观点，即权力具有两副"面孔"(faces)，一副是行动者实施合乎自己心意的决策的能力，另一副则是融塑在制度中的"偏向的动员"(mobilization of bias)。这种表述并不完全令人满意，因为它仍然体现出一种零和(zero-sum)的权力观。参见，安东尼·吉登斯：《社会的构成》，[北京]生活·读书·新知三联书店1998年第78页。

的资源是社会系统的结构化特性，它以互动过程中具有认知能力的行动者作为基础，并由这些行动者不断地再生产出来。权力与局部利益的实现并不具有本质上的联系。在这种权力观里，权力的运用并不是某些特定行为类型的特征，而是所有行动的普遍特征。权力本身并不是一种资源。资源是权力得以实施的媒介，是社会再生产通过具体行动得以实现的常规要素[①]。我在这里关注的要点是：行动权力的实现是以作为行动能力基础的知识常量为条件的——不管这里的知识是体系世界的系统性知识还是日常世界内的常识性知识；但是行动权力的实现同样也受到知识性的制约——这种制约是吉登斯所预设的，因为把资源看作是权力实施的媒介也就意味着把某种知识性资源的多少同行动权力实现具有了某种制约性关联。

二、意图性

吉登斯把行动的意图(intention)和目的(purpose)等同起来看待[②]。因为日常行动最平凡的形式可以相当正确地称为有意图的行为。“强调这一点很重要，因为否则的话，就有可能倾向于常规或习惯行为没有目的。”吉登斯把行动看作是有意图或有目的的行动对知识行动论的基本要义——就是为预设目的与知识的关系埋下了伏笔。因为，我们不禁要问：如果行动是有意图的行动，那么这里的意图是从哪里产生出来的，这种意图或目的的基础又该是什么？吉登

① 安东尼·吉登斯：《社会的构成》，[北京]生活·读书·新知三联书店 1998 年第 78—79 页。

② 吉登斯认为在现象学中意图和目的并不相同，因为意图更多地限制定在日常实践中。而且吉登斯还接受舒茨的影响使用筹划(project)指涉行动的意图或抱负。吉登斯之所以使用筹划这个概念就是来说明社会行动的内在特性，也就是说行动总是根据预先或多或少的谋划来完成的(安东尼·吉登斯：《社会学方法的新规则——一种对解释社会学的建设性批判》，[北京]社会科学文献出版社 2003 年第 162—163 页)。我倒认为，吉登斯使用筹划这个术语更多地表征了社会行动的知识含义和同现象学社会学的接通，当然也更好地说明了行动的知识基础。因为舒茨明确指出：筹划是行动的内在属性，而知识是谋划的基础。也就是说知识成为行动的基础。

斯在阐述自己观点的时候，预想了这种疑问，指出：不管怎样说，目的的确以知识为先决条件。对这个说法，是否可以这样理解：行动以目的为特征，目的以知识为条件。知识是目的存在的要素，目的正是通过知识来奠定基础。所以，吉登斯在定义有目的的行动的时候就很自然地把知识论和行动论结合成为一个过程。吉登斯这样说：我将这样定义“有意图的”或者“有目的的”行动——行动者知道（相信）这种举动能够被期望去证明一个特殊的性质或结果，并且为了引起这种性质或结果运用了这种知识。吉登斯对这个定义做出了这样的解释：首先，由于行动有目的性，行动者不必具有将他们运用的知识清楚地表达为抽象命题或者阐明这种“知识”的有效性的能力。其次，目的当然不能仅限于人类行动。再次，不能像许多人已经提出的那样，目的可以完全限定为“学习过程（learned procedures）”的运用。但是吉登斯所说的有目的的行动确实包含“学习过程”即运用知识以得到结果①。我将对吉登斯的有目的的行动的定义以及吉登斯本人对这个定义解释做出再解释，因为这种解释不仅是阐发知识行动论的好机会，也是探讨吉登斯把行动论与知识论关联起来的好机会。对于吉登斯的有目的的行动的定义，我的看法是：吉登斯把行动的过程看作是知识的运用过程和结果。正是由于知识的运用，行动者实现了自己的行动意图和行动抱负（筹划）。实质上可以这样讲：行动的过程内含了知识的运用的过程。这个时候，也只有这个时候，知行才是合一的，才实现了知识与行动的一体化。在这里我要说明一点的是：知行合一的行动是知识行动论的研究内容，但是知行不一的行动也是知识行动论的研究内容。当然，可能大家更多地关注知行合一的行动状况。对吉登斯有目的的行动定义解释的解释，我想使用一个的模型加以说明。

我对这个模型稍做一些不同于吉登斯解释的说明。首先，行动

① 安东尼·吉登斯：《社会学方法的新规则——一种对解释社会学的建设性批判》，[北京]社会科学文献出版社2003年第164页。

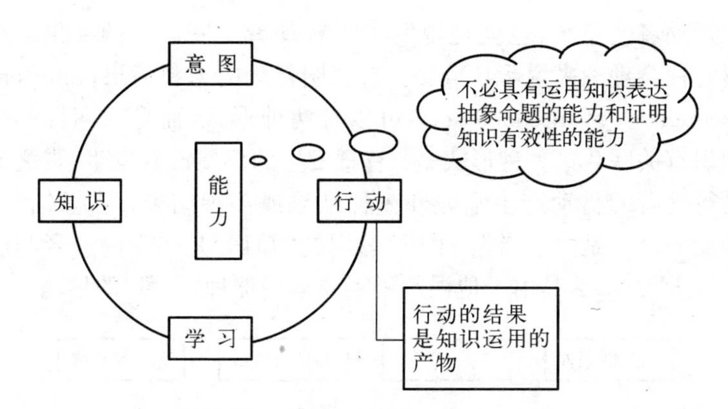

图 2.1　意图、知识与行动相互关系模型图

过程中行动目的影响知识能力。按照吉登斯的说法就是，由于行动的意图性也就决定了行动者在发出一种举止的时候，包括两种情形：思考这种举止的结果和做出实际举动得到实际结果，这两个情形都是以知识为基础的，都是实际运用知识的过程，第一个过程为行动的筹划过程，第二个过程为行动的执行过程。在这两个过程中行动者所使用的知识以及使用这种知识所表现出来的能力对行动者的行动来说具有不同的要求和原则，也就是说行动者所使用的知识可用即可，而不要求行动者阐明这种知识本身的特点和所表达的抽象命题。其次，行动的过程包括筹划的过程和执行的过程实际上包含了知识学习的过程，所以行动本身也就变成了一种学习型行动。在一定意义上，学习的过程也可以成为运用知识的过程，或者干脆说学习与运用知识在行动中是同一个过程。

关于行动意图与行动过程的脱节，吉登斯认为存在有两种情形。第一种情形：行动者可以达到他们要达到的意图，但是却不是通过他们的行动而达到的。吉登斯说，这种行动是没有意义的，因为它仅仅表明想要的结果并非通过行动者的意图来实现的，而是通过无法预料的意外所引发。第二种情形：有意图的行动特有地引发了一系列的后果，这种后果可以被合理地认定为行动者所为，但是实际上并非出于行动者的意图，也就是说发生了行动者意图以外的后果。这种情形对社会理论来说非常重要。有意图行动的未料后果(unintended consequences of intended acts)可以有两种形式，而且这两种形式都同知识有关联。第一种形式是：有意发生的事情没有发生，带之而来的是行动者的行动产生了另外一种结果或多种结果。吉登斯指出：这种变向要么是由于当作"手段"运用的"知识"是错误的或者与所寻求结果无关，那么是由于他误解了需要运用那种"手段"的情境。

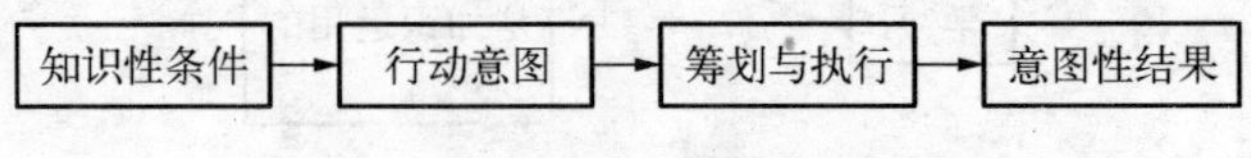

图 2.2　行动的逻辑性演进过程简图

事实上，行动的演进并不完全按照行动者的意图进行，也就是说行动者行动的发展进程并不按照一般的逻辑方式进行。这种演进过程，我叫做是非逻辑性过程。产生这种现象的原因，在吉登斯看来有两种因素所致，一是误导性知识的因素，使用这种知识进行行动，或者说在行动过程中使用这种知识导致了行动的变向，从而出现了行动者有意图行动的非意图结果。二是同知识有关的行动情境或者说是地方性知识所建构的行动情境在行动者行动的时候作为行动条件被误解了，从而出现行动的变向。

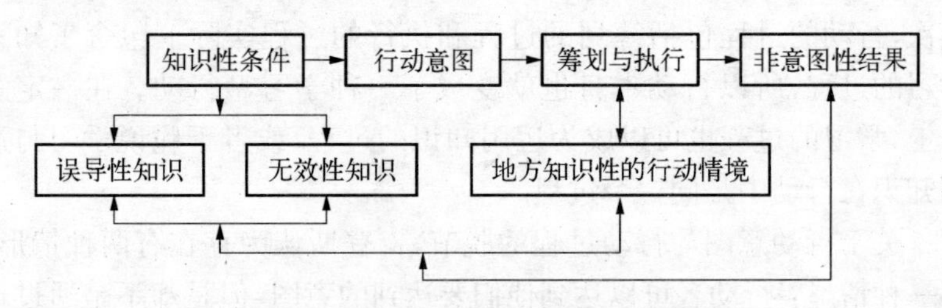

图 2.3　行动的非逻辑性演进过程简图

有意图行动的未预料结果出现的第二种形式是在有意获得结果的地方导致了其他一些结果。对吉登斯的行动折叠效应，我在前面已经做过一些讨论。我在这里要讨论的是：行动目的的谱系与行动折叠效应的关系。吉登斯指出：行动的目的谱系是指行动者的不同目的或筹划的相互连接或相互交织。一种举止可能与行动者在进行这一举止过程中具有的许多意图有关，一种筹划体现行动意图模式的全部范围。吉登斯的这种阐述对我们了解行动的折叠效应是有益的，但是问题在于行动的目的谱系同知识谱系有什么关系。这种关系对行动的进行有什么影响？很遗憾，吉登斯并没有对这个问题进行分析。如果能够把行动的知识谱系同行动的目的谱系一起加以分析将更加进入现象学社会学，将更加使吉登斯的结构化理论具有继承和突破相互连接的一种特征。

三、合理化

在论及行动者的分层模式时，我已经对吉登斯的行动合理化做过一些分析，在这里主要以吉登斯的《社会学方法的新规则——一种对解释社会学的建设性批判》为文本进行一些与知识行动论相关的简要讨论。

什么是行动的合理化？在吉登斯看来，行动的合理化是行动本身所具有的一种反思性监控的基本特征。所以吉登斯指出：行动的合理化表示在进行的日常生活实践中，把行动的因果关系锁定在使目的依赖于他们实现的条件。简单地说，理由是或者可能是原因，但不如更准确地说，合理化是行动者作为行动本身的自我知识（self-knowledge）和社会与物质世界知识中，对行动者目的性的基础的因果表达。或者这样表达行动的合理化：具有资格能力的行动者在行动的时候“维持通晓”行动根据的能力，也就是当被问及时提供自身行动的理由[①]。吉登斯明确指出：这里所说的理性化，是指一种动态过程而不是静止状态，它内在地体现于行动者的资格能力

① 安东尼·吉登斯：《社会学方法的新规则——一种对解释社会学的建设性批判》，[北京]社会科学文献出版社 2003 年第 176 页和安东尼·吉登斯：《社会的构成》，[北京]生活·读书·新知三联书店 1998 年第 524 页。

(competence)之中。所以,行动的理性化是指作为过程的“意向性”(intentionality),是人的行为的例行特征,人们以理所当然的方式[①]在行动中完成它[②]。

在此,要对吉登斯行动合理化的界定做出一些说明:行动合理化在吉登斯看来实际上包括有两个层面上的含义。其一,行动者行动的原因,按照吉登斯的话说就是行动目的实现的条件与行动因果关系的关联。也就是说,行动目的实现的条件是同行动过程的因果关系关联在一起的,这个层面上的行动合理化可能或者最有可能存在于行动者的实践意识中甚至存在于行动者的无意识状态中。其二,问及行动者时可以说出的行动理由。这里的理由是或者很可能是原因,但是也全不尽然。吉登斯把行动合理化的产生放在知识的环境中加以考察,这种知识环境包括行动者的自我知识包括行动者行动时的环境知识即为社会世界的知识与物质世界的知识。其三,行动合理化指涉行动者的行动能力或者行动资格。在一定意义上说,如果没有行动者的行动合理化,那么行动者的行动资格或者能力将要受到质疑。行动者之所以是知识行动者,行动者之所以是有一定资格和能力的行动者最关键的因素就是行动者所发出的行动具有合理化,也就是说行动者在一定的知识背景中所发生的行动有足够的理由和可以得到行动者在知识或理论的说明与解释[③]。其四,行动合理

① 不把理所当然视作理所当然,才有了本土方法论对日常行动的研究,才有了本土方法论这个社会学的承继现象学社会学的理论流派。

② 安东尼·吉登斯:《社会的构成》,[北京]生活·读书·新知三联书店 1998 年第 63 页。

③ 吉登斯指出:考虑到互动情境纷繁多样,行动的理性化就构成了他人评价行动者一般化的“资格能力”的主要依据。当然,我们必须清楚地认识到,有些哲学家把理由等同于“规范承诺”(normative commitments),这种倾向理当予以拒斥,因为这种承诺只是行动理性化的一部分。不理解这一点,我们就无法领会规范只是社会生活“事实上”的界限,可以有许多种不同的态度来对待它、操纵它(安东尼·吉登斯:《社会的构成》,[北京]生活·读书·新知三联书店 1998 年第 63 页)。我同意吉登斯的这种说法,因为秩序性的规范承诺作为行动知识化的结果仅仅是行动合理化的组成部分,而不是行动知识化和合理化的所有内容。

化是一个包括行动结果的过程，这个过程应该说是包括为显在的实践推进过程，也包括隐含的知识化过程。行动的知识化过程，这时也就必然地成为了行动的合理化过程的基础和内容。

那么，既然吉登斯把行动合理化看作是一定意义上的行动者行动理由。该如何看待理由本身呢？理由是知识本身还是知识解释的结果？吉登斯认为，适用于“意图”和“目的”的情况同样适用于“理由”[①]。我的理解是：理由是同行动者发出行动的意图或者目的具有的关联性的关系。因为如果把行动看作是为了获得某些结果、事件或性质而进行的“知识”运用，那么行动合理化就必须探讨，其一，目的性行动或者筹划的不同形式；其二，作为手段被运用于追求特殊结果的目的性行动中的知识的“专业性基础(technical grounding)”之间的逻辑关系[②]。当然这里要讨论的范围可能是十分宽广的，因为这会涉及行动、目的、知识、理由等相互关系所组成的圈层模式。进一步解释就是，如果把行动看作是有目的的行动，那么这种行动的筹划和行动的执行也就必然是某种知识的运用，当行动成为某种知识的运用的时候，行动也就被赋予是有理由的，这时也就完成了行动的合理化过程[③]。

尽管知识同理由在行动流中是相通的，但是到底如何理解“理由”也应该进行理解。

吉登斯指出：“理由”可能被定义为行动的基础性原则，行动者把

① 吉登斯说：在行动者反思性监控他们行动的背景之下，谈及行动的合理化十分恰当。为一个举动寻找理由是概念地切断行动流，在行动流中，既不包括一系列“意图”，也不包括一系列冗长离散的“理由”。参见，安东尼·吉登斯：《社会学方法的新规则——一种对解释社会学的建设性批判》，[北京]社会科学文献出版社 2003 年第 173 页。

② 安东尼·吉登斯：《社会学方法的新规则——一种对解释社会学的建设性批判》，[北京]社会科学文献出版社 2003 年第 173 页。

③ 行动中知识的运用为行动的理性化提供了先决条件。吉登斯指出：目的性行动包括那种可以产生一个特殊结果或者许多连续结果的“知识”的运用。当然，这种知识是实用的知识。但是要详细地说明行动者的行动是有意图的这一命题，还必须包括要确定对他所运用知识起限定作用的因素是什么？

这些原则作为他们对自己进行反思性监控的常规因素[1]而与之“保持联系”。在日常生活中,行动者的理由——无论是别人直接提供的还是由别人推断出来的——在涉及常识中被公认为起限定作用的因素时——这种常识按照惯例在特定行动情境中被接受——无疑认为是合适的[2]。很显然,这时常识既可以作为行动是否合适的理由,也可以成为行动的原则。所以,我倒认为,行动的合适与否是同某种知识——这种知识可以用常识来表述——是否可以作为行动的原则或者是行动的基础性原则相关的。

吉登斯在某种意义上还划分了理由的一些类型,比如就把理由分为事实理由和虚假理由[3]。我对吉登斯的理由划分的发挥是想做出这样的澄清:虚假理由是行动事件之后给予的理由,而事实理由或者是真实理由是行动者自身在行动过程中实际存在的理由。

我的解释是:虚假理由当然是一种乌托邦,是一种为实现或达到某种行动外的目的而运用某种自欺欺人的知识所编造的理由,在个体意义上是一种目的性技巧,社会意义上是意识形态性的乌托邦。这是曼海姆和帕累托的知识社会学的关键关注点和最有价值的知识社会学遗产之一[4]。当然,真实的理由应该看作是逻辑行动的逻辑理

---

① 很显然,在吉登斯的结构化理论中,反思性是行动的非常主要的一个特征。由于我将在其他地方讨论吉登斯的反思性的知识基础,在这种讨论的时候必然要牵扯到行动的反思性特征,所以在讨论吉登斯的行动属性时我就不再讨论行动的反思性属性。

② 吉登斯认为,一个行动法则建构起由一种独特举动认定所确定的解释,这种解释能够说明为什么一种独特的手段对于特定的结果来说,是“正确的”、“恰当的”或者“适当的”。当然对行动的认定来说,一个举动认定的终点(目的)可能也是更大筹划中的一种手段。参见,安东尼·吉登斯:《社会学方法的新规则——一种对解释社会学的建设性批判》,[北京]社会科学文献出版社 2003 年第 174 页。

③ 这实质上,吉登斯的这种划分尽管仅仅有一点点涉及性论述,但是在某种程度上已经连通了帕累托遗产。对帕累托非逻辑行动的知识遗产,我将另有阐述。

④ 曼海姆甚至把知识社会学就看作一定意义上的研究意识形态的学问,所以研究虚假的意识也就成为知识社会学的主题,这也可能是曼海姆把自己最著名知识社会学著作命名为《意识形态与乌托邦》的缘由。古典时期社会学家帕累托对非逻辑行动的研究已经涉及到了并且认真研究了虚假意识对行动的意义。参见,曼海姆,K.:《意识形态与乌托邦》,黎鸣、李书崇译,[北京]商务印书馆 2000 年;帕累托:《普通社会学》,[北京]三联出版社 2001 年。

由。我还要说明的是，吉登斯并没有十分关注理由的划分或类型，而是非常在意理由给予的意义。吉登斯说：理由的给予牵连到对行动的道德责任进行评价，因此它容易被虚伪或者欺诈地利用。但是认识到这一点并不等于认为所有的理由仅仅是由行动者依照公认的责任标准对其行动提供原则性的解释，而不管其在某种意义上是否吻合于他们的行动①。那么，我要提出这样的问题：依照公认的道德标准对行动所做出的原则性解释同用以行动者实际的意图性理由对行动所做出的解释的吻合程度作为行动理由的合适性或者正当性评价依据是有效的吗？吉登斯的意见或者回答是肯定的。所以，吉登斯认为，理由是否是正当或者是合适的，要考察两种情况。第一种情况是：行动者所表述的行动理由实际在多大程度上表明了人们对这种行动的监控，很显然，也就是说行动的监控程度与所阐述的行动理由是一种强相关关系。第二种情况是：对行动的解释在多大程度上吻合于在那个个体的社会环境中被普遍公认的"合情理的"的行动。但是吉登斯指出这种情况又或多或少地依赖于行动者涉及的流行的综合的信仰模式。对这种信仰模式在此我不作出任何解释，因为我要在适当的时候专门对常识性知识所形成的"知识储备"与"信仰模式"的关系做出考察。在这里我只想说明的是，吉登斯所强调的行动理由组合成为了一种结构，这种结构在吉登斯本人的无意识中形成了同其结构化理论中的结构相对应，也可以这样说这也是吉登斯有意行动的无意之后果。

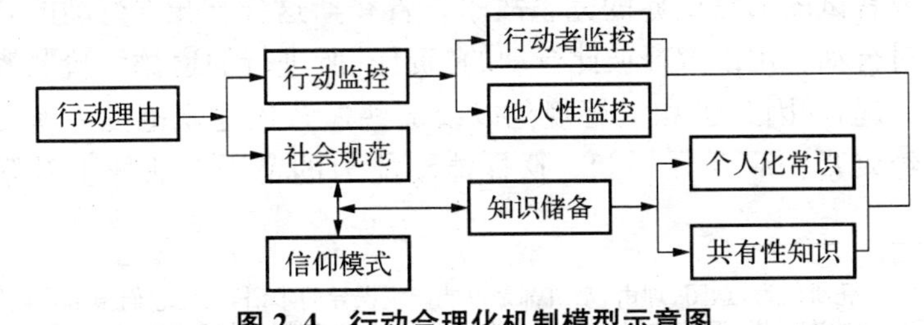

图 2.4　行动合理化机制模型示意图

① 安东尼·吉登斯：《社会学方法的新规则——一种对解释社会学的建设性批判》，[北京]社会科学文献出版社 2003 年第 216 页。

理由是原因吗？

吉登斯在分析行动合理化的时候这样提出问题。之所以提出这样的问题是因为吉登斯要清理行动哲学中行动理由与行动原因关系上的混淆。吉登斯认为，行动理由与行动原因的关系是行动哲学中受到最激烈争论的问题之一。在这个问题的争论中，一些人认为理由并不是行动的原因，因为理由和行动之间的关系是一个“概念上的”关系，因此主张在不涉及理由合理化的行动时无法描述理由是什么；既然没有两套独立的事件或状态——即“理由”与“行动”——那么，它们毫无疑问地存在着任何一种因果关系。相反，希望为理由的因果潜能准备证据的一些人，已经找到了一些方式将它们从其相关的行动中剥离出来比如事件。但是吉登斯认为，因果关系并非以永恒联系的规律为前提，而是以(1) 因果间的必然联系，和(2) 因果效力的观念为前提。但是，意图性理由[①]转变为行动的原因有时也可能是权宜性结果。吉登斯指出：当行动者对他们自己的行动进行回顾性思考，或者更多的时候是其他人对他们的行动进行质询时，行动的反思性监控仅仅变成了对意图的论述或者变成了提供原因。

在对行动的合理化讨论时，吉登斯显示了其理论的意识形态因素，更直接地说显示了其自身理论的建构性功能的意向。因为吉登斯把行动合理化同行动伦理化旨向联系在一起，也就是说吉登斯书写了或者试图书写世界的完整故事。吉登斯这样指出：行动的合理化与对行动者用以解释彼此行动的“责任”所进行的道德评价紧密联系在一起，并因此也和道德规范以及那些违背道德规范的人所受的道德约束紧密联系在一起。这样能动能力的范围在法律上被限定

① 吉登斯认为，意图、理由、动机都是可能产生误导的术语，因为它们预示着从概念上切断行动的连续流，而且它们往往被视为表达了对行动持续的反思性监控，人们期望有能力的行动者能够保持这种反思性监控作为他们日常生活的例行部分。参见，安东尼·吉登斯：《社会学方法的新规则——一种对解释社会学的建设性批判》，[北京]社会科学文献出版社2003年第272—273页。

为：每个行动者在控制他们行动时应该知道和应该考虑到的一切[1]。吉登斯这种说法的意识形态性质显示了它内设的乌托邦意义。如果所有的行动者在行动的时候可以有完全性的知识，那么这个世界也就不复存在了。当然这种话语说得有些绝对，但是却表达了一种事实。我的意见是：有知和无知的社会性知识结构才构成了社会行动的多样性和由多样性的社会行动所建构社会的复杂性以及层次性（社会的分层模式）。

四、制约性

在行动的阐述模式中，已有的知识遗产形成了两种形态："强能动弱制约"和"弱能动强制约"。对这两种方法论性质的形态的剖析，我将在有关吉登斯的方法论部分中加以解决。现在要讨论吉登斯在这个问题上所留下的问题。对此，我所形成的学术追问包括了一个层次结构。要说明的是对这些学术追问，我认为没有必要在这里全部解决，因为这个追问看似简单，实际牵涉到社会理论新形态的本质性的和正当性的全部内容。但是通过以下的阐述可以找到解决的某些线索；进一步说明：即便可以寻觅这些线索也是很困难的，因为这些线索是暗含的而非外露的。

第一个层次：背景性追问。第一，吉登斯的本体论关怀状态下的

---

① 我认为吉登斯也意识到了这种观点的乌托邦性质。因为吉登斯指出：没有一位行动者能够毫无遗漏地监控行动流，并且，当在一个特殊的时间和地点要求他对其所做出行动原因进行解释时，他可能回答"没有原因"。但这毫无影响其他人对这一回答的接受或者将其视为"健全的"或"合理的"。但是吉登斯也清楚地知道：这仅适用于日常互动的那些被认为琐碎的方面，而不适用于任何被认为在行动者行动中是重要的事情，因为，如果被要求提供解释，行动者总是被期望能够为这些行动提供理由。同时吉登斯还特别提醒：在这里，并没有考虑到这种观察能在多大程度上适用于西方文化之外的领域（安东尼·吉登斯：《社会学方法的新规则——一种对解释社会学的建设性批判》，[北京]社会科学文献出版社 2003 年第 216 页）。尽管吉登斯很清醒，但是我依然坚持由于吉登斯结构化理论内设的结构的无所不包性所导致的阐述混杂性与矛盾性，所具有的某种乌托邦性质还是存在的。吉登斯的论述部分请参见，安东尼·吉登斯：《社会学方法的新规则——一种对解释社会学的建设性批判》，[北京]社会科学文献出版社 2003 年第 273 页。

主体能动性是无边界的吗？如果有边界，那么这个边界在哪里？第二，建构与被建构能否被整合到一个结构中？如果能够整合，那么这种整合同知识的类型进而同社会的类型是否有关联？

第二个层次：发挥性追问。第一，如何奠定行动者能动性的知识基础？这种基础是设施性的还是弥漫性的还是二者兼而有之的？第二，行动者行动制约的既定框架中和动态模式中知识处在何种位置？或者这样问：为什么知识提供给了行动者的行动能动性的同时也开启了制约行动有效性的大门？知识的这种魔力源原（源）于社会性的制度化安排还是知识本身的性质？

我在此寻着吉登斯的阐述进行讨论。当吉登斯结构化理论显示了对行动能动性的强调和重视而成为批判的缺陷的时候，吉登斯特地说明："我想指出，结构化理论绝不是要贬低结构的制约性方面的重要性。""吉登斯始终坚持人类实践形态的多样性，提出要完整理解人类行动的能动作用，就必须结合分析行动在具体历史限定背景之中的形态，无论是具有能动作用的行动者所能动提取的资源类型和具体方式，还是他们所实现的行动之中的认知能力，以及对更加广泛的各项条件所拥有的话语知识等等，都存在于具体的历史和空间的约束之中。[①]"那么，制约（constraint）的重要性如何在行动的结构中体现呢？吉登斯的做法是采用中庸的立场对行动的能动性和行动的制约性进行调和，这种调和充斥了吉登斯的行动制约性思想的所有内容之中。首先要清晰行动制约的意义。吉登斯说，制约是指人的身体的生理能力和物质环境的有关特征共同作用，限制行动者可行的选择。在对行动制约的理解方面，吉登斯建议要关注，第一是身体的生理特征及其行动的物质环境兼具制约性和能动性。作为生理和物质环境的制约性的表现有：身体的不可分性、生命跨度的有限性、时空的容纳困难以及人的身体在感觉与知觉方面的局限性。在吉登斯

①，李康：《吉登斯的结构化理论与现代性分析》，参见，杨善华主编：《现代西方社会学》，北京大学出版社2002年第232页。

看来，对行动的根本制约是与身体与物质世界具有因果作用的影响有联系的。特定的物质环境下的能力制约和交往制约对人类有能力参与的活动形式起到实质上的筛选作用（screen）。但是这些现象同时也是行动的能动性特征。同时吉登斯还提醒：过去人们总是把行动的能动性和制约性都化约为行动的能动性，所以，“现在有必要在概念上做某些调整，强调它们同时也是制约性的”。[①] 行动制约并不是具有某种固定不变的给定状态，比如电讯的发明改变了身体的在场与感觉媒介之间的即存关系。因此，在各种制约中只有这种意义上的制约的产生与行动者的活动或者社会纽带对他人活动或者社会纽带的影响无关。生理能力与结合性制约限制了人们可行社会生活的范围。第二是物理制约的识别绝对不是要倡扬唯物质论解释社会生活的做法。所有的人都要受到来自于身体及其活动和沟通媒介等方面的制约，但这并不是说，这些制约的方式对社会活动的影响比其他类型的制约更为根本[②]。那么，好了，我的问题就是，既然身体以及其他物理方面的制约并不比其他方面的制约更为根本，这些其他方面的制约又是指涉什么？

回答这个问题，应该明白的是行动制约的分类。在吉登斯看来，行动制约应该分为三种类型[③]。第一种制约就是上面所阐述的物质性制约（对于社会状态转化为物化形式的制约，我将在以后加以考察）；第二种制约实际指的是一种约束（sanction），指涉的是同法律和（或）行政方面“制裁”或“奖惩”手段有直接关联的一种制约。这种制约，可以叫做约束，或者是负面制约。第三种制约就是吉登斯非常关

---

① 安东尼·吉登斯：《社会的构成》，[北京]生活·读书·新知三联书店 1998 年第 278 页。

② 安东尼·吉登斯：《社会的构成》，[北京]生活·读书·新知三联书店 1998 年第 278 页。

③ 其实，吉登斯在讨论日常接触的“空间安排（spacing）”的时间，是赞同时间地理学家郝格斯特兰德对行动能力制约的两个类型划分的意见的。这个划分是：综合能力制约（coupling constraints）和容纳能力制约（packing constraints）。参见，安东尼·吉登斯：《社会的构成》，[北京]生活·读书·新知三联书店 1998 年第 153 页。

注的“结构性制约”。

物 质 制 约：源于物质世界的特性及身体生理特性的制约。
（负面）制 约：源于某些行动者对他人惩罚性反应的制约。
结 构 性 制 约：源于行动的情境性或结构性特征的既定性。

图2.5 吉登斯行动制约类型图

吉登斯认为，结构性制约有两个源泉，其一是社会世界的先在性，其二是行动的情境性。对于第一个源泉，主要说明的是社会在任何一个特定时刻都先在于它的每一位个体成员的生命，也就是说社会的先在性以某种方式限制了它的个体成员能够获得的可能性。这就是说，作为社会成员的行动者在其能够进行社会行动之时就预先规定了要受到社会的影响或者制约，社会对个体来说所具有的先在性实质上就是社会作为一种实在对社会成员所具有的某种程度上的制约性。但是，我的问题是，具有先在性的社会制约是怎样构成的和由什么构成的？我的看法是社会肯定同文化相关——不管这种文化是物质性的还是精神性的——如果是精神性的文化也就必然同知识相关，所以一定意义上社会是被知识所定义的和所建构的。我的意思非常明显：社会知识包括行动者已有的知识储存是构成行动者行动制约性的有效要素。

对第二个源泉来说，强调了个体在跨度大小不等的社会关系中都有自己的具体的情境定位，这种情境定位在一定程度上和一定意义上限制了行动者的行动能力，这种限制本身就是一种类型的社会制约。吉登斯讨论了马克思的有关制约的论述。在马克思看来，工人必须向雇主出卖自身，或者更准确地说是出卖劳动力。这里的必须就体现出了工人所面对的现代资本主义企业制度秩序的某种制约。一无所有的工人只能有一种行动选择就是将自己的劳动力出卖给资本家。也就是说，由于工人要生存下去，在这种生存动机的驱动下只能有一种行得通的选择就是要把自己仅有的劳动力出卖给资本家。这里的选择可以看作是一种或者多重的可能性，即一个工人在劳动市场上可能有机会选择不止一种工作。在吉登斯看来，马克思所说的关键问题在于,这些选择无论多少都没有什么差别[1]。

我在这里要增加的内容是:即便是到了所谓的知识社会,资本剥削的事实依然没有任何改变,不管工人的知识化程度如何,工人是否获得知识和何时获得知识以及获得多少知识,工人是否应用知识和何时应用知识以及应用多少知识,表面上看似工人自主的选择和决定,但是实质上这种知识化的过程依然受到资本的控制。这种控制实际上就是行动的制约性的十足表现。

在制约性和能动性的关系上,吉登斯形成了一种中庸的调和模式。我们可以从以下的这些观点中领略这种模式的内容和要义。吉登斯指出:相对个体行动者而言,社会系统的所有结构性特征都具有客观性,这些特征在多大程度上构成制约性特征,取决于任一既定行动序列或互动过程的具体情境与实质内涵。换句话说,提供给行动者的选择可能比劳动契约的例子中那种情况要多。我想再次明确地提出这条原理:社会系统的所有结构性特征,都兼具制约性与使动性[2]。所以,在制约与能动的关系上,吉登斯所揭示的原理也就内含了吉登斯用结构来调和行动属性关系的努力。"形形色色的制约形式也都在不同方式上成为能动的形式。它们在限制或拒绝某种行动可能性的同时,也有助于开启另外一些行动的可能性。[3]"从吉登斯的

① 吉登斯还强调说,就雇主提供工人的报酬及工人——雇主关系的其他方面属性而言,所有雇佣劳动实际上起到一样的效果,而且随着资本主义的进一步发展,这种趋势会日益强大。参见,安东尼·吉登斯:《社会的构成》,[北京]生活·读书·新知三联书店 1998 年第 281 页。

② 资本主义劳动契约给予雇主的条件较之工人或许远为优厚,但工人一旦成为无产者,就不得不依靠雇主提供的资源。虽然说,资本——雇佣劳动的关系会非常不对等,但双方都得凭借它谋生。参见,安东尼·吉登斯:《社会的构成》,[北京]生活·读书·新知三联书店 1998 年第 281 页。

③ 强调这一点是很有必要的,因为它表明,那些期望通过界定结构性制约,来为"社会学"确立某种独特身份的人(包括涂尔干及其他许多学者),不过是在从事一种注定一无所获的事业。这些学者往往明确或隐晦地在结构性制约中发现了某种因果作用的源泉,多少与自然界中非人化因果力量的运作相类似。但实际上,行动者在多大范围内拥有"行动的自由",是受到外来力量限制的。后者对它们力所能及的对象施行严格的限制。结构性制约越是与自然科学模式联系在一起,行动者在制约的运作给个体行动留下的(**接下页**)

有关论述中，也可以看出，吉登斯的调和模式实际上是偏向于行动能动性的。也就是说在表层上，吉登斯的中庸性调和模式是用结构把行动的能动性和行动的制约性融入结构的统一内容中去。但是从深层含义上说，吉登斯更加强调行动的能动性。吉登斯在对行动进行策略的分析中明确指出：通过相关的行动者积极参与，制约才会发挥作用。在这个过程中，行动者并不是某种外部力量驱使下的被动接受者。

在吉登斯看来，制约观点的主要内容包括三个方面。首先，任何人，如果不是已经受到某种力量的"吸引"，制约就不会"推动"他去做任何事情。换句话说，即使限制行动历程的那些制约十分严格，我们的说明也应该蕴含对有目的的行为的描述①。对这一个方面的内容，我认为是吉登斯中庸化的调和模式的标准表述，因为在这里吉登斯已经不仅仅把制约看作是制约，而是给制约以目的性和能动性的含义在里边，也就是说吉登斯以前所声称的一个行动中能动和制约兼而有之的观点实质上被转化为在一定情况下的制约成为一定情境下的能动，反之亦然。

其次，制约有许多种。重要的是要区分由各种千差万别的制约手段所导致的约束和结构性制约。我的看法是不管制约的类型有多少，强调引起制约特别是结构性制约的因素或手段的研究是有意义的和有价值的，实际上在讨论制约的一开始，我所提出的问题也在一定程度上强调了在形成制约性结构的时候，那么手段或者要素发挥了关键性作用，如何利用这些制约的手段等都是关键性问题。只不过我更加强调知识在制约中所扮演的角色。但是也要遗憾地提醒读者：吉登斯对行动制约性手段仅仅提出要重视而已，实际上吉登斯并没有有效的和令人满意地满足他自己提出的要求，尽管在制约问题

(**接上页**)范围之内就显得越是自由，这一点颇为悖谬。参见，安东尼・吉登斯：《社会的构成》，[北京]生活・读书・新知三联书店 1998 年第 277 页。

① 安东尼・吉登斯：《社会的构成》，[北京]生活・读书・新知三联书店 1998 年第 441 页。

上，他发散的观点到处弥漫着理论创新的意味。

第三，要研究结构性制约在不同的行动具体情境中的影响，就意味着要详细说明，究竟是哪些方面的因素限制了行动者的知识能力[①]。我认为，行动者的知识能力作为行动能力的组成部分，实际上是一个牵涉全部社会理论内容的所有能力组成的知行关系状态以及它所显现或内含的整体社会关系状态。总体性社会制度[②]实际上内含在行动者所具有的行动能力之中的，当然这种能力处在静态的环境之中——这种总体性社会制度也好，直接的知行关系特征也罢——都可以用一定的知识形态来表达。即使在行动的状态中，知识的调用和知识在行动中的变化实质上显示了一定程度的行动能力包括行动的知识能力。

但是，在如何研究行动的制约性问题上，吉登斯却给了我们一些建议，当然这些建议也是预留给吉登斯本人的。

第一个建议，即研究方法上的建议。在研究行动制约性的时候是不能忽视民族志的方法，吉登斯这样说："这里，我们又需要小心从事：在任何一些具体情况中，形式化的偏好模式或决策模式，确实可以提供一种强有力的分析方式，用来揭示结构性特征之间的关联，但是它们不能代替借助民族志手段，对行动者给出行动理由的过程进行研究，这方面往往能提供十分丰富的材料。[③]"

第二个建议，即研究内容上的建议。吉登斯强调要把行动者的

---

① 对这样一个自己提出的建议，吉登斯本人也并没有得到有价值的实践。我认为，这可能是由于吉登斯对知识和行动的关系问题缺乏应有关注造成的。对吉登斯的说法，可参见，安东尼·吉登斯：《社会的构成》，[北京]生活·读书·新知三联书店 1998 年第 441—442 页。

② "总体性社会的运作方式必然导致新的总体性危机。因为当社会只有一种力量推动其发展时，极容易导致决策失误，从而造成不可挽回的损失"（李俊：《当前我国社会风险的体制根源》，《理论月刊》2002 年第 6 期）。关于总体性社会的观点，可参见，孙立平：《市场过渡理论及其存在的问题》，《战略与管理》1993 年第 5 期；孙立平：《自由流动资源与自由活动空间——论改革过程中中国社会结构的变迁》，《探索》1993 年第 1 期；孙立平等《改革以来中国社会结构的变迁》《中国社会科学》1999 年第 2 期；孙立平：《改革前后中国大陆国家、民间统治精英及民众间互动关系的演变》《中国社会科学季刊（香港）》1994 第 5 期。

③ 安东尼·吉登斯：《社会的构成》，[北京]生活·读书·新知三联书店 1998 年第 443 页。

动机以及行动理由同行动的结构化制约一同研究。所以,吉登斯指出:研究者要在一个具体的行动情境或一类情境中找到结构性制约,就得考虑行动者与动机相关的那些理由,这些动机正是偏好的来源。当制约过严,以致于行动者只剩下一种或一类选择时,我们就可以假定,行动者除了服从别无办法。这里包含的偏好是否定性的,就是要避免不服从带来的后果。如果情况是行动者"只能这么做,除此别无他法"(could not have acted otherwise),那是因为在行动者必需的条件既定的情况下,只有一个选择。我一直强调指出,千万不能将这种情况和"除了去做,别无办法"(could not have done otherwise)混淆起来,后者标志着行动的概念边界①。同时,行动者行动理由的提供也同结构性制约关联,吉登斯说:当只存在一种(可行的)选择时,对这种选择限制的认识以及行动者自己的行动需求结合起来,就给行动者的行为提供了理由。所以,正是因为制约构成了行动的理由(至少行动者是这么看的)。当然,即使可供选择的范围十分广泛,行动者给行动提供理由的过程也会涉及到制约问题②。

对这两个建议,我原则上是赞同的。但是令我不解的是:制约真的就构成了行动的理由了吗?如果制约构成了行动的理由,那么这种理由会使行动者丧失行动者的身份或者角色。我的看法是,制约充其量可以看作是行动的不得已的某种理由,也就是说制约并不能构成行动的全部理由。行动者之所以是行动者关键在于行动者有行

---

① 为了表明自己的结构化理论的中庸立场,吉登斯把自己的结构化理论同结构社会学严格区分开来,并认为结构社会学过分强调结构对行动的制约,对在这种制约中所显现的行动者的能动性和行动的理性化太过忽视。在谈到行动制约性研究时,吉登斯就指出了结构社会学把"只能这么做,除此别无他法"(could not have acted otherwise)和"除了去做,别无办法"(could not have done otherwise)混淆起来。而且,当只存在一种(可行的)选择时,对这种限制的认识,再加上需求,就给行动者的行为提供了理由。正是因为制约构成了行动的理由(至少行动者是这么看的),结构社会学才轻描淡写地省略了对行动理由的分析。参见,安东尼·吉登斯:《社会的构成》,[北京]生活·读书·新知三联书店 1998 年第443页。

② 安东尼·吉登斯:《社会的构成》,[北京]生活·读书·新知三联书店 1998 年第443页。

动的自由的能动性。吉登斯反对建房子,实质上他还是建筑了一座房子。因为,不想建筑房子最终还是建筑了房子正是说明了吉登斯本人的理论所受到的制约①。

第三节 行动类型:对互动的考察

在方法论上,吉登斯主张彻底抛弃个体与社会的二元论,提出个体和社会都应当被解构(deconstructed)。但是在解构的过程中,吉登斯认为,更重要的而且也是最关键的是:行动不仅仅是个体的特性,也是社会组成或集体生活的要素。因此,在行动的研究上,从个体行动演进到抽象行动,从(单个的或者个体的)行动进到互动也就成为一种必然的逻辑进程。从严格意义上讲,互动是人类社会生活的基本形式,交往或沟通是行动的本质属性,即便是单个行动者的独自行动,表面上可能具体的他者(我之外的行动者)是缺场的;但是从最终的意义上说,匿名的或抽象的他者应该说是时时刻刻都是在场的,所以共同在场是行动的基本形式。

一、互动的类型

共同在场环境中的互动关系倾向于在聚焦和非聚焦的交流之间摇摆,所以,吉登斯也就把互动划分为聚焦互动(focused interaction)和非聚焦互动(unfocused interaction)②。

1. 非聚焦互动和聚焦互动

(1) 讨论吉登斯的非聚焦互动中所容有的知识行动论的联想

---

① 吉登斯说,社会系统的结构性特征就像房子的墙壁一样,个人虽然无法逃离,但他尽可以在房间里任意走动。但是吉登斯反对这种观点,认为他的结构化理论摒弃了这种观点,代之以新的主张,即认为结构恰恰包含在所谓"行动自由"之中(安东尼·吉登斯:《社会的构成》,[北京]生活·读书·新知三联书店 1998 年第 277 页)。

② 有人又把聚焦互动和非聚焦互动翻译为关注性互动和非关注性互动。尽管两种译法的意义相近,但是我这里还是采用聚焦互动和非聚焦互动的译法。

从定义上看，吉登斯采用了戈夫曼的说法，把非聚焦互动(unfocused interaction)定义为不同个体共同在场于某一特定环境中，他们之间有某种程度的共同意识[①]。同时吉登斯指出：这种非聚焦互动，包纳了个人彼此之间可以沟通的所有手势和信号，唯一的前提是他们在某一特定情境中的共同在场。行动者可以普遍地意识到他人在场，并以某种微妙的方式延伸到一个相当广泛的空间，甚至包括身后的那些人。但这种"身体感应"(cueings of the body)的集中程度远不及那些面对面互动中可能产生并不断利用的感知[②]。对吉登斯在戈夫曼的基础上所描述这种互动形式，令我关注或者说是思维聚焦的是：把非聚焦互动看作是某种程度上的共同意识能够给知识行动论提供联想。他人在场的普遍意识、行动者之间普遍存在的共同知识以及面对面的互动所需要和所产生的某种知识化的互动技巧等都成为这种互动的关键性要素。也就是说是知识构筑了这种类型的互动，而且这种互动的有效性也在一定程度上取决于共同知识为内容的共同的或普遍的意识的功能性发挥。

(2) 考察聚焦互动所表现例行化特征中的知识性意义

聚焦互动(focused interaction)指的是个体在一个特定的时间段中对彼此的言谈和举止都注意的一种互动关系。那么，这种互动关系是如何产生的呢？吉登斯认为，当两个或更多的人通过持续不断地交错利用面部表情和声音来协调他们的活动时，就产生了聚焦互动[③]。那么，我讨论这种互动类型的目的不是为了介绍这种互动方式，而是从这种互动类型中挖潜出知识化的意义。在这种聚焦互动中所能够表现出来的知识化意义就是吉登斯把这种互动所具有的例

---

① 安东尼·吉登斯：《社会的构成》，[北京]生活·读书·新知三联书店 1998 年第 123 页。

② 吉登斯认为在这种互动形式中依然存在着能动性的一种制约，只不过这里存在的制约，主要就是身体的物质特性与有限的面部转动范围。参见，安东尼·吉登斯：《社会理论与现代社会学》，[北京]社会科学文献出版社 2003 年第 147 页。

③ 安东尼·吉登斯：《社会的构成》，[北京]生活·读书·新知三联书店 1998 年第 147—148 页。

行化特征和社会生活的重复性意义在一定程度上显现出来了。吉登斯这样说：不管参与者多么留意更大范围内的聚集里正在发生的其他事情，聚焦互动也给其中包含的人多少造成了某种封闭(enclosure)，将他们与其他共同在场的人隔离开来。面部表情的一次交流，或是日常生活中的一次接触，都算是一个单位的聚焦互动。在联系转瞬即逝的日常接触与社会再生产，并就此联系日常接触与表面上具有"固定性"的制度方面，日常接触的例行化过程发挥了重大作用①。在谈到聚焦互动与社会群体的关系时，吉登斯指出：所有的群体或集体，不论其规模大小，都有某些组织上的一般特性。这些特性包括角色的分工、社会化的条件、集体行动的能力以及对周围的社会环境所做出的持续的联系模式。即使当其成员不仅一起时，群体也是存在的。在聚焦互动中，参与者必须保持其在共同的活动焦点中连续的存在。因为社会群体在不同的共同在场环境中同时存在，这一点不可能成为一般社会群体的共同特性②。

2. 日常接触的互动形式

吉登斯把日常接触看作是社会互动的主线，正是有了这种日常接触的互动形式才使得社会生活具有了重复性和类型化的特征，才使得日常生活的知识可能积存在这种互动形式中承继历史和创造未来。

在吉登斯看来，分析日常接触的互动形式要从三个相互联系方面的基本内涵出发。首先，为了把握日常接触与在时空向度上延伸开去的社会再生产之间的联系，必须着重分析日常接触是如何在日

---

① 吉登斯非常强调互动中日常接触的意义，认为日常接触是贯穿社会互动的主线，将一系列纷至沓来的与他人的相会安排入日常互动循环。吉登斯认为，日常接触一般总是作为例行活动发生的，也就是说，转瞬即逝的交流或许显得短暂而琐屑，但一旦被看作是社会生活重复性的内在要素，它的实质意涵就会大大丰富起来(安东尼·吉登斯：《社会的构成》，[北京]生活·读书·新知三联书店 1998 年第 148 页)。我将在下面专门讨论日常接触的社会互动形式。

② 吉登斯赞同戈夫曼的说法，认为在聚焦互动中从这种共同在场性中衍生出了一系列特征。"这些特性具体的例子包括尴尬、保持镇定、非分散注意式的语言交流能力、对发言者的角色的放弃与坚持、空间位置的分配。"参见，安东尼·吉登斯：《社会理论与现代社会学》，[北京]社会科学文献出版社 2003 年第 124 页。

常生存状态的绵延中反复形成的。其次,必须从控制身体和维护规则或习俗的角度来阐明日常接触在彼此交错的实践意识与话语意识中并通过它们组织在一起。再次,日常接触首先是通过交谈即日常会话来维续的。在分析互动过程中借助解释模式沟通意义的时候,把谈话现象看成日常接触中的构成性因素。同时鉴于时空的调动是上述所有要素的"根基",还必须考察日常接触的情境组织问题①。我同意吉登斯所提出的这种意见,因为在日常生存状态的绵延中反复形成的日常接触是以彼此交错的实践意识与话语意识的存续状态为依据的,同时谈话作为日常接触的互动形式的构成性要素实际上是以意识为存在方式的知识为基础或为条件的。作为话语基础的知识当然地同一定时空关联。所以吉登斯的建议是合理的,但是这种建议背后的知识性要义在吉登斯那里可能没有得到更多的把握和领会。这里的问题是,谈到这些问题时,是否能够避开牵强的嫌疑。我认为,我的意见中所表达的意义带有根本的问题,因为既然是日常接触就不可能是一次性的,即便是一次性,那么这种接触的依据是什么?这种接触的过程有否知识化的含义等,只能说在讨论行动的时候要触及到行动的内核,而不是行动的外化特征。

再转回来,继续讨论吉登斯为日常接触这种互动形式所阐明的意义。

吉登斯认为,日常接触是按照前后次序被纳入日常生活序列性中的现象,而且也正是它赋予日常生活序列性的特征。所以,日常接触有两个主要特征:一是起始与终结(opening and closing),一是轮次。每个人度过的日常生活绵延是一种持续不断的活动流,只有比较迟钝为睡眠状态才能打断它。但这也是有规律的②。日常生活绵

① 安东尼·吉登斯:《社会的构成》,[北京]生活·读书·新知三联书店1998年第148页。

② 吉登斯认为,这种情况正如舒茨所言,主体产生反思性关注的这一刻,可以对活动的绵延造成"置括号"或者说"理念上的隔断(conceptually segmented)"作用。当一个人被他人要求就其活动的某些方面给出"理由"或者做出解释时,就会发生这种情况。参见,安东尼·吉登斯:《社会的构成》,[北京]生活·读书·新知三联书店1998年第149页。

延同时也被日常接触的起始与终结“置括号”①。那么,问题是在什么时候才会发生或者出现置括号的情形呢?吉登斯大致概括了这样几种情形:接触的起点或(和)终点;超越日常行动的正常期待的时候;行动的片段性间隙;谈话轮次的交接处。对第二方面的情景,吉登斯提出:如果日常生活中的行动者参加日常接触或者置身社会场合的时候,认为其中的活动不同于日常生活的正常期待,就总会非常注重置括号的标志②。在行动的片段性间隙和谈话轮次的交接处都会出现置括号的条件。

“说互动中那些令人惊叹的精妙之处大多系人们蓄意或者出于世故所为。我们可以不这样认为。事实恰好相反。行动者在日常接触的生产与再生产中所表现出来的互动技能是以实践意识为基础的,这才是令人惊叹的地方。”所以,吉登斯指出:构成日常接触结构化过程的与其说是看破红尘的世故,不如说是待人接物的技巧。尽管说怎样的表现会被视为“得体”是一个非常灵活的问题,但对于其他各方面都大相径庭的各个社会性文化而言,交往技巧具有重要意义这一点却是无可置疑。那么什么是交往技巧呢?吉登斯说,交往技巧是互动情境参与者之间某种心照不宣的一致理念,对于在较长的时间跨度内维持“信任”或本体性安全来说,它似乎是种重要的机制。一旦合乎习俗的参与界限面临破裂的威胁,交往技巧就突出地体现了它在维持这种参与界限方面的重要性。

当把交往的技巧看作是在实践意识基础上的一种理念性知识和维系本体性安全的机制的时候,日常接触的交往实际上就成为了一个知识化的过程。因为说到一种交往技巧,它首先是习得的,同时也是社会的,更是一种行动的制约性体现;同时它也是涉身性的,是参

---

① 安东尼·吉登斯:《社会的构成》,[北京]生活·读书·新知三联书店1998年第149页。

② 安东尼·吉登斯:《社会的构成》,[北京]生活·读书·新知三联书店1998年第150页。

与日常接触行动的行动者在实际的交往过程中获得的知识,这种知识包括有可以言传的,也包括只能存留在实践意识中的意会部分。所以,在这里我可以领会到吉登斯已经触及我所需要的东西了。吉登斯在说明行动者参加日常接触的互动时的交往技巧概念实际上已经开始触及到应该触及的东西,因为这些东西是揭示互动基础属性的根本。

二、互动的维度

吉登斯的互动维度实际上勾勒了结构化理论二重性的基本方面,或者说互动维度的图式实际上成为吉登斯结构化理论入门的知识台阶。要想理解吉登斯的结构化二重性思想不迈上这个台阶是困难的①。

在结构化理论中,社会互动包括意义、规范和权力三个要素,行动相应具有沟通、规范、转化等三种特性。

图中第一行的概念是指互动的性质,第二行指的是一种样式——也就是社会再生产进行中互动与结构之间的媒介或者中介,第三行指的是结构的特性。在这个模型中,社会互动是由主体行动并在主体行动中建构而成的。社会结构既是被人类行动所建构同时也是这一结构过程的真正中介。吉登斯指出:这种结构二重性既可以从对人类行动的观察中得出,也可以作为一种媒介(那些行动由此成为可能的)而发生作用。

① 吉登斯的社会互动维度的三重图式是一种分析手段。因为,社会实践的实际过程并不存在这种截然分开的各个维度。吉登斯的结构化理论通过描述这种图式所具有的特点和方式是用来说明任何形式的社会实践性行动同时所具有或者所蕴涵的这样几种因素。吉登斯认为,尽管交往(沟通)、权力和道德是构成互动整体的要素,而且,意义、支配和合法化具有结构分析上的可分离性,但是在互动的任何具体情境中,社会成员利用这些作为生产和再生产的样式,是可以作为完整的设置而非三种孤立的成分。同时吉登斯还指出:尽管如此,当我们涉及到总体(作为一种语义和道德规则的完整系统)时,我们可以谈及一种公共文化的存在。参见,安东尼·吉登斯:《社会学方法的新规则——一种对解释社会学的建设性批判》,[北京]社会科学文献出版社 2003 年第 227—228 页。

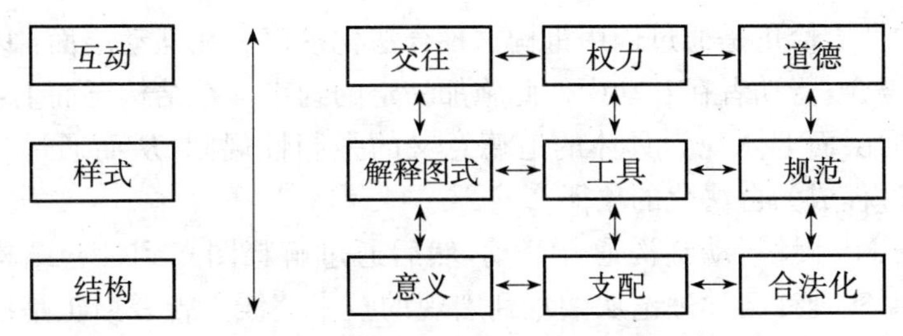

图 2.6　吉登斯社会互动维度的模型图

吉登斯这样描述这个模型的内容：互动中意义的交往包括解释图式（modalities 框架）的运用，并借助于这种解释图式，意义被参与者从各自的言说和行为中制造出来。但是吉登斯也明确指出：解释性的认知图式的运用必须在共有知识的结构之内进行，而且这种运用依赖于并得自于一种共同体分享的“认知秩序”。同时在行动者利用这样的认知秩序时，解释性图式的运用则同时重构（reconstitutes）着这种秩序。可以这样理解，在互动层面：行动者彼此交流着意义，通过各自在相当程度上可以相互理解的框架，实现沟通的目的①。在结构层面：可以通过语意的规则分析其中的意义。

互动中权力的运用包括工具的应用，由此行动者可以通过影响他人的行动而创造某种结果；工具既由一种支配秩序获得，同时当它们被运用时，又再生产出这种支配秩序。这个过程也可以从两个层面进行理解。在互动层面：行动者的日常互动无不体现权力的运用，并以各种结构为中介来保证获得某种特定的后果。在结构层面：在结构的层面上体现为支配机制。

互动的道德包括规范的运用，这种规范的运用来自于合法化秩

① 关于互动与交往以及行动意义的形成，吉登斯指出：交往是互动的一项普遍要素，作为一个概念，它的内涵比交往意图（即行动者“想”说或“想”做的东西）要来得广泛。这里，我们再次需要注意避免两种类型的还原论。有些哲学家试图以交往意图为出发点，发展出有关意义或交往的全部理论；另一些哲学家则与此相反，认为交往意图充其量只不过是构成有意义的互动特性的枝节因素，而互动的“意义”则是由指号系统（sign systems）的结构性安排支配的。参见，安东尼・吉登斯：《社会的构成》，[北京]生活・读书・新知三联书店 1998 年第 94 页。

序，并且恰恰正是通过运用重构这种合法化秩序。在互动层面：以规则为媒介，行动者在互动中彼此施加一定的约束。在结构层面上：在结构的层面上体现为具体的道德意义的强制性规则，从而通过合法化的过程成为合法化的象征①。

从个体性行动到沟通性互动，然后通过解释图式到社会结构是吉登斯实现社会学理论从微观到宏观的技术路线。吉登斯正是沿着这条道路走进了结构化理论。

在社会互动的维度模型中，吉登斯对社会结构内容的分析包括有这样的几个方面。

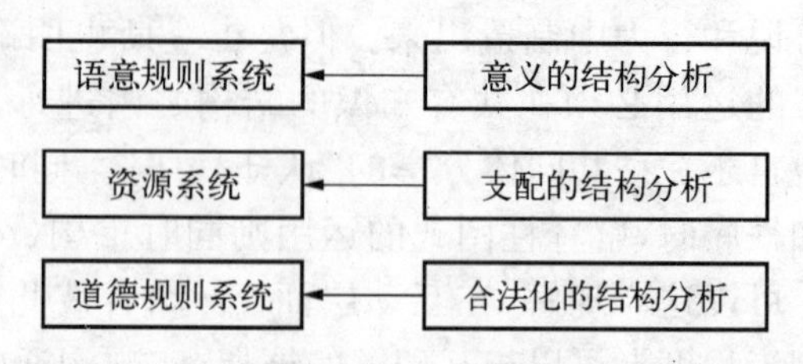

图 2.7　吉登斯的系统与结构分析的关系模式

在这样一个模式中涉及到系统、规则、资源以及互动结构的基本内容。由于我的目的不是对这些术语以及术语之间的关系进行分析，也不是为了介绍吉登斯的这些观点而阐述问题，所以我只能就其中的概念进行简略介绍，因为理解了吉登斯的这种模式才明白我在这个基础上所提出的问题和对这些问题所做出的思考。

在吉登斯看来，系统或者社会系统(social system)是由通过时空再生产出来的行动者或者集合体之间的各种关系所构成的一种状态。所以，在吉登斯的结构化理论中，系统是具有具体情境定位的社会实践活动所构成的一种模式化的关系状态②。系统同资源

① 李康：《吉登斯的结构化理论与现代性分析》，参见，杨善华主编：《现代西方社会学》，北京大学出版社2002年第226—227页。

② 要说明的是：各个社会系统彼此之间的系统性程度具有非常大的差异性，所以绝对不具有物质系统或者生物系统的那种高度的内在统一性。

(resources)以及同规则(rule)的关系应该：系统是被规则和资源"结构起来了的(structured)"模式化社会关系形式，所以系统本身并不是结构而是具有结构的属性。

吉登斯采用方法论的技巧来实现这种关联。这种方法论的技巧——我认为是吉登斯从现象学社会学那里借鉴过来的——就是置括号或者叫悬置①。吉登斯说：必须着重指出，只要我们认识到，所谓集中研究社会系统的结构性特征，只不过是将受到反思性监控的社会行为悬搁(epoche)起来(即暂时中止考虑)，那么这种"集中研究"就不失为一种正确有效的步骤。在这样的悬搁之下，我们可以区分开社会系统在结构方面的三种维度：意义，支配与合法化②。

① 在现象学中自然态度的悬置也就是加括号的方法。在舒茨那里，为了具体研究生活世界并得出相应的科学结论，舒茨提出了自然态度悬置的概念。该概念的基本内涵就是：不是把人们对这个世界实在的各种信仰存而不论，而是把对它的怀疑存而不论。这就意味着：在日常生活中持自然态度的社会行动者，认为这个世界及其结构，他们影响这个世界并在其中生活的能力以及他们关于这个世界的经验的有效性和确定性都是理所当然的。而通过对这个经验性生活世界以及其中人们对它的意识方式进行现象学进行分析，就可以科学地阐明社会行动者为什么如此认为，从而确立与其日常活动相关的科学理论。应该说明的是，舒茨的现象学社会学中自然态度的悬置同哲学现象学中的加括号的方法还略有不同。这个不同就是，现象学社会学的加括号指的是对这个世界的怀疑置之不理。而现象学还原要求对自然的思维态度实行"加括号"(eingeklammert)，也即"中止判断"(epoché)。首先是历史的加括号，把我们——不论是从日常生活中，还是从科学世界中，或是从宗教信仰中——接受来的理论和意见都置入括号，悬置起来。其次是存在的加括号，放弃一切有关存在的和实体的判断，也包括关于"我自己"(Ich)和心灵(mens)实体的判断。判断中止之处便是开端自明呈现之时，开端不在任何判断中，而只在本质直观中显现，这也就是现象学的本质还原。舒茨的现象学分析包括将研究对象视为现象，并还原为最初赋予意义的经验；只不过他所针对的不是认识主体的主观意识，而是处在生活世界之中的具有自然态度的社会行动者的主观意识并力求生活世界及其内部出发阐明其意义结构。舒茨的自然态度设置具有重要的方法论意义。从本质上讲，舒茨认为自然态度本身是建筑在对怀疑存而不论的基础之上的一种成果。通过这个概念的设置可以把怀疑存而不论视为通向类型化概念，通向那些被人们认为理所当然构造日常生活世界的理想化概念的一条线索。

② 安东尼·吉登斯：《社会的构成》，[北京]生活·读书·新知三联书店 1998 年第 96 页。但是细心的人会发现，在行动与结构的关联性分析中是否有必要进行所谓的悬搁？从后面吉登斯的实际论述中可以看出吉登斯在分析社会结构的时候并没有悬置社会交往或者社会行动的考察，因为社会行动同它所具有的结构化特征实际是一回事。吉登斯自己也明确指出：意义的结构同支配的结构以及合法化的结构之区分只是分析上的(安东尼·吉登斯：《社会的构成》，[北京]生活·读书·新知三联书店 1998 年第 98 页)。

表 2.2　吉登斯结构分析模式

结构丛	理论领域	制度领域
意　义	符码理论	符号秩序/话语形态
支　配	资源权威化理论	政治制度
	资源配置理论	经济制度
合法化	规范调控理论	法律制度

吉登斯指出：意义的各种结构也同样承受着权力在社会生活里无所不在的影响。因而，我们在把握意义结构的时候，始终应该注意结合支配和合法化的维度。所以吉登斯告诫：我们不能单单通过分配的不均衡性来考察“支配”与“权力”，而应该把它们看作是社会交往（或者我可以说人的行动本身）的内在组成部分①。依我的分析，吉登斯所做出的这种告诫性的语言实际上说明了社会交往所内含了的或者说是结构化了一定的支配原则和权力基础。

S——D——L	符号秩序/话语形态
D^1——S——L	政治
D^2——S——L	经济
L——D——S	法律

S＝意义结构；D＝支配结构；L＝合法化结构。

其中 D^1 是 authoritative；D^2 是 allocative。

图 2.8　吉登斯结构内容的结构性组成

对吉登斯的社会互动的维度模型的介绍可以使我们知道吉登斯这个模型的复杂性和蕴涵内容的丰富性。但是，我并不关心这种模型的具体价值和对结构化理论本身的意义，我只想在这个模型中获得知识行动论的一些启发。这个启发源自于以下几个问题的学术追问。

---

① 安东尼·吉登斯：《社会的构成》，[北京]生活·读书·新知三联书店 1998 年第 96 和 97 页。

第一,社会互动的知识化。

沟通意义的形成、交往技巧的娴熟、互相理解的达成等等与其说是模式或者说是规则问题,还不如说是知识问题,更确切地说是模式化隐含的知识问题。这个时候就需要说明解释图式的知识性功能。那么,什么是解释图式呢?吉登斯给出了一个很具有知识行动论意味的定义。吉登斯这样说:所谓“解释图式”,指被纳入行动者知识库存的类型化方式,行动者在继续沟通过程时反思性地使用它们。行动者在互功的生产与再生产过程中利用的知识库存,与他们在提供说明,给出理由等活动中借助的大体一致[①]。

就此可以做出这样的说明:A. 解释图式是舒茨意义上的知识库存[②],这种知识库存包括的内容十分广泛,可以是自我意识常识化的结果,也可以是科学知识常识化的结果。B. 这种知识库存实质上是一种行动模式或者说是互动模式,这种模式就是以知识为存在方式的行动类型化模式,这种模式是行动者或者互动的参与者互动的基础。C. 这种图式必须在互动过程中被参与者所调用,也就是说这种模式实质上也预存了如何调用手头知识的问题。遗憾地是,吉登斯或者明说了这些问题中的某个问题,或者根本没有注意到互动知识化的主题。

第二,社会互动的可说明性。

在加芬克尔那里,可说明性是行动索引性的构成部分或者说是

---

① 安东尼·吉登斯:《社会的构成》,[北京]生活·读书·新知三联书店 1998 年第 94 页。

② 知识库存本身就是一个经验性课题。在舒茨看来,行动的策划过程实质是应用知识库存的过程,而行动的实施过程不仅有知识应用的过程还有知识增生的过程,也就是说通过行动的策划和行动的实施,我变得“精明老练”了。在舒茨看来,社会行动只能有一种主观意义,即行动者本人的主观意义。当社会行动者存在于特定的情景中,进行某种特定的行动时,他认为后者对他具有意义是理所当然的。只有当他停下来对该行动进行反思时,他才能明确意识到由他所赋予该行动的意义。所构造的意义不断增长也就自然地构成了行动者的知识库存。当然这些知识库存又是我们以前的经验活动极其一般化、形式化、理想化的积淀。参见,阿尔弗雷德·许茨:《社会实在问题》,[北京]华夏出版社 2001 年第 205—206 页。

为索引性提供性质[1]。在吉登斯这里,可说明性表达了知识与规则之间的一种关系。吉登斯说:"可说明性"(accountability)这个概念清晰有力地表达出解释图式与规范相互之间的交织。要想就某人的活动"给出说明",既要阐明它们的理由,又要给出一些规范性的根据,借助这些根据可以使这些活动"站得住脚"(justified)。人们总是"预期"那些投入一系列具体互动情境的人完成一定的权利和义务,而互动的规范性要素则总是偏重这些权利和义务之间的关系。行为的正式守则(formal code),比如那些受到法律保护的法则(至少在现代社会里),在权利与义务间通常体现出法律所要求的某种和谐一致,二者之间可以相互提供正当化证明(justification)。但实践活动中并不必然存在这样的一致性[2]。

我在这个问题上所能给出的分析就是:A. 吉登斯尽管增加了互动可说明性的内容,也就是说把解释图式中所蕴涵的理由和作为行动依据的规范,进一步明确就是知识与规则。但是这种说明的机制

---

① 可说明性(accountability)是日常生活实践行动显著特征。加芬克尔认为:"社会成员用于产生和管理有组织的日常生活实践的各种环境的活动与成员使用这些环境成为可说明的程序相一致。(H. Garffinkel. *Studies in Ethnomethodology*. Englewood Cliff, N. J.: Prentice-Hall, Inc. 1967: 1.)"也就是说,日常行动所在(载)有的一切或者局部可以被参与者或者旁观者(包括专业的观察者)向他人描述、报道、交代,可以被看到、被听到,可以被谈论、被分析并因此被行动者和观察者所理解。所以,加芬克尔指出:可说明的实践行动是"可观察的和可报道的实践,也就是说正处在观察和报道实践之中的人们所能够利用的实践(H. Garffinkel. *Studies in Ethnomethodology*. Englewood Cliff, N. J.: Prentice-Hall, Inc. 1967: 1.)。"加芬克尔说,规范和规则对实践行动而言,与其说是本质的不如说是认知的。规则只是行动者维持实践行动可理解性、可说明性和可交代性的源泉。所以无论实践行动同规范性常规在实际的活动过程中是否一致,规则只是行动者理解与说明实践行动的参照。加芬克尔认为,规则所赋予行动的可说明性具有双重性。一方面,在行动与规则一致的情况下,规则就有效地赋予行动自我存在的解释;另一方面,当规则与行动偏离的情况下,这种偏离就被赋予"辅助性阐述",也就是规则主动寻求解释不能满足的特殊条件,即根据某些"特殊动机"或者情境作出说明。

② 吉登斯说:这一点必须得到强调,因为在帕森斯的"规范功能主义"和阿尔都塞的"结构主义马克思主义"那里,都过分地强调了规范性义务被各社会成员"内化"的程度。这两种观点都未能吸收以下这种行动理论,即认识到人类作为具有认知能力的行动者而存在,反思性地监控着彼此之间的互动流。参见,安东尼·吉登斯:《社会的构成》,[北京]生活·读书·新知三联书店 1998 年第 95 页。

并没有给出。说明何以可能和说明何以实现是互动可说明性的关键内容,同时说明本身是否构成知识化互动的内容也并没有解决的问题。这些问题的解决在吉登斯的结构化理论中是不可能的;我建议,这些问题要在知识行动论中的有关阐述中得到说明。B. 在架通行动者和互动能动性与被动性的桥梁时,吉登斯并没有完全设计好一个既经济又有效的图纸,所展示的还是他自己的范围。我们知道——不管把规则是否看作是知识的形式,但是有一点是肯定的——互动的可说明性中所能够说明的重要内容也是社会理论家尤其是社会学家所感兴趣的就是对行动或者互动规则的说明。在这种说明中规则是什么东西,规则的来源渠道和方式以及规则是否普适等问题,对行动者或者互动的参与者来说也许并不是特别重要,但是对于互动的观察者(凝视者)来说,却是很关键的。规则可能是在互动中新学的,也可能是通过以往的行动而学习积累的。问题是无论是新学的知识,还是已有的知识,都是内化的结果,而内化的过程实质上就是知识化的过程,规则的内化过程也是如此。内化到解释图式中依然成为了互动可说明性的源泉,但是这种源泉依然是知识库存。这时,互动的技巧就同互动的规则整合在一起了,这是结构化的产物和结果。但是谁都明白:应该对这种知识库存中的产品进行区分。吉登斯没有做到,我把希望寄托给了知识行动论。

第四节　行动的场域:日常生活领域与社会体系领域

一、日常生活领域的研究意义

日常生活世界和社会体系世界及其二者之间的关系成为任何社会理论不可越过的一道门槛。在跨越这道门槛的时候,有最基本的两条线路。其一,社会学本身的逻辑发展,把社会学知识定义在对日常生活世界中普通人的社会行动的研究。社会学本身便赋予了或者蕴涵了这种主题,我们也可以从早期的社会学家的思想中领略这种思想风格,社会学理论发展到戈夫曼把这种对日常生活世界的普通人的社会行动的研究推进到了极致。其二,哲学理论的社会学化也推进日常生活中社会行动的研究,这主要表现为现象学被舒茨改造为现象学社会学并影响了加芬克尔的本土方法论。哈贝马斯用沟通行动论把这两条道路架通,同时还架通了日常生活世界同社会体系世界的关系,发展成为一种比较整合的社会理论。

1. 吉登斯结构化理论与日常生活世界的关联

吉登斯同样也要考察日常生活世界同社会体系世界以及二者之间的关系。吉登斯的结构化理论实质上暗含了这样一种思想发展的线索,把个人与社会架通起来,进而把日常世界与体系世界沟通起来,使行动的领域变成一种整体的或者统一的世界。我的评价是这种努力是白费的,因为结构并没有也不能把日常世界与体系世界构连起来,如果说结构具有这种过程的话,那么结构是无处不在的。可以想象,行动者的结构尤其是行动者的分层模式所体现的结构化特征——是吉登斯刻意考察的对象——一直到行动本身的结构和日常生活世界的结构——所有事实都可能被演变成为一种结构,这种结构又同其他结构连接在一起,社会就成了结构化的社会,依然看不到人,人在结构的圈链中被封闭而死。吉登斯的考察尽管是没有结果的,但是还是有意义的。也就是说吉登斯考察过程本身为思考日常生活世界的知识行动是有益的。

谁的行动和在哪里行动实质上是联系在一起的一个问题。分析在哪里行动的时候,我只想说明行动的宏观领域,具体的情形将留待后面讨论。知识行动者的行动领域,当然地取决于行动者的知识状况,普通人的知识只能定义为常识知识,而常识知识更多地存活在日常生活领域。非日常当然地同日常知识会发生各种各样的联系,但是考量一种理论的品质最关键的是研究的逻辑起点的把握,具有本体论关怀的理论就必须从普通行动者为起点进行研究。吉登斯的理论既然宣称具有本体论关怀就应该公然地把普通行动者、普通行动者的常识知识以及普通行动者和常识知识生成和存活的日常生活世界作为行动的领域,也作为其理论研究涉及的主要领域。吉登斯非常具有这种意识，但是吉登斯在其理论中做得非常巧妙和得体，因为结构化理论并没有得罪非日常世界的行动者[①]。

2. 日常生活世界的理解

日常生活世界在吉登斯的理论视野中并不具有优势。在述评哈贝马斯理性行动时，吉登斯对日常生活世界做出了自己的理解[②]。

(1) 生活世界是预设的日常行动领域。吉登斯指出：正如在现象学上提出的一样，生活世界(the life-world)是那种预设的日常社会行动的领域。吉登斯认为，在这种日常社会行动的领域中充满着通过惯例和确定的处事方式而进行的交往行为。

(2) 生活世界是给定的世界，是前人劳动的结果。吉登斯认为，生活世界先于解释的生活图式的布景，在其中日常行为澄明呈现。它“蕴涵着许多一代代前人解释的劳动”，在生活世界中传统的作用发挥着一种能平衡交往所引发歧义的内在潜力。

(3) 生活世界的维持力同生活世界本身的理性化有关，生活世界的理性化程度越高，那么生活世界的自我维持力也就越发减少。社会进化的过程，包括世界观的去中心化和三维话语的强化，改变了生活世界的性质。去中心化的进程越高级，就越难通过前设的信念或者行为编码达成一致的意见。因而，理性的扩展假定了生活世界的维持力在减少。

(4) 吉登斯并没有明确指出自己的研究领域同日常行动的领域之间的关系，是否把日常行动的领域看作就是日常生活世界，是否把

① 衣俊卿把人类社会生活的领域划分为三个部分：(1) 科学知识领域，是非日常的自觉的人类精神与知识领域，这个领域包括科学、哲学与艺术活动，由于涉及人类自身的知识对象化的类存在物的知识，所以也是类本质活动领域；(2) 制度化领域，是非生活社会的活动领域，包括政治、经济、文化等领域；(3) 日常生活领域，以个体生存和再生产为活动的内容的领域(参见衣俊卿：《论人的日常生活世界的历史演变——人类社会进化的微观机制》，载，衣俊卿：《回归生活世界的文化哲学》，[哈尔滨]黑龙江人民出版社 2000 年第 283—298 页)。

② 安东尼·吉登斯：《社会理论与现代社会学》，[北京]社会科学文献出版社 2003 年第 252 页。

日常生活世界就看作是结构化理论的主题，在吉登斯的阐述中是没有答案的。我在前面已经指出：吉登斯是非常关注日常生活世界中的日常社会行动的，但是这种关注却没有在理论的阐述中加以明说。吉登斯的这种做法可能就验证了或者实践了吉登斯有知行动的无知结果之原理：只做不说的实践意识或者书写行动的无意识产生了意外结果。

二、日常生活的知识化与制度化分析

1. 日常生活的界定

什么是日常生活？吉登斯说，日常生活(everyday)指涉对待世界的态度，即所谓的“自然态度”[①]。我们知道，自然态度是现象学中的一个核心概念，而吉登斯把日常生活等同于自然态度是否存在问题似乎同我要追问的问题无关，因为我想发问的是：既然把日常生活看作是对待世界的态度，那么这种态度是针对哪种世界的，是日常生活世界还是非日常生活的体系世界？我推测，这种自然态度实质上是没有指涉的，至少是指涉不明的。

吉登斯为什么要关注日常生活而不是去关注日常生活的世界呢？吉登斯说得好：“现代哲学的社会学取向涉及对日常生活和世俗生活兴趣的恢复。日常活动并非是不合逻辑的。事实上它与哲学社会科学中最为根本的论题紧密相连[②]。”吉登斯的这种说法同我所指出的一样，哲学主题的社会学化，尤其是现象学中生活世界理论被社会学所改造成为社会理论和社会学理论共同关注的主题，所以日常生活也同样引起吉登斯的兴趣。同时，吉登斯也指出：行动与日常生活惯例的脱节是人们对行动的误解所产生的。认为，在将人类行动者视为有意向性、理性的人的方法中，“行动”常被理解为一个由各种目的汇合而成的聚合物。也就是说，行动者没有被放置于构成日常生活惯例(routines)

---

① 安东尼·吉登斯：《社会理论与现代社会学》，[北京]社会科学文献出版社2003年第158页。

② 安东尼·吉登斯：《社会理论与现代社会学》，[北京]社会科学文献出版社2003年第68页。

延展过程之中。而正如舒茨(Schutz)所提出的,这一延展是持续性的,是一个贯穿于个体整个有意识生命过程中的连续统(continuity)。换句话来说,作为社会制度的一部分的行动具有实质上的短暂性[①]。

很显然,吉登斯并没有真正接受舒茨等人使用的日常生活世界的概念,而是使用了日常生活概念。那么日常生活同日常生活世界原则上能够等同吗?在吉登斯有关日常生活的阐述中我们隐约可以看出,吉登斯所言日常生活实质上具有了日常生活世界的意涵。比如他指出:我在使用"日常社会生活"这个词的时候,是严格依照它的字面意义,而不是那种经现象学普及的较为复杂——我认为也较为含糊——的意涵。"日常"这个词所涵括的恰恰是社会生活经由时空延展时所具有的例行化特征。但是吉登斯始终没有明说日常生活世界是一种什么样的知识世界,这种世界同非日常生活世界有什么关联,而是讨论了给定的客观世界与人造的社会世界的区别和关联[②]。问题是人造的社会世界中是否可以划分为日常生活世界和社会体系世界?现象学社会学以及哈贝马斯的沟通行动论把二者划分得非常清楚,但是吉登斯是不会这样做的。不做这样的划分,不管理由何在,都降低了我们生存世界的复杂性,我认为都是理论上的一种退缩

---

① 安东尼·吉登斯:《社会理论与现代社会学》,[北京]社会科学文献出版社 2003 年第 63 页。

② 吉登斯指出:社会学关注的不是一个"预先给定的(pre-given)"客体世界,而是一个由主体的积极行动所构造或所创造的世界(安东尼·吉登斯:《社会学方法的新规则》,[北京]社会科学文献出版社 2003 年第 277 页)。吉登斯同时认为,社会学要研究的或者说是要关注的领域的社会世界还是一个知识的世界。因为,在最普遍的意义上说,组织的无处不在与现代性文化中的历史性(historicity)密切相关。历史性意味着用历史去创造历史(using history to make history)。社会世界并非按其本来面目得以接受的,有关世界的知识的累积在本质上是可重塑的。当这一看法成为系统再产生(system reproduction)的推论基础时,我们就找到了"组织文化(organizational culture)"的核心(安东尼·吉登斯:《社会学方法的新规则》,[北京]社会科学文献出版社 2003 年第 169 页)。这个世界作为知识世界不仅在本质上是可塑的,而且这个世界是随着社会行动或者实践的推进,或者更直接地说随着行动知识的增加也在不断变化。这种变化很显然的方式就是因为知识类型不同和不同类型的知识的增加和作用的发挥,使得这个社会自然地分裂为日常生活的常识知识世界和社会体系的科学系统知识世界。吉登斯没有关注这种分裂,不管是有意的无意结果还是无意的后果,但都成为吉登斯结构化理论的难以治愈或者是不可疗救的硬伤。

以及显现出来的知识功能上的暧昧状态。

2. 日常生活与制度化

那么,吉登斯为什么又关注具有世界特点的日常生活呢?在吉登斯看来,日常生活与制度化可以实现结构性沟通。认为,各种活动日复一日地以相同方式进行,它所体现出的单调重复的特点,正是我所说社会生活循环往复的特征的实质根基(我想通过这种循环往复特征揭示的,是社会活动结构化了的特征经由结构二重性,持续不断地从建构它们的那些资源中再生产出来)。也就是说,日常生活是吉登斯结构化机制的始点和终点。同时吉登斯还认为,日常生活中本质要素的惯例是例行化行动的基本决定因素。惯例(routine)(依习惯顺为的任何事情)是日常社会活动的一项基本要素。吉登斯指出:惯例主要体现在实践意识的层次上,将有待引发的无意识成分和行动者表现出的对行动的反思性监控(reflexive monitormg of action)分隔开来。加芬克尔(Garfinkel)的"信任实验(experiments with trust)"[①]来自琐碎的背景,但它在所涉及的那些人身上激起的焦虑反

① 又叫"破坏实验"。加芬克尔最著名的"破坏实验"就是"井"字游戏。这种游戏是一种很简单的儿童游戏,游戏双方在"井"字格的交叉点上轮流划"X"和"O"。加芬克尔让他的学生和被试者在下棋时有意将"O"划在"井"字格内,然后记录被试者的反应。加芬克尔在实验中发现:首先,与游戏的构成秩序相违背的行为会立即激发行动者努力将这种行为与"规范"的差距加以"规范化"。被试者一旦发现学生在格内划"O",有的会说"别胡闹,划在线上",而另外一些被试者则说"你在玩什么新游戏吗?"而这两种反应都是力图将"变异行为"重新纳入"规则"框架。其次,当被试者不能通过改变规则("新规则")来恢复秩序的话,就只好产生一个"无意义情境",比如他可以认为学生"疯了","胡闹",通过这种方式来恢复秩序。由于棋类游戏往往具有固定的规则,有些人会认为上面的"实验"只是证明规则在某种条件下会被改变。但加芬克尔其实是在提醒人们注意:当规则被破坏后,人们会如何努力去重建秩序,从而使这种"努力"以及相应的方法、过程"暴露出来"。加芬克尔还研究了自杀中心的验尸官如何为死者分类,波勒纳考察了交通法庭的法官如何根据违章记录和违章者自己的陈述来"重新秩序"等一系列实验性研究。通过这种实验,"有系统地破坏"这些"想当然性",在社会生活的实践局部中引入"混乱",造成"局部失范",只有这样才能发现社会行动的内在组织过程。加芬克尔以及其他本土方法论研究者所做这些实验研究都揭示了:日常生活的实践活动是依赖行动者复杂的技术、方法来完成的,并非可以凭借一劳永逸地解决;而普通行动者也绝非"傀儡",他们在日常生活中有足够的空间运用自身能力来生产、再生产或改变行动的结构(李猛:《舒茨和他的现象学社会学》,载,杨善华主编:《现代西方社会学》,北京大学出版社2002年第56页)。

应却是异乎寻常的强烈。作为行动依据的惯例同社会系统之间的关系也是在日常生活中完成的，吉登斯这样说：联系到时空差距的观点，我们可以考察日常生活的惯例和社会系统的延伸形式二者之间的联系，这二者是在日常生活中产生和再现的[①]。吉登斯还发现，社会生活中的心理机制也同日常生活中的惯例关联，“社会生活日常活动中的某些心理机制维持着某种信任或本体性安全(ontological security)的感觉，而这些机制的关键正是例行化。我想，原因正是在于：那些表面上微不足道的社会生活日常习俗，恰恰主导着对无意识紧张本源的制约，以免比它过多地困扰我们清醒的生活。[②]”

日常生活与制度的关联，实际上可以看作是日常生活世界同社会体系世界的一种关联，在吉登斯的结构化理论中这种关联无论如何是要予以关注的，否则就会降低其学术品质。吉登斯认为，在日常生活连续性中组织起来的实践活动，是结构二重性的主要实质形式。可逆的制度时间既是它的条件，又是它的结果。然而，不能把日常生活的惯例说成是某种“基础”，因为社会组织的各种制度形式是以此为基础，并在它的基础之上构建而成的。正相反，这两者彼此介入对方的构成过程中，同时也都的确介入了行动中的自我的构成过程。所有的社会系统，无论其多么宏大，都体现着日常社会生活的惯例，扮演着人的身体的物质性与感觉性的中介，而这些惯例又反过来体现着社会系统。实际上，吉登斯在这里所揭示的就是社会系统同日常生活的关系，或者说是日常生活常识世界中的构成要素惯例同社会系统之间的一种互链关系。吉登斯显然否定了日常生活与社会系统之间的互为基础的关系，但是却说明二者之间的相互体现的关系。吉登斯还认为：尽管日常生活也许离制度化的时间段很远，但是制度只有在日常生活的环境中逐渐产生和再现。在另一方面，日常行动

① 安东尼·吉登斯：《社会理论与现代社会学》，[北京]社会科学文献出版社 2003 年第 160 页。

② 安东尼·吉登斯：《社会的构成》，[北京]生活·读书·新知三联书店 1998 年第 43 页。

只在涉及活动的制度化模式时才具有连续性。同时吉登斯指出：我们在日常生活中观察到的复杂习俗，不仅仅只是大规模社会制度的表象，而且还是这些制度连续性和稳定性的体现[①]。

既然日常生活同社会体系一样是社会世界的组成部分，那么它也必然具有时间性。这种时间性在日常生活领域中是具有可逆性的，所以吉登斯指出：日常生活具有某种持续性，具有某种流，但它并不具有方向性；所谓的"日常"(day-to-day)这一形容词及其同义语所体现出的，是这里所说的时间只有在重复中才得以构成。相反，个体的生活不仅是有限的，而且不具有可逆性，即所谓"向死而生"(being towards death)[②]。但是日常生活中的惯例则是在时间上可逆的。吉登斯说，无论时间"本身"(不管这东西到底应该是什么)是否可逆，日常生活的事件和例行活动在时间中的流动都不是单向的："社会再生产"、"反复不断的特性"等等用语，展示了日常生活的重复性，展示了以不断逝去(但又持续不断地流转回来)的季节时日的交错结合为基础而形成的惯例。因此，吉登斯评价列维-斯特劳斯的时间观上就给以了正向的肯定。认为，日常生活绵延的运作方式有些类似列维-斯特劳斯所说的"可逆时间"(reversible time)，而这种说法可不是毫无根据的。

日常生活中的语言也同惯例一样建构着日常生活并同社会体系相连。吉登斯说，日常语言中的含混不清表现了它适应社会实践的事实，也表现了实践秩序是根据意义而确立的日常知识[③]。把实践秩

---

① 吉登斯认为这就是为什么以布罗代尔(Fexnand Braudel)为代表的法国社会历史学家既注重"长时段"(long duration)研究，同时又积极面对日常生活中那些似乎毫无意义的琐事的原因。因为吸引他们兴趣的长期的制度历史内含于日常活动的实践惯例中。参见，安东尼·吉登斯：《社会理论与现代社会学》，[北京]社会科学文献出版社 2003 年第 14—15 页。

② 安东尼·吉登斯：《社会的构成》，[北京]生活·读书·新知三联书店 1998 年第 101 页。

③ 这实际上就是维特根斯坦(wittgenstein)抛弃他早先所赞成的语言就是语言所表现的观点后，通过一种非同寻常的方法而获得的发现。日常语言不能转换为科学语言的模拟物。参见，安东尼·吉登斯：《社会理论与现代社会学》，[北京]社会科学文献出版社 2003 年第 14 页。

序看作是日常知识是吉登斯对知识行动论的一大诱导。为什么呢？吉登斯指出：日常谈话之所以不说——在某种意义上也可以说是不可以说——在很大程度上是不得不取决于信任。这对于我们大多数人来说是次要的。但想一想，假如没有人们共同认可的无须言语表达的交往惯例，日常的社会世界将会是什么样子？也就是说，由个体相互作用所组成的社会领域，看作是受不同背景影响的一种威胁。在交往中，我怎样才能确定对方对我不隐匿恶意？甚至最无恶意的姿态也具有某种潜在的威胁①。我认为，在日常活动中安全感的由来和威胁感的驱除，实质上都取决于行动者在日常生活中所积累的有关惯例甚至包括创新行动模式的知识，所以实践秩序也就在实质上表现了一种根据行动意义而确立的日常知识。这种知识在实际的日常生活中既是可以言说的——不管这种言说是多么含混不清——也可以是在默会的或者说只做不说的存在在实践意识之中的。我在这里可以对吉登斯的观点做出进一步的发挥：不仅实践秩序是一种根据行动意义而确立的知识，而且实践本身也就是知识，这种知识不仅仅存在在实践意识中，而且还存活在行动过程中。实践的过程当然是行动的过程，这个过程的发出是以知识为基础的，或者说言止前的行动筹划阶段是以知识为基础的，或者说实践意识中承载了行动知识；而行动过程则也同样包括了知识的调用过程和知识的评价过程，这种发展的观点不仅适用个体行动者而且适用抽象行动者（社会行动者而不是社会行动者）。同时我还认为，实践秩序不仅是依据行动意义而确立的日常知识，而且是以这种知识为基础的行动结果②。

---

① 安东尼·吉登斯：《社会理论与现代社会学》，[北京]社会科学文献出版社 2003 年第 14 页。

② 吉登斯指出：维特根斯坦（wittgenstein）所提供的实际上是一种实践理论，一方面在日常语言的使用背景中给予阐释，同时也在日常生活的普通实践中予以设定（安东尼·吉登斯：《社会理论与现代社会学》，[北京]社会科学文献出版社 2003 年第 67 页）。实际上，我评价，维特根斯坦所提供的理论应该是一种日常行动的理论，因为这种理论更多地讨论日常生活同行动或者实践的关系。

3. 生活制度的维度

从个体行动者所在的生活世界领域进入到社会系统的世界之中或者说把个体行动者放到社会体系的领域中进行考察，吉登斯是从日常生活同生活制度、生活风格以及生活规划的关系进行阐述来实现或者完成的。为此，我要对日常生活本意(义)评述的基础上，对吉登斯的日常生活与生活制度、生活风格以及生活规划的关联以及这种关联同行动的关联[①]放入知识行动论的视阈(visual threshold)中进行考察。

在吉登斯看来，生活制度是社会制度化的一个重要内容，也是联系惯例行动和社会体系的一个环节。那么何谓生活制度呢？吉登斯这样解释，"生活制度(regimes)是与身体特质的维持与保养有关的对行为方式的调整。[②]"我要对此进行解释。(1) 生活制度是同行动者的身体相关的，也就是说生活制度所涉及的起点是行动者的身体。在吉登斯看来，生活制度是围绕着身体建构起来的。就吃的行动方面来说，吉登斯认为，饮食习惯自身是仪式表演，但可能也指明了个体的背景以及其所培育的自我意象。饮食制度也有其病理学，并且与种种持续的身体惩戒的积极强调相联系。包括禁食和其他形式在内的身体剥夺的禁欲主义，通常与对宗教价值的追求相联结，正如遵循某种普遍形式的身体养生方式一样[③]。在穿的方面也存在制度化要素，所以吉登斯指出：自我装扮的生活制度也类似地与关键的人格动

---

① 吉登斯认为，日常社会生活场域中的"正在进行"包含社会互动中所有参与者持续而不间断的工作。参见，安东尼·吉登斯：《现代性与自我认同》，[北京]生活·读书·新知三联书店1998年第67页。

② 安东尼·吉登斯：《现代性与自我认同》，[北京]生活·读书·新知三联书店1998年第274—275页。

③ 生活制度之所以对自我认同具有中心的重要性，不是因为它们把习惯与身体的可见外表方面联系起来。在更为个人的层面上，对身体资源的自我剥夺，在所有形式的社会中，那是心理失调的惯常特征，即它们与放纵一样。同样的评论也适用于性生活制度。在某些宗教秩序中，独身是一种受赞赏的身体拒绝的形式，但它也可能像种种性迷狂一样是人格困难的表现。参见，安东尼·吉登斯：《现代性与自我认同》，[北京]生活·读书·新知三联书店1998年第69页。

力相联结，穿着是自我表演的一种手段，但就个人的自传而言，它也与隐藏和显露直接相关，即它把习俗和认同的基本方面联结起来了。(2) 生活制度同行动的动机有关。吉登斯指出：生活制度与“行进”的正常惯例不同。所有的社会惯例需要对身体加以持续的控制，而生活制度则是领会的实践，它对机体需要加以严密控制。除了穿着的部分特例之外，不论它们获得什么符号因素，生活制度总是受机体的生理品质的强化。生活制度专注于满足与剥夺，因此也是动机能量的焦点，或者如弗洛伊德所清晰阐明的，它们是对现实的无意识调适的开始。个体作为行为习惯而建立的生活制度的形式，成为行为的无意识条件因素，并且与持久的动机形式相联结。吉登斯把生活制度同行动动机联系起来进行考察是有意义的，生活制度是默含于心的，而建立在生活制度基础之上的行动动机也是一种无意识形式的表现。(3) 生活制度是个人与社会共同建构的结果。吉登斯指出：生活制度是自我惩戒的模式，但不是由日常生活中习俗的秩序所单独构建而成的；它们是个人的习惯，部分地依据社会习俗被组织而成，但也依据个人倾向性和气质而得以形成[①]。在自身而又走出自身就是生活制度的本义。(4) 生活制度是行动的结果尤其是日常生活世界中普通行动者惯常行动的结果，同时生活制度还是惯常行动本身。因为这种制度实际上是行动者对自己行动方式的一种调整行动，所以这种调整行动尽管在日常行动中不是经常性行动，但是它的意义显然要比日常行动明显得多。(5) 生活制度蕴涵了知识行动的要素，因为生活制度是日常生活行动知识的积淀，这种制度的形成遵循社会制度化的整体法则，所以可以把生活制度看作是日常行动知识的化成。同时生活制度本身作为日常行动方式的调整也是以日常惯例和日常知识为基础的。所以日常生活制度，尽管吉登斯没有赋予知识学的含义，但是这种含义还是很明显的。

① 安东尼·吉登斯：《现代性与自我认同》，[北京]生活·读书·新知三联书店 1998 年第 68—69 页。

4. 生活风格的知识性意义

在吉登斯的日常生活世界里，生活风格的讨论是重要内容。在没有讨论吉登斯对生活风格的观点之前，我要提出几个问题以提醒我自己在分析时奠定思路。这些问题是：生活风格是常识世界的行动样式吗？如果是一种个人选择而且又制约个人行动选择的行动样式，那么这种样式在多大程度上是同知识行动者有关？生活风格的形成和选择喻含了什么样的知识成分？在这些问题的基础上我开始讨论吉登斯的生活风格与行动样式之间的关系论述。

什么是生活风格？生活风格可以界定为个体所投入的多少统一的实践集合体，不仅因为这种实践实现了功利主义的需要，而且因为它们为自我认同的特定叙事赋予了物质形式①。从形成上说，作为实践集合体的生活风格是生活制度化的结果，最直接的是个体行动者例行性社会行动的结果，这种结果实质上也体现了知识的形式和常识走出行动者自身的表现。所以，即便是我个人的生活风格实质上是我行动的结果或者更直接地说是我作为选择行动流的结果，而这种选择行动显然同我的知识结构和行动结构中的知识构成有直接关联。所以我把生活世界中生活风格看作是特定的行动样式和日常知识的物化形式。当然这种说法不是吉登斯的，而是对吉登斯的延伸，这种延伸就是知识行动论的意义所在。所以，尽管生活风格是建立在个人基础上的但是又是超越个人的，然而我还是要提醒：透过生活风格的实在才能凝视超越生活现实的意义。所以吉登斯也提醒：生活风格的观念显得琐碎，因为我们常常仅依据浮浅的消

① 吉登斯说：生活风格这个词是反思性的一个有趣例证。这个概念实际的影响来源于马克斯·韦伯的“生活风格”概念，再加上韦伯术语中“地位”的使用，就逐渐变成了日常语言中的“生活风格”这样的概念(安东尼·吉登斯：《现代性与自我认同》，[北京]生活·读书·新知三联书店1998年第92页注)。同时吉登斯还提醒：不要仅仅从消费主义的立场来观察生活风格，但比这种概念所暗示的更为根本的事件正在发生：在高度现代性的境况下，我们所有人不仅追随生活风格，并且在重要的意义上被迫如此，我们没有选择但不得不选择。参见，安东尼·吉登斯：《现代性与自我认同》，[北京]生活·读书·新知三联书店1998年第92页。

费主义来考虑它，如，由漂亮的杂志和广告图像所暗示的生活风格①。

就生活风格同传统的关系来说，一般认为生活风格同传统的承继有关，但是吉登斯不这样认为。吉登斯指出：生活风格这个术语，并不适用于传统文化，因为它隐含在多种可能的选择中的选择，并且因为它是“被采用的”，而不是“被传承的”。我对吉登斯的这种说法事实上也有疑义，原因在于：生活风格是不可能“去历史化”的。如果说生活风格是给定的，那么作为行动者也就只能对此进行选择。那么我就暂且把生活风格看作是给定的和可选择的，但是问题依然存在：是谁给了我这种行动样式？我怎么来选择这种行动样式？或者这样提问更能说明问题：我所选择的生活样式同我的父母无关吗？我所选择的生活风格同我的记录过去的经验无关吗？我的生活经历证明——我希望读者也能证明：作为行动样式的生活风格同自己的过去有关，同自己的父母有关，或者说生活风格是个生活断面，但是它有十分明显的历史性。

吉登斯强调：生活风格是惯例化的实践，这类的惯例会融入到衣食习惯、行动方式以及为与他人会面而设计的舒心环境中；但接下来的惯例就会依据自我认同的变动性而反思性地接纳改变。所以，个人每天所做出的每个小小的决定，吃什么、穿什么、如何工作、晚上与谁约会，对于种种惯例的形成均有影响。所有的这些选择（以及更大、更为重要的选择），不仅仅是有关如何行动的决策，而且还是有关谁在做出这些决策的选择。个体所生存的情境愈是后传统的，生活风格就愈多的关涉自我认同的真实核心，即它的生成或重新生成②。因此，我的一切都对可以类化的生活风格之生成或者重新生成有意义。

① 安东尼·吉登斯：《现代性与自我认同》，[北京]生活·读书·新知三联书店1998年第92页。

② 安东尼·吉登斯：《现代性与自我认同》，[北京]生活·读书·新知三联书店1998年第92—93页。

生活风格作为一种类型的行动样式显然受到多种因素的影响，当然也受到生活领域之外的行动样式影响。生活领域之外的工作领域不同于生活领域，吉登斯认为，生活风格的观念常常被认为尤其可运用于消费领域。但是吉登斯也指出：仅仅固化在消费领域显然是有问题的。尽管工作领域确实受经济强制的主宰，而比之非工作的场合，工作场所中的行为风格更少臣服于个体的控制。虽然这些差别显然地存在，但我们不能假设，生活风格仅仅与工作之外的活动相关。工作强烈地制约韦伯意义上的生活机遇，而生活机遇必须要依据潜在的生活风格的可利用性才能依次得到理解。但工作决不与多重选择的活动场所完全分离，而在极度复杂的现代劳动分工中，工作选择和工作环境形塑着生活风格定向的基本因素①。所以，我认为，工作风格实际上融进了生活风格的内容，而生活风格也当然受到工作风格的多重影响。在工作中，正如在消费领域中一样，对所有从传统活动场合的控制中解放出来的群体而言，存在着多元的生活风格的选择。群体之间生活风格的差异，也是分层的基本结构性特征，而不仅仅是生产王国中阶级差异的"结果"。多元的生活风格体现了社会分层，也是社会不同阶层的行动样式的表现和知识分配的社会化后果。所以不同群体在选择生活风格的时候是受到知识社会分配和社会阶层化的影响。吉登斯更加直接地说：生活风格的选择或创造受群体压力、角色模式的可见性以及社会经济场景的影响②。

生活风格既然作为行动者所建构和选择的一种行动样式当然地同行动环境有关联。所以吉登斯强调指出：生活风格尤其依附于特定的行动环境，并且也是这种环境的体现。吉登斯还认为，生活风格

① 安东尼·吉登斯：《现代性与自我认同》，[北京]生活·读书·新知三联书店 1998 年第 93 页。

② 安东尼·吉登斯：《现代性与自我认同》，[北京]生活·读书·新知三联书店 1998 年第 93—94 页。

的创造性建构,成为行动情境的独具的特征[1]。因此,在可能的选择对象的范围内,生活风格的选择常常是沉浸在这些环境中的种种决策。在日常生活的进程中,因为个体典型地游离于不同的环境或场所之间,他们也许在这些情境中感到不适,以致把自身的生活风格置于疑问之中[2]。当然我的解释更具有知识行动论的意味:因为行动环境的变化意味着旧有环境中存活的社会资本或者更直接地说是成功行动所依赖地方性知识出现了断裂,所以已有生活风格的保存就会出现困难,因而生活风格的选择实际上是同行动短暂时或(和)持续性的场域关联一起,这种选择实质是一种地方性知识的调用过程。一旦手头的地方性知识缺失,作为行动样式的生活风格的选择就被置入到困难的境地。这种情形就是伯格(Berger)所说的"生活世界的多元化"。吉登斯指出,这种生活世界的多元化现象导致生活风格分区。所以吉登斯提出了生活风格区(lifestyle sectors)和生活风格存在时空"片段"(slice)的概念。这两个概念就很能说明生活风格的选择同区域的关联。吉登斯认为,由于多重行动环境的存在,生活风格的选择和活动对个体而言经常是分割的:在一种场域中所遵循的行动模式,其他场域中所采用的模式有不同程度的实质性变异。这种对行动样式来说具有实质性变异的行动区域分割,就是吉登斯所称的生活风格区(lifestyle sectors)。一个生活风格区关涉个体全部活

---

① 吉登斯这样认为:对所有的个体和群体来说,生活机会制约生活风格的选择(我们应该记住,生活风格的选择总是经常地被主动用于强化生活机会的分配),从压迫情境中解放出来,是拓展某种生活风格选择的范围(参看第7章"生活政治学的兴起")的必要手段。即使社会地位最为低下的人,今天也生活在由现代性的制度因素所充塞的情境中。受经济剥夺而被推翻的可能性是不同的且被体验的形式也是不同的。作为可能性,它与被传统的框架所排除的形式也有差别。并且,在这些贫困的环境中,传统束缚的崩溃比其他地方甚至还更为彻底。结果,生活风格的创造性建构,成为这些情境的独具的特征。通过详细阐述贫民窟生活的抵抗形式以及社会上层文化风格和活动模式,对以重现生活风格的习惯。参见,安东尼·吉登斯:《现代性与自我认同》,[北京]生活·读书·新知三联书店1998年第97—98页。

② 安东尼·吉登斯:《现代性与自我认同》,[北京]生活·读书·新知三联书店1998年第94页。

动的一个时空“片段”(slice),其中,一致而有秩序的实践集合被引用和实施。生活风格区是种种方面的活动的地域化(regionalization)。例如,一个生活风格区能包括某人在一周的某个晚上或周末所做的事,这与该周的其余部分相对比,一份友情或一个婚姻也可成为一个生活风格区,只要通过超越时空特异形式的行为选择,它能内在地紧密联系在一起①。所以,不同的行动样式(模式)体现了不同的生活风格,不同的知识域界也体现了不同的生活风格。

同时,作为行动样式或模式的生活风格还具有某种统一性,这种统一性就会形成总体性的生活风格形式。吉登斯指出:总体性生活风格形式,与日常生活中甚至长时的策略决策中可供选择的多元性相比,其多样性要小得多。生活风格包含一组习惯和定向,因此具有某种统一性。这种统一性对持续的本体安全感是重要的,它以多少有秩序的形式与种种选择相连。沉溺于预先设定的生活风格的个体,一如与之互动的他人一样,必然会把众多选择看成与之“不相称的”。所以,应该劝慰行动者不要沉溺于预先设定的生活风格。

5. *作为选择行动样式的生活规划*

在日常常识世界中生活规划尽管包括的范围要比舒茨所说的行动筹划小一些,但是我认为意义是一样的。这里的意义不仅对吉登斯结构化理论的建构有意义,更重要的是对知识行动论有意义。因为,无论对生活做出怎样的规划,其规划的基础都是日常世界中的常识性知识,这些知识也就当然地成为了生活规划的依据和基础。那么这时,我也就可以说生活世界的行动者的行动依然是以知识为基础的和知识内涵在行动之中的。因此,这就是生活规划的知识行动论意义。通过对吉登斯的生活规划的讨论,知道吉登斯并没有这样说,但是从概念的提出到概念的分析可以隐隐约约感觉到丝丝线索。

吉登斯把生活规划看作是依据个人经验性知识而动员起来的为

① 安东尼·吉登斯:《现代性与自我认同》,[北京]生活·读书·新知三联书店1998年第95页。

未来行动做出准备的手段。也就是说,生活规划不仅同行动的实践性有关,同时也同以往行动的经验相连。吉登斯这样说:在替代性生活风格选择的世界中,策略性的生活规划变得特别重要。和生活风格的形式一样,种种生活规划也是后传统的社会形式不可避免的相伴物。生活规划是反思组织的自我轨道的实质内容。生活规划是依据自我的个人经历而动员起来的、准备未来行动进程的手段①。

生活规划本身就连接了时间性问题,所以吉登斯把生活规划看作是一种安排时间的特定模式。指出:生活规划预设了安排时间的特定模式,因为自我认同的反思建构依从于对未来的准备,同样也依从于对过去的解释,尽管对过去事件的"重新构造"在这个过程中总是重要的②。依赖对过去的解释对未来做出规划③,实际上是一种日常生活世界的重要的行动过程,正是在这个过程中过去才得以保存和对现在以及未来产生影响,不需要经过仔细地思考就可以得出这样的结论:这个过程实质就是日常生活世界中的普通行动者运用常识知识④来建构自己生活的过程,进而建构日常生活世界的过程。

在生活风格的选择即是日常行动样式或模式的选择以及日常生活的规划表面上看来是日常行动者的依照行动知识自由选择和设

---

① 为了说明生活规划对日常行动的意义,吉登斯使用了"生活规划日历(life-Plan calendars)"这个概念。吉登斯指出:个人日历或生活规划的日历(life-Plan calendars)与所把握的个人的生命周期的时间相关联。在个体生活中,个人日历是有意义事件的定时工具,以在个人化的年表中插入这些事件。与生活规划一样,依据个体场景或心智框架的改变,个人日历典型地受到修正和重建。参见,安东尼·吉登斯:《现代性与自我认同》,[北京]生活·读书·新知三联书店 1998 年第 96 页。

② 安东尼·吉登斯:《现代性与自我认同》,[北京]生活·读书·新知三联书店 1998 年第 97 页。

③ 应该说,这个过程是个十分复杂的过程,因为行动者在应用过去经验对未来生活规划的时候,以经验形式存在的过去有可能被行动者重新建构。但是对我来说,不管利用过去的经验进行设计或规划未来的时候,还是同我同我们关系的世界以及同我们之外的他者关联,都是很有意义的。这里的意义就是吉登斯想说但是没有说出舒茨已经说出的意思。

④ 这里所使用的知识应该说不是单纯的常识知识。我认为,不管行动者在设计生活或者规划生活的时候所使用的知识多么复杂,但是基本上是以常识知识的形式出现的。因为即便是科学知识在生活规划中发挥作用,也是科学知识常识化后的应用。

计，也就是说在日常生活的世界中，日常行动者对自我生活世界的建构的能动性是显现的。所以吉登斯指出：生活风格的选择和生活规则不仅仅是"在"社会能动者的日常生活之中，或者是其建构的因素①。然而，这仅仅是故事的一半，而且是充满精彩和激情的一半。要把故事讲完，必须要接着听另一半的故事，而且还要提醒观众，后一半——确切地说应该是前一半故事——听起来就有些无奈和悲惨——完全是一部《悲惨世界》。吉登斯说：考虑一下一个黑人妇女的情况，假设她是几个孩子的单亲家庭的家长，生活在内城的贫困的境况之中。也许会假想这样的人会以极端嫉妒的眼光看待特权者所采用的选择。因为对她而言，只有日常十分的单调乏味的劳作，其活动的进行是在严格限定的范围之内：她没有机会去遵循不同的生活风格，也不能规划其生活，因为她受外在约束的主宰。所以，吉登斯认为这种生活风格的选择和生活规划的设计还形塑着有助于塑造其行动的制度场景。这，部分解释了为什么在高度现代性的情境中它具有相当普遍的影响，不论特定个体或群体的社会情境的客观局限性如何②。

三、行动情境：行动的时空结构分析

行动的制约在吉登斯的理论中是重要内容，在所有制约因素中时空是最主要的客观制约因素。所以，吉登斯在其结构化理论中，对时空影响行动对社会建构中的地位给予了很大的关注。吉登斯指出：对情境或者说互动的情境性的研究，是分析社会再生产的内在组成部分③。吉登斯认为，以往的社会学尤其是社会理论中很少考虑到

① 安东尼·吉登斯：《现代性与自我认同》，[北京]生活·读书·新知三联书店 1998 年第 97 页。

② 安东尼·吉登斯：《现代性与自我认同》，[北京]生活·读书·新知三联书店 1998 年第 97 页。

③ 安东尼·吉登斯：《社会的构成》，[北京]生活·读书·新知三联书店 1998 年第 409 页。

时空的重要性并对此加以解释，吉登斯批评了共时性和历时性的区分，主张打破社会学、历史学和地理学的界限建构社会理论。我认为，吉登斯这些思想都是有意义的，也是需要好好评析的。但是我最关心的问题则是行动的时空分析对知识行动论的意义。知识的分布、知识的社会性分布以及知识的历史性的社会分布可能是我最感兴趣的问题。尽管我在这里不可能尽情地阐述知识的地方性与行动的某种关联，但是我相信能够从吉登斯的描述中获得一些联想和启发。

1. 行动情境

情境性(Contextuality)是行动的基本特色，或者说情境是行动存活的基本条件。吉登斯说，所有的行动都是在情境中进行的，对于任何一位既定的行动者来说，这些情境都包含了各种各样的因素，这些因素既非行动者本人一手造成的，他也不能充分地控制这些因素。行动情境的这种使动性和制约性都既包括物质现象，也包括社会现象。就社会现象而言，我们有必要强调指出，对于某个人来说，社会环境的某个方面是可以控制的，但换了别人，这个方面就只是“降临在他的头上”，而他本人却不能对此有所作为。社会分析者许多十分精细微妙、发人深省的地方，往往与此有关[①]。在吉登斯看来，行动情境包括的主要要素有：(A) 围绕互动片断形成的时空边界(一般具有符号标志或物理标志)；(B) 行动者的共同在场，这一点使行动有彼此可以观察到对方复杂的面部表情，身体姿势，语言和其他沟通媒介；(C) 觉察到上述这些现象，并能够反思性地利用这些现象来影响或者控制互动流[②]。由行动者情境性的要素的特性所规定行动或者说是行动者同情境的关系并非是被动关系，一般把情境看作是行动的制约因素，实质上情境本身就是行动的结构性要素。所以吉登斯特别

① 安东尼·吉登斯：《社会的构成》，[北京]生活·读书·新知三联书店 1998 年第 487 页。

② 安东尼·吉登斯：《社会的构成》，[北京]生活·读书·新知三联书店 1998 年第 409—410 页。

强调指出：互动的"情境"概念就包括时空的联系。情境并不只是互动的被动的背景。相反地，行动者将情境组合为他们行动的场所，利用其中的特征来调整他们自身的行动[①]。即便是行动者在以各种物理环境为内容的情境中进行行动，那么当行动者在互动中彼此相互作用时，这些环境的特性和行动者自身的能力也相互影响。

在宏观的行动情境讨论中，我要评论吉登斯的行动者的语境和行动的危机情境两个概念式思想（关键词）。

首先，考察吉登斯的行动者语境与行动意义的关系。吉登斯本人这样交代讨论行动情境与行动者语境问题的缘由："在谈及行动的情境性时，我打算修正在场与不在场之间的区别。人类的社会生活也许可以依据个体在时空中的'移动'——既联系到行动又联系到语境——与相互区别的不同语境之间的关系来理解。[②]"对行动意义认定或理解通过了解行动者言行语境来进行。那么，如何把握语境呢？吉登斯提议：语境不应通过一个与众不同的行动片段来确定。那么应该通过何种手段或方式确定或把握呢？吉登斯提出："共同（有）知识（mutual knowledge）[③]"是把握语境的方式，通过应用共同（有）知识把握互动的另一方在想什么、说什么和做什么。所以，我认为，在谈及语境的时候就更加直接地和迫切地触指到行动的知识问题，因为语境构成了行动的"背景"（setting），行动者例行地利用其性质来确定做什么以及彼此之间说什么。对这些行动背景的共同认识构成了"共同（有）知识（mutual knowledge）"中的定位因素，而行动者是通过"共同（有）知识"来搞清楚别人在说什么和做什么的。

我认为，在共同（有）知识的功能上，不仅使我可以了解知晓他人

---

① 安东尼·吉登斯：《社会理论与现代社会学》，[北京]社会科学文献出版社 2003 年第 160 页；安东尼·吉登斯：《社会的构成》，[北京]生活·读书·新知三联书店 1998 年第 160 页。

② 安东尼·吉登斯：《社会理论与现代社会学》，[北京]社会科学文献出版社 2003 年第 106 页。

③ 共同（有）知识的提出是一个非常有意义的事情，尽管这种知识来源于舒茨的库存的手头知识。我将在适当的时候专门分析和讨论有关共同（有）知识的问题。

(互动的对方)的想什么、在说什么、在做什么,而且对自己也是适用的。作为行动和互动背景的语境分布于时空之中,而且在日常活动的"可逆时间"中再生。所以,吉登斯指出:行动的意指被假定为是渗透(saturated)于实践行动的背景之中的。如果没有社会实践的渗透性和再生性本质,语言中所产生的意义将不会存在。无论在背景的秩序化还是在对这种背景的反思性口述交流方面,时间化和空间化对于意义的产生和延续来说都是基本的。

有这样的清晰观点:语境承载的意义或者是在语言中所产生的意义取决于行动本身的特性。所以照我的观点,如果没有行动对语境的渗透性、再生性以及内卷化,不可能有共同(有)知识的产生,也当然不能在构成行动本身的语境中产生意义。吉登斯指出:谈话这种在日常社会生活背景中发生的不经意的相互交谈,构成了所有语言使用的更精细和形式化面貌的基础。谈话,通过语境的索引性和行动者用来创造一个"有意义的"社会世界的"方法论策略"(methodological devices)发生作用。那么,这里,到底索引性所指涉的内容包括哪些部分以及这些部分之间具有什么关系呢?索引性被吉登斯看作是使用背景以产生语境自由,(context—free—dom)①,

① 加芬克尔发现的自然语言和实践活动的一个重要特点。沟通结果以及所有社会行动都依赖社会成员对语言和行动的意义拥有共同但又无需申明的假设和知识。索引性一词来源于语言学,它所表达的意义是不同的句子在不同的语境中有着不同的意义,从而研究句子与语境之间的关系。加芬克尔把它借用到社会学对日常行动基本结构的社会学分析当中,扩展了索引性在语言学中的原义,从而把它作为实践行动的基础性属性。也就是说,日常行动所具有的一些属性或特征或多或少地都源于行动的索引性。所以有些学者甚至将"索引性"看作常人方法学的第一特征。莫汉等人认为索引性表达是指沟通结果及所有社会行动的一个特点,即都"依赖对意义的共同完成且未经申明的假设和共享知识"。乔纳森·特纳在《社会学理论的结构》中认为:互动双方收发的姿态、暗示、言辞和其他信息,在特定的情景中自有其意义,如果没有一点关于这一索引的知识——互动各方的交往,他们声明的目标,他们过去的互动经验,那么,很有可能会错误的解释互动个体间的符号交往,这一点用索引性来指称。即便是加芬克尔本人也把索引性看作是在本土方法论中居于核心地位的一个重要概念。实际上加芬克尔创设本土方法论也同行动的索引性密切相关。加芬克尔曾说过:"我使用常人方法学一词,就是用来指对日常生活中有组织、有技艺的实践所产生的作为权宜性的、正在进行的成果的索引性表达和其他实践行动的研究(**H·Garffinkel.** ***Studies in Ethnomethodology*****. Englewood Cliff, N. J.: Prentice-Hall, Inc. 1967: 11.**)。" (接下页)

类似于在意义的创造过程中针对特定的时间和地点使用明确的项目(items)[①]。吉登斯还认为,意义的产生并不像结构主义和后结构主义所说的那样,而是通过方法论策略的使用而得以产生和维系的。所以,吉登斯不仅改变了加芬克尔行动索引性的内容也改变行动索引性的功能。通过行动索引性特别是语境索引性以及行动者的建构意义的方法的使用,所形成的方法论策略就成为了意义产生的条件。因此,吉登斯指出:意义并没有被建构到符码或者与语言相联系的差异中去。附加从句、明确的陈述和其他方法论策略情境性地(contextually)将意义组织了起来。一个有能力的语言使用者不仅仅掌握了成套的造句法和语义的规则,而且还有社会行为日常语境中的"举动"所涉及的全部惯例[②]。我对吉登斯语境思想的延伸是:在一定情境中的行动组成的言行的时空性关联就产生了语境。这种语境,不仅在产生上而且在使用上都具有行动者和匿名行动者的知识性特征,在什么样的情境中(场合或者场景)——在什么样的时间里和什么样的地方上——想些什么、说些什么和做些什么都同这时的过去的或者想象将来的经历性常识有关,都同自己的他人的经历性常识知识有关。所以,索引性成为行动的一种时空结构。

危急情境(critical situations)是吉登斯在分析行动情境时所关注

(接上页)加芬克尔在讨论行动索引性时,具体区分了索引性表达(indexical expressions)和客观性表达(objective expressions)两个概念及其效益。在加芬克尔看来,索引性表达就是使用特殊的和具体表现形式来指称实践行动中特定的成员、地点、实体、时间和事件等对象,这种表达实质上是同行动的场景性连接在一起,也就是说这种表达的意义内容和有效性取决于构成行动内在要素的情境状况,在这个意义上就指明了情境决定索引表达的意义和有效性。客观性表达是同索引性表达相对应的一种表达方式,这种表达主要指涉的是行动过程中事物的客观性方面所具有的普遍特征,这种表达所指涉的内容是普遍的和客观的,它不受行动的具体情景所影响或所制约,不受描述对象的影响和制约,也就是它不依赖于描述对象的特殊表现形式的背景关系,不受到行动情景所制约。

① 吉登斯在这里有意地改变了加芬克尔的行动索引性意义,而且认为,索引性不应借助语境来识别(安东尼·吉登斯:《社会理论与现代社会学》,[北京]社会科学文献出版社2003年第106页)。这样实质上就是颠覆了加芬克尔以索引性为基础的行动理论。

② 安东尼·吉登斯:《社会理论与现代社会学》,[北京]社会科学文献出版社2003年第107页。

的一个重要问题，所以我在此也加以讨论。我更多关注的是知识与行动的这种危机情境的关系问题。什么是危机情境呢？吉登斯这样说："我所说的'危机情境'，意思是指发生不可预见的剧烈断裂的情境，影响到为数可观的个体，威胁乃至破坏了制度化例行活动的确定性。[1]"习惯性活动方式受到焦虑的全面扰乱，而基本安全系统无法充分地遏制焦虑，这在吉登斯看来就是危机情境的一个显著或者说是鲜明的特征。在危机情境下，对行动环境的可预见性会遭到很大的破坏，从而严重地影响到行动者的行动[2]。在对危机情境的关注中吉登斯所采用的理论视角是社会心理学。吉登斯指出：我在关注这一点时，并未将重点放在分析这类情境的社会根源上，而是着重考察它们的心理后果[3]，探究这些后果对社会例行生活整体而言究竟意味着什么。那么吉登斯为什么要研究这种危机情境呢？吉登斯说，例行常规在危机情境中往往遇到相当程度的破坏，我试图通过分析这些情境，揭示出这样一个事实，即对共同在场情境下日常接触的反思性监控，通常总能与人格中的无意识成分相互协调[4]。吉登斯认为，生活中的例行常规被扰乱，并且遭到持续不断的蓄意攻击，从而引发了

① 安东尼·吉登斯：《社会的构成》，[北京]生活·读书·新知三联书店 1998 年第 134 页。

② 日常社会生活在正常情况下包含着某种本体性安全，它的基础是可预见的常规以及日常接触中身体方面的自主控制，并随着具体情境变化和个体人格差异而在程度上有所不同。在日常生活的可逆时间中，个体遵循着例行化的活动路径，这种例行化特征的"发生"，须由个人在共同在场情境下维持的各种对行动的反思性监控来"引发"。基本安全系统无法充分地遏制焦虑，以防止焦虑"浸没"习惯性活动方式，这是危机情境的一个鲜明特征。参见，安东尼·吉登斯：《社会的构成》，[北京]生活·读书·新知三联书店 1998 年第 137—138 页。

③ 意思是说，个体的生命过程，或者说"周期"，即活动的绵延，是与制度的长时段相互交织的。对于具体个人或人群来讲，正是这种交织关系的性质使危机情境本身被纳入社会生活的例行性。个体自出生伊始，以死亡告终，其间不断经历的各种过渡仪礼（rites passage）正是诸多危机的典型标志。不过，即使这些情境对个人来说是非连续性的，其实还是构成了社会生活连续性的内在组成部分，从而往往体现出明确的例行化倾向。

④ 吉登斯认为，对某些有关共同在场的行动者之间互动的情境的深刻见解，源于戈夫曼对这一问题的研究。参见，安东尼·吉登斯：《社会理论与现代社会学》，[北京]社会科学文献出版社 2003 年第 109 页。

某种高度的焦虑,“剥离”了身体控制的安全感和社会生活的某种可预期框架联系在一起的社会化反应。在行为模式的不断退化中体现出焦虑的突然高涨,由于无法信任他人,以这种信任为基础的基本安全系统也就受到了威胁。有些人对这些压力缺乏应付能力,也就这么屈服并被淹没了。有些人则能够维持最低限度的控制与自尊,从而幸存了较长一段时期。但到最后,至少在大多数老犯人那里,发生了某种“复社会化①”(resocialization)过程,重新建立起某种(有限且极其含混的)信任态度,包括对权威形象的认同,首先是焦虑被强化,再是退化,然后是重新建构典型的行为模式,这种顺序也会出现在其他一些颇有差异的危机情境之中。比如在遥无止期的战场上置身炮火之下,在监狱见到遭受强行讯问拷打,以及面临其他一些压力极大的情况时,都会表现出与此类似的反应顺序。吉登斯还认为,在普通的社会生活里,行动者在动机激发之下,乐意维持得体的交往,进行各种“弥缝”活动。之所以存在这些现象,是因为社会生活是某种个人自愿参加的相互保护契约。真实情况当然并非如此。行动者可以借助得体的交往这种机制,再生产出“信任”或本体性安全的状况。在这样的状况下,他们可将权力基本的张力纳入一定的渠道予以控制。之所以说日常接触的许多具体方面并非直接受动机激发,道理即在于此。话说回来,要将跨越时空的习惯性实践活动整合在一起,还是得有动机的普遍认同②。那么,危机情境实质上就是行动者的日常知识发生断裂,例性化行动无法绵延,以常识知识为基础的日常行动模式的预期遭到破坏的情况下行动者的权宜性地再生信任和本体性安全的一种情境。也是知识所含有的确定性消失,已有知识在不

---

① 把“resocialization”翻译为再社会化是对社会化思想的一种误解,因为一般意义上的再社会化指的是越轨后强制社会化的一种过程和结果。但是吉登斯这里所说的 resocialization 并没有指涉这种内涵或者说并没有主要指涉这种内涵。实际上, resocialization 就是我所说的“复社会化”。参见,郭强:《大学社会学教程》,[北京]中国时代经济出版社 2001 年有关社会化部分。

② 安东尼·吉登斯:《社会的构成》,[北京]生活·读书·新知三联书店 1998 年第 137—138 页。

确定性情形下失去效能，从而使行动者所面临的一种非常态情境。为什么会出现这种危机性情境，尽管吉登斯在心理学的视角上进行分析，但是社会学的意义还是十分明显的，因为行动者个体的生活是同制度联系在一起的，个体行动与制度模式的交织关系的性质本身就成为了例行性社会生活的组成部分，所以这种危机情境依然是例行性的。因此，日常情境的破坏并没有完全使行动者所习得的知识彻底断裂，经过行动者对经验裂纹的各种“弥缝”，从而修补知识，使行动得以绵延。所以这个过程伴随着知识和行动反思的过程。

2. 行动的时空结构所表征的知识结构

行动的时空结构问题在吉登斯的结构化理论中占有非常重要的位置。如果要系统研究吉登斯的结构化理论就必须考察这种时空结构，但是我并不是把吉登斯的结构化理论作为研究对象，所以对吉登斯的行动时空结构也只能在知识行动论中进行阐述。为此，我所涉猎的问题包括，A. 行动的时空结构同行动者以及共同体的知识结构是否有关联？如果有一些关联，那么这种关联表现在什么地方而且还要追问为什么会有这种关联？B. 行动的时序性与知识的承继性在宏观上是否是同一个过程？行动的空间性同知识的地方性是否是行动所表现的特有属性？我所提出的这两个问题，实质上牵涉了行动论和知识论的关键内容，所以在这里我是不可能完全阐述出来。

（1）行动时空分析的知识要求

吉登斯认为，时空问题是其结构化理论的关键问题，比如要理解制度的结构化问题就必须分析时空关系问题。吉登斯这样说：各种形式的社会行为不断地经由时空两个向度再生产出来，我们只是在这个意义上，才说社会系统存在着结构性特征（structural properties）[①]。在吉登斯看来，时空问题不仅是理解制度结构化的关

① 对历史方法的质疑是吉登斯提出时空问题尤其是时间问题的一个知识起点。吉登斯认为，时空问题成为社会理论的核心问题也就必然重新思考历史学、地理学和社会学的关系，重新思考历史学和地理学甚至社会学的方法以及方法论的可靠性和正当性。吉登斯说：我们可以考察社会活动如何开始在时空的广袤范围内“伸展”开来，从这 （接下页）

键要素， 同时也是社会理论中的核心论题。当然尽管吉登斯在对社会理论核心问题的论述出现有前后不一致的现象，但是从根本上说，吉登斯还在遵从帕森斯对社会理论的传统说法即把社会秩序问题看作是社会理论的核心问题①。而且吉登斯很巧妙地把行动的秩序问题转化为行动的时空结构问题。吉登斯指出：但在我看来，社会理论中的根本问题，即“秩序问题”，就是要解释清楚，人们如何可以借助社会关系跨越对它的“伸延”，超越个体“在场”的局限性②。

但是并不是所有的社会理论家都把时空问题看作是行动的根本属性和社会理论的核心问题。吉登斯评价说：绝大多数的社会学家都不把时空关联看作是社会生活生产和再生产的根基，而是将它们视为塑造出社会活动“边界”的东西，可以放心大胆地留给地理学家和历史学家之类的“专家”去研究③。所以，吉登斯指出：尽管已经有了许多的时间和空间的哲学著作，但是不认为现在已经有了一个有关这些问题的结论，并认为，时间和空间对于社会科学是极为基本的问题。社会科学的研究当然能从这些时间和空间的哲学讨论中收

（接上页）一角度出发，来理解制度的结构化。如果将时空观融入社会理论的核心，就意味着重新思考隔断社会学与历史学、地理学的某些学科分野，这其中历史学的概念的分析方法尤其成问题。确切地说，本书其实是对马克思那里时常引用的一段名言的深切反省。他指出，“人们(或比我们直接用‘人类’这个词)创造历史，但不是在他们自己选定的条件下创造(安东尼·吉登斯：《社会的构成》，[北京]生活·读书·新知三联书店1998年第41页下注)”。参见，安东尼·吉登斯：《社会的构成》，[北京]生活·读书·新知三联书店1998年第40—41页。

① 吉登斯指出了在社会理论中霍布斯秩序问题存在着不同的看法，而且吉登斯的看法也明显地不同于帕森斯的看法。吉登斯说：我们理解秩序的方式，与帕森斯塑造这一用语时的阐述已大为不同(安东尼·吉登斯：《社会的构成》，[北京]生活·读书·新知三联书店1998年第101页)。吉登斯并没有明说这种不同存在于何处，但是我的看法是：吉登斯对行动秩序存在时空结构的重要阐述可能是不同于帕森斯的所在。

② 安东尼·吉登斯：《社会的构成》，[北京]生活·读书·新知三联书店1998年第101页。

③ 由于时间和空间被看作是社会生活的环境，从而时间可能受到历史学家的极大关注，空间可能受到地理学家的极大关注，而社会科学的其他部分则极大地忽略了这些方面。参见，安东尼·吉登斯：《社会理论与现代社会学》，[北京]社会科学文献出版社2003年第155页。

益，因为我们可以有充分的理由争辩说，大部分社会分析的传统已经将康德的时间-空间的观念作为它们理所当然的背景，而海德格尔正是对这一论点做出了卓有成效的批判①。在这种情形下，吉登斯就着力开拓行动的时空结构研究，这种研究不管成效如何，我都可以肯定地说对考察知识行动是有益处的。

(2) 圣・奥古斯汀问题：行动时间性的三个向度

“时间，或者说是经验在时空中的构成，同时也是人的日常生活的一项单调无奇的明显特征。我们能灵活自如地适应跨越时空的行为连续性，都无法在形而上学的层次上言明这一点，从某个方面来讲，时空就成了这两种处境之间的一个‘反差’，这正是时间之所以令人困惑不解的根本所在，也就是‘圣・奥古斯汀(St Augustine)的问题’。②”吉登斯倾向于把时间看作是事件从过去到现在的某种流动。

吉登斯把行动的时间划分为可逆时间(reversible time)和不可逆时间两种类型。这两种时间类型的划分就很巧妙地把时间问题同知识问题连接起来了。我就时间与知识是怎样连接的，进行简要的讨论。

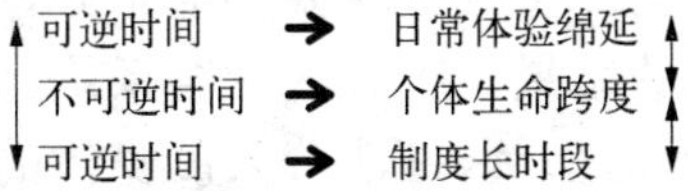

可逆时间	→	日常体验绵延
不可逆时间	→	个体生命跨度
可逆时间	→	制度长时段

图 2.9　吉登斯的行动时间结构模型图

---

① 吉登斯一再强调说：社会理论的研究者们应该并且必须留心哲学家们在这方面的著作，但不能希望从中可以归纳出对于什么是时间和空间问题的“最终的”概念。我们可以先不去注意那些特别深的试图阐明时间和空间的辩论，但应该时刻对其中提出的疑惑保持敏感。参见，安东尼・吉登斯：《社会理论与现代社会学》，[北京]社会科学文献出版社2003年第155页。

② 在《社会构成》的中文版的译者注释中说，圣・奥古斯汀对时间的探询，是西方观念上最为重要的篇章之一(安东尼・吉登斯：《社会的构成》，[北京]生活・读书・新知三联书店1998年第101页下注)。吉登斯本人也指出：空间，尤其是时间具有许多难以言说的特征，但是只有圣・奥古斯汀在其著名的见解中巧妙地把握了这一特征(安东尼・吉登斯：《社会理论与现代社会学》，[北京]社会科学文献出版社2003年第155页)。我认为，吉登斯所阐述的行动时间性和空间性三向度模型实质上承继和发展了圣・奥古斯汀的时空观。

从吉登斯的这个模型中，我们可以看出，就个体而言其存活的时间或者说行动的时间肯定是不可逆的，是一种向死而生（being towards death）。因为时间作为行动的时间实质是身体的时间[①]。我们的生活或者说我们的日常行动伴随着有机体的逝去也会在那不可逆的时间中消逝而去。那么这就是行动时间性的第一个向度。

行动时间性的第二个向度是日常体验的绵延。吉登斯认为，对于由严格时间规则支配的文化，日常生活就是事件和活动的重复。吉登斯说：无论时间本身（不管这种东西到底应该是什么）是否可逆，日常生活的事件和例行活动在时间的流动中都不是单向的。日常生活或者日常行动具有明显的重复性，它以不断逝去但又不断持续流转回来的季节时日的交错结合为基础而形成惯例，所以日常生活世界中的行动具有某种持续性，具有某种流，但是它不具有方向性，日常所体现的时间只有在重复中才得以构成[②]。

日常行动时间性的第三个向度是制度的长期存在，一种超个体存在的长时段绵延（longue duree），就是长时段社会制度的延续。吉登斯对这种时间性向度非常重视，认为在日常生活连续性中组织起来的实践活动，是结构二重性的主要实质形式。可逆的制度时间既是它的条件，又是它的结果。所有的社会系统，无论其多么宏大，都体现着日常社会生活的惯例，扮演着人的身体的物质性与感觉性的中介，而这些惯例又反过来体现着社会系统[③]。对行动时间性三个向度的基本关系，吉登斯指出：应该的是，人类社会生活时间性的三种

---

① 对于身体的时间与边界之关系，吉登斯认为，这种身体的时间是在场的前沿边界，这种边界截然不同于日常行动中持续性中内在的时空消散（evaporation）。参见，安东尼·吉登斯：《社会的构成》，[北京]生活·读书·新知三联书店1998年第102页。

② 安东尼·吉登斯：《社会的构成》，[北京]生活·读书·新知三联书店1998年第101页。

③ 吉登斯指出，不能把日常生活的惯例说成是某种“基础”，认为社会组织的各种制度形式是以此为基础，在时空之中构建而成的。正相反，这两者彼此介入对方的构成过程中，同时都的确介入了行动中的自我的构成过程。参见，安东尼·吉登斯：《社会的构成》，[北京]生活·读书·新知三联书店1998年第102页。

构成形式是不可以分割开来进行个别分析的。日常生活也许离制度化的时间段很远。但制度只在日常生活的环境中逐渐产生和再现。在另一方面,日常行动只在涉及活动的制度化模式时才具有连续性。人类有机体的存在是时间性另外两个方面存在的条件。但是,这另外两个方面不由寿命的时间来产生,而寿命时间却产生于这两个方面[①]。正是由于制度与日常生活在时空上的关联才突现了知识与时空的关联。

说明在行动的结构中时间与知识的连接必须对吉登斯的行动时间性模型进行改造。我的改造是这样的。在行动时间性的第一个向度中,时间是可逆的,正是由于这种可逆性才使得日常生活世界中的行动得以绵延,行动的绵延意味着行动中利用的和在行动中新生的行动者体验性知识走出自身,这种脱身机制也就使具有个体生命特征的行动变得超个体化,也就是说可逆时间产生了匿名化的行动者。匿名行动者脱离具体肉身,从而使行动的经验性知识伴随了这个脱身过程,进入到行动者所处的生活世界中,变成了一种共同知识。所以这种知识不仅保留在产生它的行动者的肉身之中,同时它还走出自身成为共同知识,并且往往经过生活世界其他行动者的改造会再嵌入到具体的行动者中去。在行动时间性的第三个向度中,共同知识的加入使日常生活中的例行性行动制度化,这种制度化的过程是实质上的知识化的结果。吉登斯更是明确指出:正是在行动的制度层面上超越了个体,正是由于个体连绵不断的以遵循日常生活例行化为表征的知识行动才构成了社会。社会何以可能,就是原于这种机制。吉登斯的原话是:"所有名副其实的社会在整体上都超出了个体生命之合,正是这些个体时时刻刻的活动构成了这些社会。人们可以在不考虑个体寿命的情况下,辨别保持和改变哪种更适合于社

① 安东尼·吉登斯:《社会理论与现代社会学》,[北京]社会科学文献出版社 2003 年第 159 页。

会。①"当以行动知识和知识行动为新的研究旨向的社会理论超越个体生命有限性的时候，当这种理论关注以普遍意识为内容存在的共同知识和以例行化为特征的长时段的制度历史的时候，这种理论不仅获得了更加广阔的理论视野，而且承诺了更重要的理论使命，担负了更加强大的理论功能。

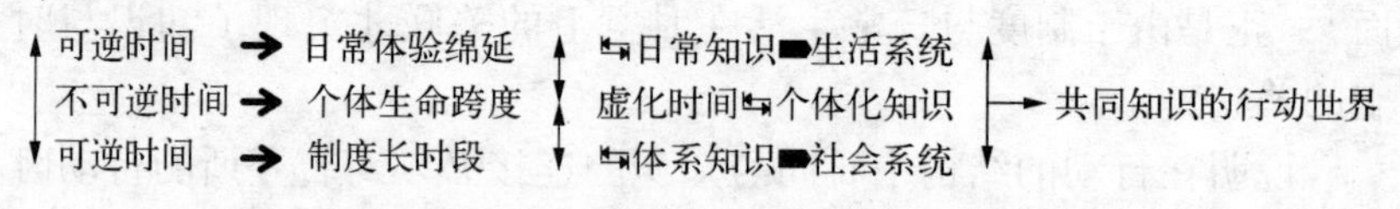

图 2.10 行动世界中时间与知识的关系模式

（3）行动空间性的三向度模型

吉登斯在提出了他的行动时间性三向度模型后，又提出了行动空间性的三向度模式②。行动空间性模型，在表面看来并不复杂，但是实际上却要比行动时间性模型更加复杂。我之所以有这样的看法就在于行动空间性模型所容含的知识内容更加丰富，所激发的知识行动论的想象力也更加丰富。当然，这里关键的和重要的倒不是吉登斯说了什么和说了多少，而是这些思想的内在意涵。

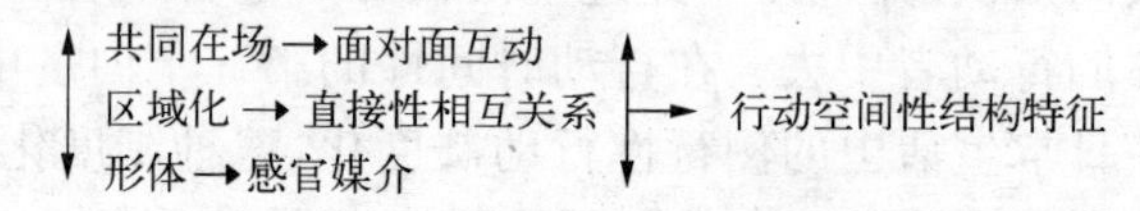

图 2.11 吉登斯行动空间性模型

首先考察行动空间性的第一个向度即共同在场。共同在场以在场为前提，而在场以场所为条件。场所具有行动空间性的物理性质。吉登斯在讨论在场的时候，区分了地点（place）和场所（locale）。认为地点的意义只限于纯粹的物质环境空间，而场所则是一种特定的物

① 安东尼·吉登斯：《社会理论与现代社会学》，[北京]社会科学文献出版社 2003 年第 159 页。

② 吉登斯指出，在发展结构化理论的时候，他提出了涉及社会整合与系统整合之间关系的场所和在场有效性（Presence availability）的概念。

质区域，是互动背景的组成部分。吉登斯指出：场所是指利用空间来为互动提供各种场景，反过来，互动的场景又是限定互动的情境性的重要因素。场所的构成是处在与周围世界物质性质的关系之中的身体及其流动与沟通的媒介。场所提供了丰富的作为制度基础的"固定性"——虽然我们还不十分清楚，这些场所在何种意义上"决定"了这种"固定性"。一般来说，可以从物理性质的角度来描述场所，要么把这些性质看作物质世界的特征，或者采取更常见的方式，将这些性质看作物质世界的特征和人造产品之间的结合①。那么，吉登斯为什么要区分地点和场所呢？吉登斯这样说：在社会理论中，"地点"这个概念不能仅仅用来指"空间中的一点"；同样，我们也不能说时间中的点就是"现在"的继替。我这里的意思是说，我们不仅要从时间性的角度，也要从空间性的角度，来阐明在场的概念，或者更准确地说，是在场和不在场的相互关系②。对吉登斯的这个说法，我的看法是讨论在场和缺场以及二者之间的相互关系——无论是对吉登斯的结构化理论还是对知识行动论——其意义重大。这种意义在舒茨匿名知识阐述中已经得到某种程度上的显现。"这样，冷冰冰的物质环境就凸显出了个中丰富的社会意义，我们可以看到人类主体的活动如何融入并利用环境空间，环境空间又是怎样为互动提供具体情境。③"面对面互动情形下的共同在场作为行动空间性的第一个向度在行动空间性问题具有很重要的意义。共同在场(co-Presence)指的是互动的环

---

① 安东尼·吉登斯：《社会的构成》，[北京]生活·读书·新知三联书店 1998 年第 205 页。

② 之所以使用"场所"，而非"位置"这个词，原因之一就在于，在跨越时间和空间的日常接触中，行动者经常不断地运用场景的性质来构成这些日常接触。这里面一个显而易见的要素，就是赫格斯特兰德称为"停留点"所具有的物质性质。这些停留点就是"各种驻留的位置"。在这些驻留点中，为了进行具有一定延续时间的日常接触或社会场合，行动者活动轨迹的身体流动会停止或者减少。这些驻留点就此成为不同人的例行活动相互交织的场所。但这些人也以例行的方式，运用场景的各种特性，来构成生动的意义内涵。参见，安东尼·吉登斯：《社会的构成》，[北京]生活·读书·新知三联书店 1998 年第 206 页。

③ 李康：《吉登斯的结构化理论与现代性分析》，参见，杨善华主编：《现代西方社会学》，北京大学出版社 2002 年第 231 页。

境中他者的客观存在。吉登斯指出：人们很容易想象在共同在场条件下与他者的互动在某种意义上是社会生活最“根本”的空间结构形式。但从时间的角度来考虑，日常生活就不是这样的了。就互动而言，没有哪一种社会系统可以区分开存在与不存在。也就是说，共同在场没有哪一种相关条件是可以孤立存在的(de novo)，而是必须与影响当前互动的大量其他相互关系相结合。但是，共同在场条件下的互动，比如面对面的互动，有明确的特征来区分它与缺场的他者间的互动。“缺场的他者”(absent others)包括“在时间中的缺场”和“在空间中的缺场”的他者[①]。对于在场有效性与共同在场之间的关系，我将在行动的区域化向度中一并介绍和说明。

共同在场是同区域化连接在一起的，必须用社会活动的区域化分析来补充共同在场的相关条件。“区域”(region)并不应仅仅被看作地图上描绘的一片地区。相反，社会活动的区域化(regionalization)[②]是指相互交织在一起的共同在场之间的相互关系，不同范围的社会系统的空间性由此得以组成。所以，区域化不仅仅涉及到空间的局部化，而且还涉及了与各种例行化的社会实践发生关系的时空的分区(zoning)[③]。吉登斯认为，在绝大多数的场所中，区分不同区域的边界往往具有物理标志或者符号标志。在共同在场的

---

① 安东尼·吉登斯：《社会理论与现代社会学》，[北京]社会科学文献出版社 2003 年第 159—160 页。

② 吉登斯把区域化看作是场所之内或者场所之间各区域在时间、空间或者时空上的分化；可以利用这个重要的观念来避免过分相信社会是始终内在均衡同质的统一总体。

③ 吉登斯指出：一般来说，在一天的时间里，一幢私宅就是个场所，一个发生大量互动的“停留点”。在当代社会里，住宅区域化为层、厅和房间。但住宅的不同居间在分区上不仅涉及了空间上的区别，也涉及了时间上的差异。楼下房间的特征是它们一般在白天使用，而人们一般是到了晚上才“退”到卧室“就寝”。在所有社会里，夜与昼的划分都可以被用来进行最根本的区域分界，界限的一边是社会生活紧张繁忙的一面，而另一边则是松弛闲适的一面。显然，之所以会产生这种划分的安排，也是因为人类有机体需要有规律的定期睡眠。夜晚是社会活动的“边疆”(frontier)，而且和所有空间边疆一样，具有明显的标志。可以说，夜晚一直只是个“人烟稀疏”的边疆。不过随着大功率的人工照明成为一种常规方式，互动场景发生在夜晚的可能性大大扩展了。参见，安东尼·吉登斯：《社会的构成》，[北京]生活·读书·新知三联书店 1998 年第 207 页。

情况下，这种标志会容许各种“在场”特征或多或少地渗入邻近的区域。在社会聚合的情境中，日常接触的区域化一般只能通过身体的姿态和定位、声音的腔调之类的标志体现出来。许多诸如此类的聚合情境可以被看作是具有区域边界的情节片断。在这些情境中，接触所持续的时间几乎总是非常短暂的。区域化可能包含着在时间跨度或空间范围上千差万别的分区。所谓范围广泛的区域，就是指那些在空间上涵盖了广大的也具有久已确立的显著的社会特征。之所以使用区域化的“特性”这个概念，就是用来指场所的时空组织以何种方式被安排在更加广泛的社会系统之中。区域化特性的一个方面，就是与场所的特定形式联系在一起的在场有效性的程度。“在场有效性(Presence availability)”这个概念是共同在场概念不可或缺的附属部分。共同在场中的所谓“在一起”，要求行动者借助一些手段从而能够“来到一起”。在所有的文化中，仅仅在几百年前，具有较高在场有效性的社区还都是由彼此身体密切接近的个人构成的聚集体。导致这种较高的在场有效性的原因有这么三点：行动者的肉体存在；他在各种日常活动的绵延构成的轨迹中的身体活动所受到的限制；空间的物理性质。在这种情况下，沟通媒介也就相当于交通媒介[①]。吉登斯还指出：对于在场有效性机制的研究必须与直接共同在场语境的分析紧密结合起来。也就是说对地点性质更广泛的分析与使共同在场的语境结合在一起的地域化模式是密切相关的[②]。

对于作为行动空间性第三个向度的形体空间性，吉登斯说，形体是某一物质的形式，通过这一形式形体处在与物质世界以及与他者互动的联系之中。形体的前面和后面差别的意义就在于它们渗透到了互动的所有形式中。但是在最普遍的意义上，形体的空间性表达

① 安东尼·吉登斯：《社会的构成》，[北京]生活·读书·新知三联书店 1998 年第 210—211 页。

② 例如，当代社会中遭遇的组织结构可视为一种明显的“互动秩序”，如果我们把它与作为社会形式的城市特性区分开来就完全是一种误导。参见，安东尼·吉登斯：《社会理论与现代社会学》，[北京]社会科学文献出版社 2003 年第 150 页。

为定义其“在场”(presence)的感官媒介①。

到这里为止,我所阐述的吉登斯所建构的行动空间性的三向度模型,尽管还没有实现同知识行动论的某种关联,但是对知识行动论的意义是十分明显的。这种意义,很显然是一种普适性的价值,因为社会科学并没有从时空哲学中获得更多的启发和借鉴,特别是社会学作为社会理论的重要组成部分也同样没有能够针对行动与时空的关系做出令人满意的理论阐述。吉登斯从时间地理学中获得了结构化理论的灵感,在行动与时空关系的结构化分析中形成了非常重要的思想。但是我还要指出的是:吉登斯对知识行动论的启发远非以上所言,可以从我以下的阐述中知道我从吉登斯的行动时空分析中获得的灵感和想象——不管这种想象是否成熟或者是否成立。

共同在场→面对面互动 ↔ 共同知识
区域化→直接性相互关系 ↔ 地方性知识 → 行动空间性→知识世界
形体定位→感官媒介 ↔ 涉身知识

图 2.12 行动空间性改造模型

我的这种改造只是一种吉登斯尝试的延伸,因为吉登斯在考察行动的空间性特征时已经注意到了空间性与知识的关系。吉登斯非常明确地指出:非常有趣和重要的不仅仅是共同在场与“超语境”互动(transcontextual interaction)之间的关系,而是社会生活的结构特性中在场(presence)与缺场(absence)之间的关系②。再一次说明,我的改造发端于我对吉登斯阐述的学术追问。

第一个追问:在场和共同在场指涉的是什么?如果说仅仅指行动者的在场——尽管这种在场是根本的或者是关键——因为没有这种在场,行动就不能发生——不管这种行动是何种类型的行动,那么

① 安东尼·吉登斯:《社会理论与现代社会学》,[北京]社会科学文献出版社 2003 年第 160 页。

② 安东尼·吉登斯:《社会理论与现代社会学》,[北京]社会科学文献出版社 2003 年第 149 页。

这种在场的意义就是微乎其微的。在场和共同在场的真正意义或者说创设性意义就在于A. 共同在场本身是一种经验形式——也可以称为知识形式;B. 缺场的行动者和在场的知识在在场的行动者身上表现出来。吉登斯尽管认为,"在场"从其定义上来说当然穷尽了我们直接经验的所有限度。"共同在场"并非是真正的整体意义上在场的一个下属子目录。但是却明确指出,共同在场是一种经验形式,并成为我们大部分人日常生活的一个重要特色①。我接下来的讨论是:共同在场作为一种知识性的经验形式在互动中到底发挥什么样的功能?吉登斯说,在共同在场的经验形式中,他人是直接"可到达的",而且在这种形式中,个体使他/她的本身也成为"可到达的",也就是展示了行动者的施动特性②。我的看法是:共同在场作为经验形式或者干脆说是知识形式,直接连通着行动者的过去和现在甚至将来,也就是说行动者的共同在场的空间性特征同行动的时间性特征形成一种由经验性知识沟通的互动形式。共同在场所面临的情景是面对面的互动,这种互动形式直接连通了行动者自身的过去。当然这种过去是以经验形式存在于存在的行动或者互动之中。所以,这种解释也就贯通了吉登斯所把行动者界定为知识行动者。不仅如此,在共同在场的情形下所形成的我们关系也是产生常识性知识的场域。

第二个追问:共同在场中是否存在有缺场?如果把在场和缺场看作是社会关系中相对的两极,那也是错误的。相反,它们之中每一种形式都与他者以一种微妙的方式相互关联。"在场"——这是个体在任何行为情景中带入并运用的一种特征,而不管他人是否处于这一情景之中——总是以缺场为中介而进行的。所以,在场总是以缺场为中介的。没有缺场何谓在场?但是问题是:谁的缺场?

---

① 安东尼·吉登斯:《社会理论与现代社会学》,[北京]社会科学文献出版社2003年第149页。

② 共同在场语境中的互动明显具有某些特征,而这些特征在通过电话、录音、邮件等手段进行的"中介"互动中并不存在。参见,安东尼·吉登斯:《社会理论与现代社会学》,[北京]社会科学文献出版社2003年第149页。

是什么在缺场？为什么缺场？我认为，缺场作为共同在场的一种中介，主要指涉行动者的缺场。缺场变成了社会互动的一种基本情形，于是非直接的借助于更多知识和技巧的互动也就产生。在场就意味着缺场，所以这是社会生活的基本形态也是社会结构的制度化安排。

第三个追问：共同在场下我们关系世界中的常识知识是我们自己的吗？在入场之前我们带有一定的知识预设吗？对第二个问题，吉登斯受舒茨影响，有肯定地阐述。吉登斯说：进入任何既定的共同在场情景中的个体总是在与其他参与者进行任何交流之前——或者至少与其他同类的参与者交流以前——就带有一个既定的个人传记，同时也具有他们之间可能分享的诸多文化预设。这就具有相当重要的隐含意义，因为个体在其日常行为的过程之中会经历不同的共同在场语境，而这些经验就有如他们在时间和空间路径中所经历的插曲。在这个意义上，各种语境之间的中介——行为者在时间-空间路径中的“移动在场”——强烈地影响到了所涉及的遭遇的性质。如果我们未能将对这种情景的分析与他们在群体和个人的延续生活中联系起来的因素相结合，那么可能再一次误导我们对这些共同在场情境的讨论，或者使我们只能得出偏颇的结论[①]。这些不同的文化预设很显然是以知识形式来存在的，或者直接地存在于知识行动中的。但是它的表现形式就是一种个人传记或者按照舒茨所说是一种生平境况，实质上也可以称为具有涉身化的地方性知识(local knowledge)。第一个问题，吉登斯并没有明说，但是很显然，行动者在入场前所带有的以知识形式表现的文化预设并不仅仅是行动者自身的，而是具有历史性的和结构化的，也就是说行动者在入场之前所带有的印记性预设不仅有自己在过去共同在场情景下的经验性知识，还有父母的、老师的以及与此相联系的知识树系。

---

① 安东尼·吉登斯：《社会理论与现代社会学》，[北京]社会科学文献出版社 2003 年第 149—150 页。

写到这里要意犹未尽地停下来，因为对行动、知识与时空的分析并不是在此正式出场的，这里的一点阐述只是正式出场前的一个短暂亮相。在这种亮相结束之际，特别要说明的是：因为不是专门研讨吉登斯时空理论，故这种理论的全面性并没有得到全面的把握。

第三章 知识行动化

独立地讨论吉登斯的知识论是一个好主题，但是不是一个好做法。因为在吉登斯的结构化理论中蕴涵了丰富的行动论，而在这种行动论中又关涉着丰富的知识论内容。从我的这种说法中，也可以明显地感受出来，吉登斯的社会理论实际上包含了行动论和知识论的统一内容，并作为重要组成部分共同组成其结构化理论。所以，分开叙述仅仅是分析上的需要。同时还要说明的是，由于吉登斯的知识论是内裹在其行动论中的，所以我在阐述和说明其行动论时也就不可避免地对知识问题加以讨论，但是这些讨论尽管有时是多量的，可依然是附带的。

行动的知识化同社会的知识化一样是知识行动论的基本主题，我在这里用这样的主题概括吉登斯的知识与行动之间的关系，并对这种关系做一些简要的考察。

第一节 知识的行动性意义

一、知识的基本特性

1. 知识内容的新旧相对性

吉登斯强调社会研究特别是经验研究的存在是以揭示新知识为条件的，指出：不言而喻，如果经验研究不多少告诉我们一些以前不知道的新知识，它就没有存在的理由了。但是知识的新旧由于时空的关系而变得越来越具有相对性了。知识新旧相对性指涉的是：一些知识对一些时空中的行动者或(和)社会科学家来说是新颖的，但是对另外一些时空的人来说则是老生常谈即陈旧的或者说是老化的知识。吉登斯说：既然所有的社会行动者都是在一些具体的情境中活动的，而这些具体的情境又都是时空跨度更大的世界的一部分，那么，某些这样的行动者看来是新颖的东西，对于别人来说，也许不过是老生常谈。这里的情况同样也适用于社会科学家[①]。知识新旧的相对性，不仅是行动者所必须面临的知识问题，同时也是社会科学家必须面临的知识问题。吉登斯把不同时空背景下的行动者或(和)社会科学家所面临的这种知识上的新旧差异性所导致的结果称之为“信息鸿沟(information gaps)”[②]。

2. 知识的社会构成性

吉登斯在知识对社会的意义上，态度非常明确，观点十分清晰，就是把知识看作是社会的组成部分。同时这种知识不仅是社会的组成要素，还具有构成性或者建构性。正是行动者利用这些知识建构自己的生活和生活世界，从而建构了全部世界。吉登斯认为：社会科学研究中一个至关重要的问题是：在何种意义上，“知识储备”是可以根据社会学研究和理论进行修正的？但是这里隐含了这个至关重要问题中的问题，这个问题就是：这种知识储备被行动者用来构成那种作为分析对象的真实的社会或者促使这种社会发生[③]。如果允许我在这里加以评述，我会非常激动地告诉读者：吉登斯放入括号中的“知识储备被行动者用来构成真实的社会或者促使这种社会的发生”，是知识行动论的至关重要的主题。只不过，我的说法同吉登斯的说法略微不同，当然也正是这种略微不同才显示出来了知识行动论同结构行动论的本质差异。这种略微不同就是：知识储备如何被知识行动者通过知识行动用来建构真实的社会或者是促使这种社会如何发生的？同时，作为社会科学存在依据的理由可以非常确切的

① 安东尼·吉登斯：《社会的构成》，[北京]生活·读书·新知三联书店 1998 年第 472—473 页。

② 吉登斯认为，在正是出现了这些“信息鸿沟”(information gaps)的场合，民族志的研究方法才显得特别重要。参见，安东尼·吉登斯：《社会的构成》，[北京]生活·读书·新知三联书店 1998 年第 473 页。

③ 安东尼·吉登斯：《社会学方法的新规则——一种对解释社会学的建设性批判》，[北京]社会科学文献出版社 2003 年第 217—218 页。

作为知识行动论存在的合理化依据：在何种意义上，"知识储备"是可以根据社会学研究和理论进行修正的？我还认为，这种意义不仅是知识行动论存在的理由，而且是今后所有社会理论所应该关切的主题和应该发挥的功能。因为，实质上，根据社会学的研究和理论对知识储备的修正内涵了或者体现了社会学对社会的建构，而且这种建构体现整个知识的意义：社会学知识同知识储备的关联在行动者那里通过知识行动来建构行动者所在的日常生活世界和同这种日常生活世界连接的体系世界。

3. 知识的不确定性

吉登斯认为，知识具有可以被修正的特征，而且这种特征是同现代性的知识反思性关联，因为这种行动的反思性"实际上破坏着获取某种确定性知识的理性"，所以，"所谓必然性知识实际上只不过是一种误解罢了"。因此，吉登斯指出：我们却永远也不敢肯定，在这样一个世界中，这些知识的任何一种特定要素不会被修正[①]。吉登斯通过现代性知识的不确定属性的关联性分析，得出了这样的结论：在现代性的条件下，再没有什么知识仍是"原来"意义上的知识了，在"原来"的意义上，"知道"就是能确定。这一点同样适用于自然科学和社会科学。然而，拿社会科学的例子来说，它对问题的考虑会更加深入[②]。同时吉登斯还把知识的这种不确定性看作是具有某种"破坏性"的功能，指出：在社会科学中，所有建立在经验之上的知识的不稳定特征，我们必须加上"破坏性"的标签，而"破坏性"的根源在于：社会科学的论断都要重新进入到它所分析的情境中去[③]。我对吉登斯的知识不确定性属性的考察想做出这样几点诠释：第一，知识的不确定性同行动的不稳定性相关，这种行动的不稳定性同行动以及行动知识的反

① 这里需要说明的是，吉登斯对知识的不确定性属性和知识通过修正自身而对行动和行动所建构的世界进行修正的特性是同对现代性的分析联系在一起的。具体分析可以参见，安东尼·吉登斯：《现代性的后果》，[南京]译林出版社2000年第34页以后。

② 安东尼·吉登斯：《现代性的后果》，[南京]译林出版社2000年第35页。

③ 安东尼·吉登斯：《现代性的后果》，[南京]译林出版社2000年第35页。

思性关联。同时还需要说明的是作为行动基础或依据的知识本身所具有的基本属性并不能仅仅用不确定性来概括，即便是不确定本身构成了反思性知识的一个重要属性，但是这种属性的表现依然是同确定性相比较而得出的，所以不能因为行动和知识的反思性所导致的这种不确定性看作是知识在现代性条件下唯一的属性。第二，知识的不确定性属性取决于生产知识的行动和知识对象的属性以及使用知识的特性包括知识的反思性，所以，这种特性不是只在现代性条件下才出现，实质是一直具有，只不过在现代性条件下这种属性得以凸显，"甚至那些最坚定地捍卫科学必然性学说的哲学家，也都承认这一点。如卡尔·波普尔就说道：'所有的科学都建立在流沙之上'。按照科学的观点，没有什么东西是确定的，也没有什么东西能够被证明。尽管科学一直尽力地在提供我们所渴求的关于这个世界的最可靠的信息。在不容怀疑的科学的心脏地带，现代性自由地漂移着。①"第三，知识的不确定性说明了或者说是内含了知识指涉的行动和行动建构的世界具有可变性特征。这种特征实际就是吉登斯意义上的"破坏性"。正是行动者不断修改式的使用不确定性的知识，才不断改变着行动及其行动结构，才不断改变着由以知识为基础的行动所建构的社会或者世界。

二、共同(有)知识

在对行动的一般主题的研究中，哲学家和社会学家将面临一些非常严重的困扰②。在这些困扰中最严重的则是来自于共同(有)知识的困扰。"更令人困扰的是，在行动者话语意识觉察不到的两个行动过程层次之间，存在着广阔的'灰色区域'(grey areas)。在日常接

① 安东尼·吉登斯：《现代性的后果》，[南京]译林出版社 2000 年第 35 页。

② 吉登斯指出：对于哲学家和社会事件观察者来说，研究行动者的行动合理化时常常令人产生困扰——我们如何得以确知人们并没有掩饰自己行动的理由？同时吉登斯还指出，更大的困扰则在共同(有)知识的困扰。参见，安东尼·吉登斯：《社会的构成》，[北京]生活·读书·新知三联书店 1998 年第 64 页。

触中包含大量舒茨所说的‘知识库存’(stocks of knowledge),我更乐意把它称为共同(有)知识(mutual knowledge)①。行动者的意识大致直接觉察到这种共同(有)知识。这样的知识绝大多数是实践性的,人们要想能够在社会生活中持续完成各种例行活动,它们也是必不可少的组成部分。"我在这里提出的问题是:为什么说在灰色领域中会存在着这么多共同(有)知识?而这些知识又是如何构成对观察者的困扰的?这里就直接涉及到对共同(有)知识的认识。我们可以沿寻吉登斯的思路,来进一步澄清这些问题。

1. 共同(有)知识研究的意义

吉登斯认为:自然主义没有为共同(有)知识这一概念留下任何位置,它假定社会分析的描述性术语仅仅能在专业性表达的理论中进行。所以吉登斯明确提出,为了对社会生活进行有效描述,社会学观察者必须利用行动者自身行动过程中所使用的共同(有)知识。能对社会活动进行正式描述,就意味着首先应能在活动中"前行",应知道参与活动的行动者为完成自身活动了解那些情况。

社会科学不可避免地具有阐释的特性,从某种意义上来讲,对这一点的把握为启迪人们的思想提供了答案。吉登斯描述了这种启迪的三种形式。在这三种形式中,对共同(有)知识研究的展示是社会科学获得启迪的基础。吉登斯这样说:社会科学能"展示"普通行动者行动时作为非话语性使用的共同(有)知识。共同(有)知识的构成是多么复杂和细微,但又如何被习惯性地操纵着。我们也注意到整个语言学对共同(有)知识展示的关注。语言学是一门关于语言使用

① 对 mutual knowledge 的汉语翻译,目前的译法,一个是互通知识,一个是共同(有)知识,一个是共有知识。我将统一采用共同(有)知识的译法。共同(有)知识的概念并不是吉登斯所首先发明使用,按照吉登斯的说法共同(有)知识的概念是一位哲学家在《意义》这本书中提出来的。吉登斯说:我干脆采用一个不同的术语——一位哲学家提出的"共同(有)知识"的概念。这位哲学家说:事实上这种现象还没有一个公认的命名,因此他必须创造一个(Schiffer, Stephen R., Meaning, Oxford, 1972: 30-42)。所以,吉登斯就借用了这位哲学家所发明的"共同(有)知识"这个概念。参见,安东尼·吉登斯:《社会学方法的新规则——一种对解释社会学的建设性批判》,[北京]社会科学文献出版社 2003 年第 181 页。

者知道什么、必须知道什么、能够说什么的知识。然而我们可以说某种语言而知道的大多数内容是非话语性的。语言学以话语形式告诉我们，我们已经知道什么，而这与这类知识的典型表现方式是极其不同的[①]。

吉登斯指出：必须强调把对我们自身或其他不熟悉的文化场景中生活形式的描述，看作是社会科学中新的关注点。为此，吉登斯提出了一个值得认真思考的命题：普通行动者必须知道他们日常活动中"自身正在做什么"，他们对自身行动的知晓并不是偶然的，而是建构性地含括在自身行动中。如果他们不但确实知道，而且至少在一定意义上必须知道正在做什么，那么，社会科学就不能发表有关行动者不熟悉的"发现"[②]。这时，共同(有)知识的社会科学研究就变得十分必要。

2. 共同(有)知识的定义

在吉登斯看来，共同(有)知识包括以下几个方面的意义。第一，共同(有)知识是普通行动者进行各种社会行动包括进行互动时所采用的方法和技术。吉登斯指出："共同(有)知识"这一术语包含了弄清社会活动意义的各种实践技术，对它的研究正是社会科学的任务[③]。同时吉登斯还指出：共同(有)知识指的是普通行动者为进行社会生活的实践而采取的方法，它的确不是话语表达的一部分。

第二，共同(有)知识是行动者依照社会生活惯例而进行行动的能力。正是有了这种能力，行动者的行动才是有效的和互动才能真正实现。吉登斯明确指出：共同(有)知识包含着在社会生活惯例中

① 正如已经提到的，作为常人方法学的任务，对它进行分析能展示我们日常行动中理所当然的实用性。我们可将戈夫曼的研究作为这方面极其重要的一个例证。参见，安东尼·吉登斯：《社会理论与现代社会学》，[北京]社会科学文献出版社 2003 年第 70 页。

② 我将在适当时候着重讨论社会科学的这种"发现"同以往知识之间的关系。

③ 安东尼·吉登斯：《社会理论与现代社会学》，[北京]社会科学文献出版社 2003 年第 70 页。

能“前行”的能力[①]。

第三，共同（有）知识是生活世界中行动者的理所当然的能够维持交往的知识。吉登斯指出：我使用共同（有）知识这一术语来普遍地指涉那些被视为理所当然的知识，它是行动者假定别人也拥有的那种知识（如果他们是健全的社会成员），并且这种知识被运用于维持互动交往[②]。吉登斯还认为，共同（有）知识在它被视为理所当然和通常不可言传意义上是“背景知识”；另一方面，在社会成员互动过程中它不断被社会成员现实化、展现出来和改变。在这一意义上，它又不属于“背景”。也就是说理所当然的知识从未完全被视为理所当然，行动者不得不对日常接触的某些特殊因素的相互性进行“证明”[③]。

第四，共同（有）知识是社会科学“发现”之外的知识并成为这种“发现”的条件。吉登斯说，共同（有）知识指的是，社会分析者对信念的本真性或用解释学的方式进入到对社会生活的描述中，都必须予以尊重。这里所说的“必须”自有其逻辑力量。如果我们谈论行动者在社会生活的情境中如何找到行事的办法，探讨“知识”一般比探讨“信念”更有启发意义。原因在于，一旦描述这一过程，就要悬搁怀疑态度。观察者要对行动的特征进行描述时，在这个方法论层面上，行动者所持有的信念，无论是默契的，还是明言的，都应该看作是“知识”。共同（有）知识则被看作是进入社会科学“论题”必不可少的方式，是社会科学的发现所不能改变的[④]；相反，这些知识构成了研究者

---

① 安东尼·吉登斯：《社会理论与现代社会学》，[北京]社会科学文献出版社2003年第69页。

② 安东尼·吉登斯：《社会学方法的新规则——一种对解释社会学的建设性批判》，[北京]社会科学文献出版社2003年第207页。

③ 安东尼·吉登斯：《社会学方法的新规则——一种对解释社会学的建设性批判》，[北京]社会科学文献出版社2003年第206页。

④ 吉登斯说：对于社会学观察者来说，共同（有）知识是不可改变的，为了形成对参与者行动的描述，我们只能像普通行动者一样利用这些共同（有）知识。参见，安东尼·吉登斯：《社会学方法的新规则——一种对解释社会学的建设性批判》，[北京]社会科学文献出版社2003年第274页。

能够得出“发现”的前提条件①。

第五，共同（有）知识是一种解释图式（框架），正是通过这种解释图式使得行动者通过交往完成对行动或者互动意义的赋予。也正是通过这种解释图式使行动者的微观世界同社会世界连接起来，从而连接起社会科学考察的微观主题和宏观主题。吉登斯说，通过这种解释图式，行动者将社会生活建构和理解为有意义的。并认为，共同（有）知识以解释图式的方式被运用，由此交往的情境就在互动中被创造出来并被维持着。因此，把解释图式看作一个共同（有）知识，实质上是吉登斯承继舒茨的现象学社会学和加芬克尔本土方法论的知识理论的一种明晰的象征，从共同（有）知识中可以看到自然态度的影子，也可以看到行动可说明性的特征，因此现象学社会学和本土方法论的合理的本质内核在共同（有）知识的解释图式中都能显现出耀眼的光芒。

3. 共同（有）知识的内容构成与特点

共同（有）知识作为吉登斯行动论中的一个重要概念，具有很多的特征，包括丰富的内容。归结起来，吉登斯主要讨论了共同（有）知识的两个方面的内容性特征。首先，共同（有）知识具有意会性，或者说这种知识包含着意会知识。吉登斯指出：共同（有）知识包括波兰尼（Polanyi）意义上的“意会知识（tacit knowledge）②”。这种意会性是同吉登斯的行动者分层模式联系在一起的，尤其是无意识和实践意识对共同（有）知识有着公开的价值。因为共同（有）知识是隐含在行动者的行动之中的，也就是说这种知识成为实践意识的存在方式，

① 安东尼·吉登斯：《社会的构成》，[北京]生活·读书·新知三联书店 1998 年第 475 页。

② 共同（有）知识在很大程度上是默契于心的，主要是实践意识的层面上进行的；正是因为这一点，社会科学的所有民族志研究的一个重要组成部分——对信念的本真性的尊重——才不显得那么明显。受现象学和常人方法论影响的那些学者，对更为正统的社会科学观念提出了许多批评。对于阐明共同（有）知识的性质来说，这些批评无疑是相当重要的。参见，安东尼·吉登斯：《社会的构成》，[北京]生活·读书·新知三联书店 1998 年第 475 页。

成为存在的存在方式，也当然是行动的存在方式。所以，这种意会性体现了行动者的一种话语意识之外的意识状态。

其次，共同(有)知识在性质上的构造性。吉登斯指出：这种共同(有)知识在性质上是构造性(configurative)的。尽管吉登斯没有明说这种构造性的表现、特征和过程，但是我们依稀可以看出这种构造性的意义。吉登斯认为，即便最草率的口头交换，在交往意图的领会中，也预先假定并实际利用了广泛分散的知识储备[①]。

4. 共同(有)知识所发挥的作用

共同(有)知识在人类社会互动中被视为理所当然。正是这种共同(有)知识充当了环境包括自然和物质环境以及社会结构的性质与个体行动之间的柔顺剂，使得人类行动得以不必时时刻刻追逐反思，从而得以流畅进行，并自然而然地进行改造和再建构[②]。吉登斯用这样的例子说明了共同(有)知识在实际的日常互动(日常接触)中的基本功能。

辩护人：法官大人，我们要求立即做出判决，放弃保释。

法官：他有什么犯罪记录？

辩护人：他曾经有过一次酗酒，一次盗窃机动车的大盗窃罪。没有什么严重的罪行。这次只不过是商店扒窃。他进这家市场的时候确实有偷盗意图，但是实际上我们发现的只是一次轻微盗窃罪。

法官：他拿了什么东西？

辩护人：什么也没有拿。

法官：对立即做出宣判，有什么反对意见吗？

检察官：没有。

---

① 安东尼·吉登斯：《社会学方法的新规则——一种对解释社会学的建设性批判》，[北京]社会科学文献出版社2003年第205页。

② 安东尼·吉登斯：《社会学方法的新规则——一种对解释社会学的建设性批判》，[北京]社会科学文献出版社2003年第29页。

法官：他已经关押多少天了？

辩护人：83天。

辩护人：根据刑法典第17款，这是一项轻微犯罪，判决入狱90天，在监狱服刑，但要扣除已经羁押的83天。

吉登斯对此进行了分析，认为正是在互动的各方有了共同(有)知识，才能使这种交流实现。吉登斯这样说：面对这样一段发生在具体情境中的互动，和其他类似的互动一样，我们不能低估共(有)知识的重要性。我们完全可以用它来说明，看起来琐屑的一段交流，是如何以一种深刻的方式和社会制度的再生产联系在一起的。在交替进行的谈话中，只有当谈话各方(和读者)都默契地求助于刑事司法体制的制度特征，他们才能够把每一个谈话轮次都看作是有意义的行为。每一个说话的人都会利用这些特征。他还(正确地)假定，这些特征是其他谈话者也拥有的共同(有)知识。我们要注意的是，这种共同(有)知识的内容具有非常广泛的前提，而不仅限于对上述的那种例子中遵循"恰当程序"的各种手法要有所认识，尽管确实包含这个方面。谈话的每个参与者都拥有大量的知识，他们了解一种法律体制的性质是什么，法律的规范程序有哪些，罪犯、辩护人和法官都是些什么样的人，等等，人们都对他们所在的制度秩序有一定的了解。要"成功地完成"互动，参与者就要利用这些知识，从而使这些交流成为"有意义的"①。从这个例子可以看出，互动成功的条件或者说是前提就是互动者所拥有的各种共同(有)知识；同时这个例子也说明：共同(有)知识不仅是互动成功的条件或前提，而且还是互动意义的根源，也就是说正是由于这些共同(有)知识才使得互动成为社会

① 吉登斯指出：关键要看到，在再生产制度秩序的过程中，这些人也再生产了制度秩序的"真实性"，这种真实性正是这一制度秩序(对他们本人和其他人)所构成的结构性制约的一个来源(安东尼·吉登斯：《社会的构成》，[北京]生活·读书·新知三联书店1998年第468页)。这里可以看出，以共同(有)知识为存在形式的制度秩序就变成了一种结构性制约的因素。

性的相互作用。

三、常识性知识的行动性

1. 常识问题研究的缘起

第一，社会科学对行动问题研究的基本要求。这个基本要求就是：社会研究无论是理论解释还是经验研究都必须对行动者本人所持有的信念进行批判。吉登斯指出：许多社会研究，无论是它们所产生的经验材料，还是与它们相联系的理论解释，都对行动者本人持有的信念有所批判。要考察这些研究的批判的意涵究竟是什么，我们就必须考虑以下两个问题，即社会科学在何种意义上揭示了新的知识①，以及这种知识可以怎样和对虚假信念的批判联系在一起②。也就是说要考察行动者本人的信念必须讨论知识与信念之间的关系，因为知识同信念本身就联系在一起。那么，考察知识与信念之间的关系也就必然涉及到对常识知识的考察。吉登斯明确指出：如果不了解组成社会的那些行动者默契于心或者明确表述的那些知识，就根本不可能描述社会活动③。很显然，这些知识包括有或者内含有一般常识性知识。

第二，摆脱社会科学研究的死胡同，也需要对共同(有)知识和常识知识进行区分并对常识性知识加以研究。吉登斯指出：社会科学

① 吉登斯说：不言而喻，如果经验研究不多少告诉我们一些以前不知道的新知识，它就没有存在的理由了(安东尼·吉登斯：《社会的构成》，[北京]生活·读书·新知三联书店1998年第273页)。但是吉登斯同时也说明了这种新知识的确认由于存在着“信息鸿沟(information gaps)”而遇到许多困难和问题。

② 安东尼·吉登斯：《社会的构成》，[北京]生活·读书·新知三联书店1998年第273页。

③ 我们在描述社会生活时，不能把日常语言使用和行动中包含的各种常识信念仅仅看作是妨碍我们得出有效观点或者定论的陈述。这是因为，如果不了解组成社会的那些行动者默契于心或者明确表述的那些知识，就根本不可能描述社会活动。经验主义和客体主义只不过是借助社会学观察者和普通社会成员的共同(有)知识，压制了有关如何产生社会描述的一整套问题。参见，安东尼·吉登斯：《社会的构成》，[北京]生活·读书·新知三联书店1998年第274—275页。

的研究已经走进了一条死胡同。根据吉登斯的阐述，这条死胡同说明了这样的问题，A. 客体主义往往将“揭示模式(revelatory model)”十分随意地用到社会科学中。也就是说，他们认为通过社会科学所带来的启蒙，社会生活中所包含的那些常识信念肯定是可以证伪的，同时客体主义在传统上还一直把社会科学同常识对立起来。B. 解释学在对客体主义进行反驳而得出自己结论的同时发现自己难以或者说不能维持批判的锋芒。受现象学和常人方法论影响的那些学者，对更为正统的社会科学观念提出了许多批评。对于阐明共同(有)知识的性质来说，这些批评无疑是相当重要的。但是，他们以一种含混的方式谈论“常识”或类似的术语，这样就没有在分析上将方法论问题和批判问题区分开。这种批判意志的萎缩和幼稚地使用揭示模式一样，在逻辑上都是不能令人满意的。这样，实际上就标明了社会科学的发展走进了一条死胡同。出路何在？吉登斯说：摆脱这种死胡同的方法之一就是区分共同(有)知识和“常识”[①]。

2. 共同(有)知识与常识知识区分的意义

共同(有)知识与常识知识的区分最大的意义是使得社会科学继续保持批判的意志。从这一点上说，社会科学所具有的属性应该同日常生活相关。没有常识的出现和对常识的分析，我们很难把握社会科学话语同日常生活话语的差异以及这种差异所表现的行动本质。我认为，要理解吉登斯所提出的这种意义，需要从这样几个方面进行思索。

第一，共同(有)知识和常识知识并不是总可以分开的研究阶段。吉登斯指出：区分共同(有)知识和常识，并不意味着在实际的社会研究中，这两者总是可以轻易分开的研究阶段[②]。尽管吉登斯提出了区分共同(有)知识和常识对突破已有研究模式有好

① 安东尼·吉登斯：《社会的构成》，[北京]生活·读书·新知三联书店 1998 年第 475 页。

② 安东尼·吉登斯：《社会的构成》，[北京]生活·读书·新知三联书店 1998 年第 476 页。

处，实际上，二者并不能完全分开。共同（有）知识作为行动者的行动依据和特殊的行动内容，在实际操作的时候是同常识在一起发挥功能的。

第二，不管研究者对所观察的对象采用何种态度，常识都显示了一种批判性。吉登斯认为，“社会学观察者所使用的描述语言与普通行动者使用的语言总是多少有些不同。引入社会科学的一套术语可能（尽管并不一定）会就行动者对他们持有的信念的话语表述提出质疑，或者直截触及了‘实用理论’的整体。[①]”我倒认为，吉登斯说明我们很都清楚的一个道理：社会科学知识进入行动者的常识知识领域不仅是在话语形式上的不同，更重要的是对行动者的常识领域的一种新的挑战。这种挑战可能就是具有一种批判性的日常生活世界的建构性意义。“在任何一个研究情境中，都有可能存在一些特殊的信念，和观察者所持信念形成剧烈冲突，使观察者十分难受，而那些参与社会活动的人却接受这种信念，这就使观察者的笔下表现出和这种信念的批判距离。[②]”

3. 常识的知识性结构

吉登斯对常识的界定包括了这样几个方面的含义。

第一，常识是共同（有）知识的信念化特征。吉登斯说：就这种共

① 吉登斯说：当学者所研究的行动者采用了有争议的描述，那么观察者进行的任何描述，即使是使用了行动者本人的范畴，也对其他可能存在的术语（研究者本来也可以使用这些术语来进行描述）构成了直接的批评。一个组织，对于一些人来说是“解放运动”，而对于另一些人来说，就成了“恐怖组织”。当然，之所以选择这个而不是那个术语，意味着观察者采取了特定的立场。而如果学者选择了比较“中立性”的概念，这点似乎就不那么明显了，但情况实际上是一样的；不过，使用“中立性”的概念，也表明观察者要和他们研究直接涉及的行动者所采用的概念保持一种批判的距离。参见，安东尼·吉登斯：《社会的构成》，[北京]生活·读书·新知三联书店 1998 年第 476 页。

② 即使在其他方面都很纯粹的民族志研究中，也可能出现这种情况。一个人类学家在断言“甲文化每年秋天都可以收获他们播种后的收成”时，也许不会感到有什么疑虑，因为她和甲文化的成员共同把这一说法视为知识，都承认如果每年适时播种，终会有所收获。但同一个人类学家可能会说“甲文化相信他们的仪式舞蹈会带来降雨”，这句话表明她和甲文化中的那些成员对于降雨条件的看法存在着严重的分歧。参见，安东尼·吉登斯：《社会的构成》，[北京]生活·读书·新知三联书店 1998 年第 476—477 页。

同(有)知识而言,人们可以把它描绘成为一套实际信念的常识,这大体上已经得到公认,或者毋宁从社会科学分析的角度来说是这样[①]。从这句话中,我们可以领略吉登斯在共同(有)知识和常识知识之间关系上的一种意义。我的看法,无论是从社会科学分析的视角还是从共同(有)知识与常识知识的关系角度,常识都可以看作是共同(有)知识在行动者身上所表现出的某种行动信念。

第二,常识是由命题性信念所构成的可证伪的共同(有)知识。这种信念是同构成这种知识的特性相连接,这种特征更多地表现为行动者的非话语意识。吉登斯这样说:我区分了共同(有)知识和常识,并打算保留后一个概念,来专指日常活动的行为中所包含的各种命题性信念。这一区分很大程度上是分析性的;也就是说,常识不被当成知识,而是作为可证伪的信念的共同(有)知识。不过,并不是所有的共同(有)知识都是以命题性信念的方式来表达的。也就是说,它们不一定是关于某种事态是什么情况的信念。而且,那些持有信念的人并没有能力通过话语的方式,将所有这些信念都表述出来[②]。

第三,从常识的基本功能上分析,常识可以看作是由共同(有)知识组成的一种"本体性安全(ontological security)[③]"框架。吉登斯指出:这种共同(有)知识能够与常识相区分,常识可以被视为由一种或多或少被明确表达的理论知识主体组成,用以解释自然界和社会中为什么事物是现在的样子或者为什么如此发生这些问题。常识信仰特有地巩固了由参与者运用产生日常接触的共同(有)知识;后者在

① 安东尼·吉登斯:《社会学方法的新规则——一种对解释社会学的建设性批判》,[北京]社会科学文献出版社 2003 年第 274 页。

② 安东尼·吉登斯:《社会的构成》,[北京]生活·读书·新知三联书店 1998 年第 475—476 页。

③ 对 ontological security 概念,吉登斯解释为:对自然界和社会世界的表面反映了它们的内在性质这一点的信心或者信任,包括自我认同与社会认同的基本存在性衡量因素。参见,安东尼·吉登斯:《社会的构成》,[北京]生活·读书·新知三联书店 1998 年第 524 页。

根本上由常识提供的“本体论安全”框架[①]。

第四，常识的创造者是一个结构性主体。这种主体包括专家比如社会学家[②]，但是不仅仅是专家[③]，还包括常人，常人是常识的创设者。吉登斯指出：常识决非仅仅像“烹调书知识”一样实用，从实质上说，它通过来自“专家”的活动并对“专家”活动做出的响应，“专家”最直接地促成文化外在的合理化。吉登斯也强调指出：常识当然部分地是非专业人员积累的智慧。

4. 常识信念的评价标准

对常识的普通信念所做出的批判实际上牵涉着社会科学知识是如何进入常识领域的？也就是说社会科学所内含的那些精英阶层的信念是如何潜入日常生活领域的？也就是说社会科学对日常行动领域的影响是如何实现的？这关切着社会科学总体的功能和价值，对这些问题，吉登斯并没有进行处理，而是预留下来了[④]。吉登斯所做的就是提出了一个主张。吉登斯说：我想要主张，对于批判那些被视为常识的普通信念（这里面就包括对意识形态的批判，不过这种批判并没有任何特别的优先地位），社会科学在两种意义上具有重要性。社会科学家从事的批判活动就是他们工作的核心，而一旦这些活动

---

① 安东尼·吉登斯：《社会学方法的新规则——一种对解释社会学的建设性批判》，[北京]社会科学文献出版社2003年第217页。

② 对社会学家来说，通过常识达到的行动合理化是一种具有广泛重要性的现象，因为社会科学家自以为是提供权威“知识的”专家。参见，安东尼·吉登斯：《社会学方法的新规则——一种对解释社会学的建设性批判》，[北京]社会科学文献出版社2003年第217—218页。

③ 吉登斯认为，常识信仰无疑反映和体现了专家提出的观点，“专家”包括所有那些拥有进入特殊知识领域的人——牧师、巫师、科学家、哲学家。参见，安东尼·吉登斯：《社会学方法的新规则——一种对解释社会学的建设性批判》，[北京]社会科学文献出版社2003年第217页。

④ 在逻辑上分析积累共同(有)知识包含哪些过程，批判常识信念又涉及哪些方面，这些研究都提出了许多认识论问题，我们在这里不可能彻底地予以讨论。我在下面只想扼要地提出一个设想，它以一定的认识论观念为前提，但在这里我不想详细论述来证明它。参见，安东尼·吉登斯：《社会的构成》，[北京]生活·读书·新知三联书店1998年第477页。

证明行动者所持的信念是无效的，或者没有适当的根据，就会对这些信念产生非常直接的影响。如果这些信念构成了行动者做事的理由，那么这种影响就显得尤其重要。行动者所持有或承认的信念中，只有一些成为他们做事理由的组成部分。当这些信念受到社会科学的主张或发现所导致的批判，这时的社会观察者实际上是在试图证明，普通人对他们行为所提出的理由并不恰当①。

实现这个主张同常识知识所蕴涵的行动的日常理由的评价标准相牵连。吉登斯说：发现行动者的理由一般与积累共同(有)知识所提出的解释学问题密切相关。如果承认这一点，我们就应该区分所谓“可信性标准”(credibility criteria)和“有效性标准”(validity criteria)，这一区别对于社会科学批判日常理由是否恰当有重要意义。

在吉登斯看来，可信性标准指的是只有解释学性质的标准，并且用这个标准来表明，对行动者理由的把握是如何阐明了在这种理由的影响下他们的所作所为②。而有效性标准关注的则是，在评价哪些理由是恰当的理由时，社会科学中所使用的事实证据和理论理解的标准。吉登斯认为，对有效性标准的评价，完全是由社会科学所产生的“内部批判”和“外向批判”的关联决定的。也就是说，有效性标准即内部批判的标准。而内部批判则是指社会科学家提出的观点和他们声称所获得的发现必须接受批判性的考察。吉登斯还指出：社会科学在批判常识方面的主要作用，就是评价他们的理由是否恰当，而这种批判主要是从知识的角度着手进行的，对此普通行动者要么缺

① 安东尼·吉登斯：《社会的构成》，[北京]生活·读书·新知三联书店 1998 年第 477—478 页。

② 吉登斯使用“我们是红鹦鹉”的常识性问题来说明了这种可信性评价标准。吉登斯指出：要对各种以话语形式阐述的信念进行符合可信性标准的研究，一般说来总是取决于研究者能否搞清楚这样的问题：谁表述了这些信念，是在什么环境中，采用了哪一种话语风格(是平实的字面描述还是比喻或者讽刺)，以及表述的动机是什么。参见，安东尼·吉登斯：《社会的构成》，[北京]生活·读书·新知三联书店 1998 年第 478 页。

乏相应的知识，要么他们看待这些知识的方式和社会理论元语言中采用的方式不同。对吉登斯的这种说法我可以做出这样一点评述：社会科学对行动者行动理由的评价是从知识的角度进行的。问题也就从这里衍生了：从谁的知识角度进行考察？从什么样的知识出发进行考察？进而普通行动者和行动观察者的知识结构以及知识视角是相同的吗？如何不是相同的，那么行动观察者有什么资格和理由来评断普通行动者的行动理由？社会科学的双重阐释功能在这里是否是有效的？作为社会科学家的行动观察者也调用自己生活的常识部分接近要观察的行动者，但是这种做法在多大程度上是有效的呢？我的看法，解决这样的关键问题不是在日常生活世界和社会体系世界之间再修铺第三条道路，而是要在二者之间架设一座桥梁。所以，采用结构化的做法使二者同时消融在一个结构里，是个新思维不是个好做法。这里要说明的是：由于涉及到社会科学本质内容的讨论，所以对社会科学的内部批判的问题我将在社会科学的知识属性中一并进行讨论。

5. 常识信念的实践意涵：连接知识与行动

信念与实践的关系问题实际就是常识与行动的关系问题。吉登斯非常关注这个主题。信念必然同行动连接在一起，信念的任何变化肯定引起一定程度上的行动变化。同时行动本身不仅承载了这种行动依据的信念，也在一定情况下引起信念的某些变化。吉登斯指出：如果证明一种社会信念是错误的，几乎肯定会导致相应的实践意涵，即转变与这种信念相联系的行动。而且吉登斯认为，他的这个观点是可以证明的。

吉登斯还指出，对行动信念的批判实际就是对实践的批判。这里实质上就蕴涵了这样一个观点：（社会科学或者是包括社会科学在内的）知识对行动者的改造性建构最终是通过改变行动者的行动模式来实现的。吉登斯说："对一种信念进行批判，在逻辑上就意味着批判了借助这种信念完成的活动或实践；而且，从动机的层面上来看，出于这种信念是行动的理由，所以对这种信念的批判会产生不可忽视的力量。[①]”

吉登斯提出了知识改变行动的两种情形：第一种情形，信念变化改变了行动。如果这里所说的信念是包含在行动者与自然世界的关系中的行为的某个部分或方面，那么，在其他情况不变的条件下，证明这种信念是错的，就会促使行动者改变相应方面的行为。第二种情形，信念对行动没有影响。吉登斯说：如果行动者没有改弦更张，我们可以推测是因为其他方面的考虑在行动者的心目中占据了更重要的地位。这里可能有这样的原因：A. 行动者可能没有理解信念的错误意味着什么；B. 或者行动者实际上并不认为，有充分理由证明他们所持的信念是错的[②]。

在谈到知识改变行动的有关机制问题时，吉登斯说，我的主张是，所有具有资格能力的行动者不仅（以某种描述方式）了解他们的所作所为，而且知道正是因为他们对社会生活的了解，社会生活才会像现在这个样子。吉登斯指出：在一般情况下，对于任何一种社会习俗方方面面的内容，任何人都可能会犯错误。但是没有人会在绝大多数时候都不能正确地理解他的所作所为，否则这个人就会被他人视为不具备资格的社会行动者；同样，也没有一样习俗的哪个方面会在绝大多数情况下被绝大多数行动者所误解。吉登斯这里所指出的，实质上就是行动者具有知识和行动者使用知识改变行动是行动者本身所具有的特性所规定的。因为行动者要作为一个合格的行动者，必须具有知识，当然这种知识对日常生活世界的行动者来说主要是以常识性知识形态来表现的知识。这种知识从内容上说不仅包括行动者行动理由的认知性知识，还包括情境性的习俗性知识。有了这种知识和依附在这些知识的常识性信念才凸显了行动者的行动动机和行动的知识性内容。

① 安东尼·吉登斯：《社会的构成》，[北京]生活·读书·新知三联书店 1998 年第 479 页。

② 安东尼·吉登斯：《社会的构成》，[北京]生活·读书·新知三联书店 1998 年第 479—480 页。

吉登斯在阐述常识性信念对行动影响的时候，还批判一种不实的观点。吉登斯说："当然，我们必须承认，还存在其他的可能性。位于社会某些部分的行动者，可能会对其他社会部分所发生的进程知之甚少；行动者也不能会坚信他们的行动会导致某些结果，而实际上完全不是这么回事。"我的看法是：吉登斯的这种批评仅仅说明了一个方面的事实，那就是：社会科学的知识和行动者自己的知识往往处在一种断裂的状态中，社会科学家用自己的并自以为是的知识来考察行动者的时候，认为行动者的知识是有限的，但是实际可能不是如此[①]。我认为吉登斯的这个批评也并没有掩盖这样的事实，行动者的知识是有限知识。

对信念的批判，无论是对何种类型的信念的批判[②]，都是社会科学知识建构行动者包括社会科学家自身的社会的一种匿名性社会行动。这种行动意味着它自身的政治化意义。"社会科学又不像处理自然问题的那些科学，因为它们正是自己的研究对象的组成部分。根据这种状况，我们可以得出结论，在其他情况不变的条件下，对错误信念的批判，就意味着是要以实践的方式介入社会，意味着是一种最广泛意义上的政治现象[③]。"

① 吉登斯说，采用社会科学的概念对一个行动情境进行重新描述，这样得出的社会过程图景可能和行动者熟悉的情况相去甚远（安东尼·吉登斯：《社会的构成》，[北京]生活·读书·新知三联书店 1998 年第 481 页）。所以，社会科学家应该放下架子，社会科学应该承认自己的不足，社会科学知识应该说明自己的有限性。否则，永远难以走进自己的对象，也难以得出同行动者行动情景一致的知识，这样社会科学家用自己知识建构社会的努力实际上就是盗用了非社会科学家的普通行动者生产和使用自己知识建构自己生活世界的同时也建构了社会的努力。所以，社会科学应该勇敢地扒掉自己身上的还没有被很多人识破的盗贼外衣，真正走近行动者。

② 这种类型主要指涉的是错误的信念还是正确的信念（社会科学在作为意识形态的时候和自以为是的时候也会对正确的信念进行批判）。但是这里要说明的是，受到社会科学批判的信念对行动者来说都是常识性知识的表现形式。

③ 在这里吉登斯把社会科学以实践的方式介入社会的现象看作是一种政治现象（安东尼·吉登斯：《社会的构成》，[北京]生活·读书·新知三联书店 1998 年第 480 页）。我认为，这种观点是很有意义的，因为他揭示了社会科学包括社会学沦为工具的必然性命运。所以拯救社会科学不仅仅是剥离盗贼外衣那么简单，事实还需要把政治还原为社会，尽管做起来很困难。

第二节　行动的知识样式

一、知识增长方式的主张

社会科学知识的内部批判是知识增长的方式和影响知识行动者的知识行动的方式。我们知道，在讨论与行动的关系时，吉登斯提出了两种评价或者判断标准即是可信性标准和有效性标准。行动者的所作所为真的是某种理由（知识或者常识）带来的吗？对这个问题的阐释就涉及到可信性标准。促使行动者发生所作所为的某种理由（知识或者常识）是否是合适的评价所采用的事实证据和所进行的理论解释是否是合适的？这个问题所牵涉的就是有效性评价标准问题。后一个标准关涉着对行动者行动知识评价的外部标准问题，也牵连着对社会科学自身所采用知识的内部的一种批判或评价。关于这种评价标准的内部和外部的关系，吉登斯认为，我们没有理由怀疑，社会科学的内部批判的标准可以直接进入这方面的外向批判发挥作用①。

社会科学在对行动者所持有的——并不仅仅是行动者所持（把）有——常识性知识的批判，主要的就是评价他们的理由是否恰当，而这种批判主要是从知识的角度着手进行的，对此普通行动者要么缺乏相应的知识，要么他们看待这些知识的方式和社会理论元语言中采用的方式不同。吉登斯的这个观点事实上说明了行动者的行动依据（常识性知识）是要受到社会科学的评价和批判的。这种评价所要考察的就是行动者行动是否有知识依据，如果有一定的常识性知识为基础的信念依据，那么这种依据在行动者的视角中和观察者的角度下是否一致，如果不一致如何解释。

社会科学对行动者行动（知识）理由的评价或批判依据所受

① 吉登斯明确指出：正是这种批判构成了社会科学的实质内容。参见，安东尼·吉登斯：《社会的构成》，[北京]生活·读书·新知三联书店 1998 年第 479—481 页。

到的评价和批判完全对行动者行动依据的评价或批判连接，并进入后一种评价而发挥作用。吉登斯认为，明确这一点非常关键，因为这同吉登斯所主张的社会科学关联在一起。为此，吉登斯指出：正是在这个关节点上，我所主张的社会科学预设了一种特殊的认识论立场。这个立场就是，我们有可能证明，某些信念主张是错误的，而另一些则是正确的，虽然我们要像考察信念主张的正误一样，来考察这里所说的"证明"的意涵。我所主张的社会科学还假定，社会科学作为一种集体从事的事业，内部批判是构成它的实质的固有部分，即社会科学家将自己的观点和所声称的发现付诸批判检验①。

我建议认真考虑吉登斯的这几个主张和立场。其原因很简单，就是因为这种主张直接关联着社会科学知识增长的形式和社会科学知识运用有效性的确定。我认为，双重批判意味着"我说你错了，那么你说错本身所依据的知识是否是错了"。很显然，如果你说我错了的依据是错的，那么实质上我有可能是对的；相反也是成立的。那么谁去判断社会科学知识本身的对和错呢？吉登斯提议进行内部的知识性批判。我认为这种批判本身就是社会科学知识增长的方式之一。同时我还认为，这种批判同对行动者行动理由的批判连接在一起，对知识行动者所进行的知识行动产生影响。所以，这就是吉登斯主张的意义所在。

二、行动的知识样式与知识的社会形态

吉登斯强调指出：让我们再重复一下，我们可以假定，社会科学中发展形成的新知识，一般来说会直接影响到现存的社会世界，甚至

① 吉登斯说：我不打算在哲学方面将问题搞得很是复杂，而是直截了当地断定，这些认识论假设都是有道理的。不过，在别的场合，我们显然还是很有必要多费些笔墨，来捍卫这样的论点。参见，安东尼·吉登斯：《社会的构成》，[北京]生活·读书·新知三联书店1998年第481页。

可能会改变这个世界[①]。那么,我要追问的是:社会科学新知识是怎样形成的呢?社会科学新知识是怎样影响和改变这个世界的呢?解决这些问题,需要考察社会科学知识存在和变化的几种情况。吉登斯把社会科学存在和变化的情况划分为七种类型。我将按照这种划分探索吉登斯的话外之意,也就是说从知识行动论的角度进行重新阐发。所以,吉登斯通过某种形式所讨论的主题有可能被转换为另外的主题,我认为即便是这样也无妨。因为我再次声称,我不是对吉登斯的理论做出更深层次的阐明,而是从吉登斯的某种阐明中获得知识行动论的某种启发。所以,当您看到吉登斯在说某些事情的时候,我却从这些叙说中引申到另外的观点和意义,就不足为怪了。

1. 事实的超越:知识走出事实的超时空性能

知识陈旧问题是当今知识时代的迫切问题[②]。但是对于社会科学知识来说,吉登斯则描述了另外的一种情形。这种情形就是走出社会本身的知识并不随着知识所描述事实的过去而变得没有用处,而是相反,这种知识同样产生着自己的作用。在吉登斯看来,某些情况下最显而易见的情况是,与社会科学知识所描述的情况相关联的过去事件和社会状况,已经不再发挥作用了。吉登斯的这种事实陈述不但说明了知识史的历史事实——就是来源于那些事件和社会状况的知识在时间的翻越过程中日益脱离那些事件和社会状况本身,这些事件和社会状况本身也不再发挥作用了——而且还预设了一系列真切的知识行动论意义上的问题。这一系列问题中最本质或者最核心的问题就是:那些日益脱离或(和)已经脱离产生这些知识的事实的这些社会科学知识是否随着事实的过去而变得陈旧或者像已经

① 安东尼·吉登斯:《社会的构成》,[北京]生活·读书·新知三联书店 1998 年第 481 页。

② 我在《现代知识社会学》一书中比较详细地讨论过有关知识陈旧的问题,并且这种讨论是在数理技术的基础上讨论的,不仅描述了知识陈旧的性质特征,同时也给出了知识陈旧的经验公式。参见,《现代知识社会学》和《我的知识经济观》中有关知识陈旧问题的阐述。

过去的事实一样不再发挥作用了?

在这里,我要表达的意思是:第一,我不同意吉登斯的已经过去事实不再发挥作用的某些观点;第二,我赞同吉登斯的脱离具体事实的知识依然对行动者的行动有意义的观点。实际上这种反对与赞同的矛盾性意思实质上反映了吉登斯本人观点的相互冲突性。吉登斯认为,产生社会科学知识的那些具体的社会事实是随着时间的变迁无疑要成为过去,成为历史,已经不再发挥作用。但是同时他又指出脱离具体情境的知识依然会被行动者用来改变他们的现状。这里的矛盾性的原因就在于割断了知识的历史性。我的观点是:正是因为有了现在,才更加凸显过去和未来的意义和价值。过去时时刻刻地影响着现在,过去是现在的底色。但是吉登斯应该明白,过去的事实只是时间意义上的现象,为此不能断言过去不再发挥作用了。所以我反对这种断言。对这种断言的颠覆就是承认过去依然存在,并且对现在构成威胁。那么过去对现在的影响或作用形式是什么呢?我建议:过去对现在的意义的方式应该是通过知识影响行动者的行动性质和行动结果包括意图-结果模式。吉登斯指出,逝去的过去至少存在着现在和过去的比较上的意义并且有助于行动者理解当下的情境和行动①。我所赞同的是吉登斯反对这种的观点:产生知识的情境变化了,产生知识的情境上的具体事实成为历史上,走出历史和过去的知识也就陈旧了。吉登斯明确指出"原则上,我们肯定不能说,如果一个情境不复存在,那么有关它的知识对其他场合也就无关紧要了。在这些场合中,这样的知识同样可能被社会行动者用来改变他们的现状。②"但是在这里要特别说明的是:连接知识上的过去与现在

① 如果有人认为,这就意味着又要在历史学和社会科学之间建立明确的分界线,那就有必要指出,即使是对那些已经不复存在的文化进行的纯粹民族志研究,也经常要通过研究这种文化,来与我们自身的文化形成对照,并以此帮助我们理解当今的处境。参见,安东尼·吉登斯:《社会的构成》,[北京]生活·读书·新知三联书店1998年第481页。

② 安东尼·吉登斯:《社会的构成》,[北京]生活·读书·新知三联书店1998年第481页。

的第三条道路，吉登斯还没有开工修筑。

2. 知识对象的知识性连接以及对行动的意义

这里所针对的问题就是话语所表达的知识和行动所表达的知识之间的某种关系，这种关系实际上知识与知识对象之间的关系的另外一种表述。吉登斯对这个问题的认识主要体现在对几个主要问题的表述上。第一，知识对象之间的一种密闭关系。吉登斯这样指出：表达一个概括的陈述和这个概括所针对的活动之间，就存在这种密闭的关系。对一个行动的概括和概括所指涉的行动本身尽管可能有时会出现裂隙，但是二者之间还是存在一种存在性关系。第二，知识对象间具有一种知识性关联。也就是说知识生产的条件既有一个行动性条件，也有一种知识性条件。在社会科学对行动进行概括的过程中，或者说是在创造概括得以成立的那些条件的过程中，知识本身就发挥着重要的作用。吉登斯用经济学的发展和经济法则的产生来说明这个问题，指出：但实际上，在创造这些概括得以成立的那些条件的过程中，经济学的发展本身就发挥了重要的作用。它促进了一种计算态度的发展，这种态度使人们可以对资本进行安排，并促成了其他一些经济活动[①]。第三，抽象的知识或者说匿名的知识和具体的知识或者实名的知识之间并不是时时刻刻地事实性地连接在一起，事实上这两种知识时常以分裂的形式出现。所以这时就会出现吉登斯所说的这样的情况的发生：新近获得的信息并没有改变社会科学研究的这些行为所依赖的动机和理由，比如对于绝大多数人们十分熟悉的新古典经济学"法则"的陈述来说，普通人即使知道，也不会改变和这些法则相关的那些现象[②]。在这里我应该提醒的是：有一个最基本的事实应该清楚。这个基本事实就是：只要行动者获得了一些

① 安东尼·吉登斯：《社会的构成》，[北京]生活·读书·新知三联书店 1998 年第 482 页。

② 也就是说，不管这些概括多么广为人知，作为这些法则基础的普通行动者的动机激发过程和推理过程也不会发生变化。参见，安东尼·吉登斯：《社会的构成》，[北京]生活·读书·新知三联书店 1998 年第 482 页。

知识包括最新的知识或信息，表面上看来并没有直接影响或者（和）作用于构成行动者的行动理由或者（和）成为行动动机激发过程以及行动论证过程，但是这些知识依然要进入行动者的知识结构之中，并对这种结构发生作用，最终对行动者的行动产生影响，不管这种影响是被注意到的还是隐含的，比如或者成为行动的依据或者成为行动的理由或者成为行动动机激发的潜在因素等等。

3. 知识的权力性使用与知识的依附性特征

从广义上说，知识，无论是何种类型的知识都具有依附性，只不过知识依附权力的特征比较突出或明显。吉登斯认为，社会科学知识一般应该具有两种功能，其一是改变对象，其二是维持现状。吉登斯更加强调知识对维持现状的意义。吉登斯说，有一种情况是，新的知识和信息被用来维持现有状况。当然，即使人们通过某种方式，利用这样的理论或发现，改变了它们所描述的现象，它们仍有可能有助于维持现有状况[①]。

社会科学知识维持社会现状的方式就是把持社会科学的知识生产材料，也就是说作为社会科学所研究对象的社会不被社会科学家所拥有[②]，当然这对社会学的知识生产也适应，因为社会学同社会科学一样有相同的命运。吉登斯举例说，有权有势的人可以有选择地把持社会科学的材料，这样就可以将材料为己所用，而如果这些材料被更广泛地传播，它们原本可能会发挥完全不同的作用。吉登斯这句话的言外之意就是社会科学知识的作用或功能是被权力所控制的一种社会现象。如果当权者或者有权者不是为了某种目的而把持社

① 安东尼·吉登斯：《社会的构成》，[北京]生活·读书·新知三联书店 1998 年第 482 页。

② 社会科学家或者社会学家拥有社会，是社会科学或者社会学知识生产的必要条件。当社会科学的知识同权力处在一致性情境的时候，社会就会被权力允许而被社会学家所拥有，从而社会科学包括社会学的知识才能有所增长。否则社会科学也就只能听从权力的安排发挥维持社会现状的这种功能。从某种意义上说，知识生产的这种情况应该被看作是正常的，或者是不要大惊小怪的。因为即便是社会学，即便是社会科学家对所研究的对象只能分有，而不能独有。正是知识对象的这种分配，才决定了社会科学的命运。

会，不是把社会看作是权力者所独有，社会科学知识生产的条件被所有的社会科学家公平的开放，那么，社会科学知识对行动就会产生巨大的作用。但是由于权力者把持了社会和独占了社会，那么已有社会科学知识也就只能屈从权力发挥维持社会现状的功能。实际上，我的意思也表达了这样的一种思想：当社会学家分有（拥有）了社会的时候，实质上也就拥有了权力，拥有了生产知识的权力，也就内含了社会科学家不仅仅作为一般的普通行动者所拥有的权力而是拥有了更大程度上建构行动者或者说为行动者提供行动知识的一般化权力。当然，如果社会科学家包括社会学家不能分有社会，也就不可能有一些新的知识和新的信息；退而言之，即便是有了新知识，对行动者来说，按照吉登斯的说法也就只能维持社会的现有状况，也就是说日常知识和科学知识（包括社会科学知识和自然科学知识）处在一种被人为地隔离状态，行动者只能依据常识从事日常行动。正是有了这种权力性分割，吉登斯在科学知识和日常知识之间所修建的第三条道路才被迫没有开通。

4. 行动者利益的知识性关联与知识分配

吉登斯不仅关注知识生产的各种条件、知识功能实现与权力的关系以及知识流通的社会性制约，同时还关注到了知识应用以及行动者利益和利益实现的知识化条件。

第一，知识应用的社会性条件。吉登斯指出，那些寻找利用新知识的人，没有处在合适的情境中，所以不能有效地达到他的目的。吉登斯这里说的意思包括了知识获得的情境性条件和知识应用的社会性条件。寻找新知识的行动者如果没有合适的情境难以获得这些新知识，另一方面的意思——这是我所引申的意思——即使行动者寻找到了这种知识，也是无法应用这些知识，这也同样同行动者的行动情境相关联。那么，原因何在呢？吉登斯指出：显然，这里所涉及的问题往往是这些人是否接触到各种所需资源。很显然，资源分配的不公正和不均衡，导致了知识获得和知识应用的目的难以实现。这里所说明的问题，其实核心就是：行动者知识化所具有的社会条件问题。

第二,时空超越的权力性梗阻。限定在一定时空情境的行动者如果不能超越这种情境特征,行动者知识化的努力可能是徒劳的。因为如果不能超越一定时空情境下的行动领域就很难获得非己性新知识,也就是说不能有效达到获得新知识改变现存的环境之目的。那么超越自身情境性特征的关键要素是权力,更明确地说:决定着行动者知识化即获取和应用知识的过程和结果不仅仅取决于行动者自身,在吉登斯看来这取决于行动者拥有某种权力。所以,吉登斯提出了这样的看法:比起那些掌权者,他们(指普通行动者)就更难以超越自身活动的情境性特征,无论是在时间上,还是在空间上①。

第三,利益和利益实现的知识性条件。为什么一般行动者不能超越自己行动的领域和时空情境,在吉登斯看来他们缺少知识是一个方面的原因。“而之所以这样,是有许多原因的,包括缺乏教育机会,行动环境比较有限,他们更可能成为‘地方性’(local)的,而不是见多识广的(cosmopolitans),而那些掌权者光是可利用的信息就比他们广泛得多。”地方性行动者和知识性行动者尽管不是同一个类型的概念,但是却说明同一个问题。知识的缺乏也就意味着权益表达和权益实现条件的缺乏。所以吉登斯说,有必要指出,用话语方式表达自己利益,这种可能性在一个社会中往往是不对称地分配的。那些生活在社会较低阶层的人们,可能会受到各种限制,不能用话语方式表述自己的利益,特别是他们的长期利益。同时处于较低阶层的人也不太可能掌握连贯统一、概念复杂的话语,从而也不可能利用这种话语,将他们的权益和各种实现利益的条件联系在一起②。

5. 行动者选择知识的标准

在吉登斯看来,知识对行动的运用不取决于知识本身的性质,而

① 安东尼·吉登斯:《社会的构成》,[北京]生活·读书·新知三联书店 1998 年第 482—483 页。

② 安东尼·吉登斯:《社会的构成》,[北京]生活·读书·新知三联书店 1998 年第 483 页。

是取决于行动者的选择。所以，第一，社会科学知识或者某些发现并不能保证永久性的正确，易错可能是知识的某种特征——当然这是我延伸吉登斯的观点而获得的自己的看法。第二，社会科学知识和这种知识所产生的某些观念能否被普通行动者在行动中所采用由行动者的选择决定。所以，吉登斯指出：很显然，社会科学所产生的那些观念或观察发现的有效性，和它们是否能为普通行动者所采用，二者之间并没有必然的联系。第三，知识与知识转换的信念(知识性信念或者观念)在行动者的选择过程中可能存在一种转换现象，也就是说原本是错误的观念或者是无效性的观察发现，经过行动者的选择可能会转换为一种正确的结论并成为行动的依据或者成为行动的基础。第四，行动者经过选择而接受的发现或者知识或者知识性信念对行动者个人以及行动者的涉身性行动来说如果是无效的，但也不说明描述知识的行动和知识的对象之间没有任何关系，也就是说，接受的发现如果是无效的，绝不等于说对它们旨在描述的行为就没有影响①。

6. 知识对行动的意义取决于行动者的行动内容

我的观点是：相同的知识对不同行动者的不同行动来说有不同的意义，同样不同的知识对于不同或者相同的行动者的行动来说也有不同的意义。知识不管是否相同类型或者同一类型对社会科学家和对普通行动者的行动意义是不同的。所以社会科学家认为重要的东西，不一定和那些打算弄清楚自己行为的行动者一样。

吉登斯的看法是：对于知识所涉及的行动者来说，新的知识琐碎细小，或者难以令人感兴趣。这种情况要比表面看上去重要得多，因为普通行动者和社会观察者所关注的问题是不一样的。所以，在吉登斯看来，无论行动者获得的新知识是否使人感兴趣，是否被人看不起眼，但是对行动者来说都是有意义的和有价值的，因为行动者的行

① 安东尼·吉登斯：《社会的构成》，[北京]生活·读书·新知三联书店 1998 年第 483 页。

动是个体性的，尽管这种行动可以类型化，但是在具体时空条件下的行动对新知识的需要和如何构成行动本身的要素只有行动者自己最清楚。

我的解释是：第一，普通行动者同作为社会科学家或者社会学家的行动者对知识的需求和对知识有效性的认知是有差异的，正是因为这种差异才决定了各自的身份界定和角色差异。吉登斯认为，普通行动者一般首先关注自己在日常活动中所采用的"知识"的实践效用而已①。根据吉登斯的这种看法，可以推演出作为社会科学家的行动者首先关注的应该是知识的理论意义，或者也可以这样说社会科学家更多地关注知识在知识生产中的效用。第二，知识对行动的意义尽管同行动者的行动内容有关，但是行动者对新知识的需要和对新知识的认识也同社会要素有关，比如吉登斯就说明了社会的制度组织对行动者的知识认知所发挥的干扰作用，认为："社会的制度组织在一些基本的特征（包括意识形态，当然不仅限于此），它们限制或者歪曲了行动者对知识的认识。"所以，我在这里还是要强调说明：作为普通行动者对知识本身的认知、对知识是否构成或者何时构成行动的结构性要素、对知识能否作为自己行动的基础或者依据都同行动者有关。

7. 社会科学知识的物化性特征在某种程度上妨碍了知识的价值实现

知识有时会成为知识实现的障碍。吉登斯说：社会科学产生的知识或信息的形式，妨碍了它的实现，或者掩盖了可能实现这种知识的某些方式②。为什么会出现这种现象？这种现象产生的后果是什

① 安东尼·吉登斯：《社会的构成》，[北京]生活·读书·新知三联书店1998年第274页。

② 这方面最重要的例子就是物化的问题。但是这个问题所引发的可能意涵同样也是十分复杂的。如果普通行动者的话语也物化了，那么，社会科学中所产生的已经物化的话语可能会造成不同的效果。参见，安东尼·吉登斯：《社会的构成》，[北京]生活·读书·新知三联书店1998年第483页。

么？我将延伸吉登斯的观点提出我自己的看法。

我的看法是：第一，知识具有物化的形式和被社会所物化的性质。应该说，物化的问题是社会理论中一个很重要的或者说是很关键的问题，也是社会理论发展所难以逾越的问题，所以不少社会理论家特别是马克思有着丰富的物化思想。我将在适当的时候具体考察这种物化的问题。物化必然同知识的物化有关联，这当然又是十分复杂的问题，因为无论是思想的物化还是意识的物化等都同知识物化有关联。我要说明的是，知识有被社会物化的性质，正是有了这种性质，知识的力量性特征才能更充分的显露出来，由此也就内含了知识具有一种物化的形式。第二，物化形式存在的知识有时为知识实现提供条件，但是它也往往成为知识实现的障碍，比如表达知识的话语如果被物化了，那么对知识在行动中的意义或者说更明确地说知识是否能够成为行动结构的有机部分和是否可以作为行动的依据或基础，则是需要讨论的了。所以，物化了的知识因为社会权力机制的作用比如分配的特性等将在很大程度上导致新知识在行动者中和行动中实现的困难。

第三节　行动反思性的知识基础

反思性(reflexivity)是行动和知识固有的属性，人们对反思性的讨论和探索伴随着知识发展的历程，同样也是行动者行动过程的历史性的说明。所以反思性不仅仅是属性而且还是实践的内容和知识的内容[①]。反思性(reflexivity)概念在社会学中也不是一个全新的概念，社会理论包括社会学的知识同人类其他类型的知识一样都具有反思性。所以，社会学的产生也作为社会科学知识的反思性的一个对象进入了反思性的历史过程之中。但是吉登

① 中国学者倪梁康对“自识与反思”的知识史有过比较多的探索，具体内容请参见，倪梁康：《自识与反思》，[北京]商务出版社 2002 年。

斯的反思性更具有理论的意义，这种理论的含义更多地体现在：吉登斯把反思性融进了他的结构化理论并应用这种理论对现代社会的种种特性尤其是现代性进行了阐述。我在这里更关注的是不同于流行视角的问题：知识和行动的反思性赋予了知识行动何种意义？

一、反思性的知识化定义

一说到"反思性"，我们会立即想到：谁的反思，反思什么，怎样反思（利用什么进行反思）。也就是说，反思立即使我们联想：无论是个人层面还是行动的模式化层面，都是对已经过去的事件——行动的结果主要包括言行的结果——大多数以经验或者知识形态存在——利用某些知识进行检视的过程和结果。吉登斯把反思性划分为个体意义上的行动的反思性和制度意义上的现代性反思性——我把这种反思性看作是知识的反思性的一种表现，在我对吉登斯观点的知识行动论的发展中已经牵涉了更多的知识反思性内容，只不过这些内容并没有放在一起阐述，而是在一些相关的地方散布。

1. 从行动的反思性到作为制度实在的现代性反思性

吉登斯的结构化理论是其反思性现代性理论的方法论基础。我认为，吉登斯的反思性，首先指的是行动的反思性，有了行动的反思性才有了现代性的反思性，才有了现代制度层面上的反思性。而这种反思性不仅是行动的基本属性，同时也是行动的组成部分。所以，在讨论这个反思性的时候，第一，我将保留我的主要的看法，并把这些保留放在专门的地方阐述；第二，对行动的反思性我已经在本章的其他地方作为许多的讨论；第三，我将重点讨论作为行动结果以及作为行动模式的现代性的反思性和行动中知识的反思性运用。

(1) 什么是反思性

吉登斯在其结构化理论中用"反思性"来描述行动与知识（思想）

之间的交互关系①。那么,如何界定反思性呢? 在吉登斯看来,反思性作为行动的一种特性,或者作为对所有人类活动的一种界定,反思性指的是"持续发生的社会生活流受到监控的特征②"。吉登斯这样明确指出:从根本的意义上说,反思性,是对所有人类活动特征的界定。人类总是与他们所做事情的基础惯常地"保持着联系",这本身就构成了他们所做事情的一种内在要素③。

吉登斯还把反思性同行动的反思性监控等同起来,吉登斯说:在其他地方我把这(反思性)称之为"行动的反思性监控"。我之所以使用这个短语是为了让人们注意到相关行动过程中始终存在着的这个特征。人类的行动并没有融入互动和理性聚集的链条,而是一个连续不断的、从不松懈的对行为及其情境的监控过程④。在吉登斯看来,行动的反思性监控(reflexive monitoring of action)是指在行动者活动流中体现出来的人的行动的目的性或者意图性;行动并非由一串包含着一堆意图而各自分离的行为所组成,而是一个持续不断的过程。吉登斯的这个定义说明了行动的持续性和意图性中所内含的

---

① 有人这样认为:反思性的概念在吉氏的结构化理论中具有非常重要的作用。作为被不断再生产出来的规则和资源的结构,既是反思性监控的中介,又是这种连续反思性行动的结果。如果抽掉了反思性概念,那么著名的结构二重性理论也就不能成立了。因为正如上文所言,没有了反思性监控,连续的社会行动将是不可想象的,这样结构也就无从产生。从这个意义上来说,我们可以把反思性概念视为结构二重性原理的一种动态表述,它展示了行动(实践)将能动者与结构、主体与客体联结起来的过程(张钰、张襄誉:《吉登斯"反思性现代性"理论述评》,《社会》2002 年第 10 期)。我同意行动反思性是结构化理论成立的条件,但是我不同意把反思性看作是结构二重性的动态表述的说法,因为行动的连续性是由于反思性行动中断和连接(行动片段性的表现)才使得行动得以连续,这个过程实际上是行动的转换过程,由行动的过程转换为反思行动的过程,而反思本身也就成为了行动的组成部分,这也是行动成为知识行动的一个内在逻辑。

② 安东尼·吉登斯:《现代性与自我认同》,[北京]生活·读书·新知三联书店 1998 年第 62 页。

③ 安东尼·吉登斯:《现代性的后果》,[南京]译林出版社 2000 年第 32 页。

④ 吉登斯把反思性同行动的反思性监控等同起来,尽管吉登斯声称这种说法或者说把反思性看作是行动的一种监控并不具有现代性反思性的内涵意义(安东尼·吉登斯:《现代性的后果》,[南京]译林出版社 2000 年第 32 页),但是我认为,这种说法实质上包含了作为制度实在的现代性的意义。

反思特征，这个过程体现了吉登斯理论建构过程中的本体论关怀的努力，因为这种行动的反思性监控首先来源于行动者自身，或者说行动的反思性监控是行动者的一种构成一般行动的行动过程，尽管这种行动同非反思性行动会产生某种差异——正是这种差异的存在才有了行动的本质属性的体现，所以行动的反思性监控同反思性的自我调控(reflexive self-regulation)联系在一起①。

(2) 现代性反思性

行动反思性在逻辑上内含了现代性的反思性(reflexivity of modernity)。我的这个声称取决于这样的说明：行动者的行动作为具体的浅层实名(superficial name)的行动，它的知识化和社会性对任何一种理论解释都是有意义和有价值的。但是无论社会理论包括社会学理论所要关注的问题具有何种形态，但是有一点是公认的和共识的：那就是行动的类型性和行动的模式化，这不仅是解决个人与社会问题的基础条件和组成内容，还是连接日常世界和体系世界的中介。所以行动的反思性直接关联着制度的反思性，这种关联不是一般意义上的关联，而是一种构成性关联(structure conjunction)②。因此，吉登斯行动反思性直接连接了制度的反思性(institutional reflexivity)③，或者说现代性的反思性被包含在行动的反思性之中，或者也能这样说，现代性的反思性也成为了行动反思性的结果。

---

① 在吉登斯看来，反思性自我监控是一种知识化的过程。吉登斯指出：反思性自我监控就是对系统再生产反馈效应的因果循环；行动者对系统再生产机制具备一定的知识并运用这些知识来调控这些机制，这就对反馈产生实质性影响。参见，安东尼·吉登斯：《社会的构成》，[北京]生活·读书·新知三联书店1998年第524—525页。

② 吉登斯肯定不同意我的这种说法，因为吉登斯强调：现代性的反思性必须与内在于所有人类行动的，对行动的反思性监控区别开来(安东尼·吉登斯：《现代性与自我认同》，[北京]生活·读书·新知三联书店1998年第62页)。如果细致分析，实质上我同吉登斯的看法是一致的，因为我把现代性的反思性看作是行动反思性的组成要素和行动反思性的后果，这是吉登斯也一再说明的；同时还因为我并没有把现代性的反思性同一般意义上的行动反思性完全等同起来，事实上二者之间的差别还是明显的，抽象的说法和具体的事件肯定是不同的，但却是相通的。

③ 吉登斯提出，要在总体上把作为人类行动的反思性和作为历史现象的制度反思性之间做出有用的区分。并认为，制度的反思性指的是对系统再生产普遍条件持(接下页)

2. 什么是现代性的反思性

我的看法是：吉登斯之所以从行动的反思性到现代性的反思性的关注点的下移，其基本意图就是企图实现行动与知识的结构化关联，行动与结构的结构化关联，以及实现一般性社会行动到制度化行动的关联，从而在理论上开辟第三条道路：即在一般性行动的反思性和制度化行动反思性之间开辟同这两条道路相关联的现代性反思性的第三条道路，从而用来解释现代社会的制度逻辑和用来说明现代社会变迁的知识行动以及实现制度逻辑与知识行动之间的沟通。当然我的这种说法是否是言过其实，还是返照自身都无关紧要。但是有一点是肯定的：这种说法本身也是反思的结果。

现在，回到吉登斯对现代性的反思性的界定上来。吉登斯明确指出：现代性的反思性指的是多数社会活动以及人与自然的现实关系依据新的知识信息而对之做出的阶段性修正的那种敏感性①。对吉登斯的这个定义，要做出这样几点理解：第一，现代性的反思性更多地同制度反思性联系在一起。或者这样说，现代性反思性实质上就是制度反思性或者说是制度反思性的另外一种表述。现代性的反思性是制度化了的反思性，它发生在跨越时空的抽象系统再生产的层面，而不仅仅是个体行动者对共同在场的互动情境的监控。但是还是要说明：作为现代性的反思性的制度的反思性从本原上看依然来源于个体行动者的共同在场的互动模式化的结果。我们姑且不论反思性本身所具有的行动属性，就是现代性也是社会行动的结果，至少社会制度是行动制度化的结果，而行动制度化是行动模式性和类

(接上页)一种审视性和计算性看法的制度化;它既促进了又反映了传统行动方式的减少。这也同权力的产生联系在一起(这种权力可以被理解为改造的能力)。制度反思性伴随着现代性环境组织(包括全球性组织)的拓殖而扩张。参见，安东尼·吉登斯:《社会学方法的新规则——一种对解释社会学的建设性批判》,[北京]社会科学文献出版社2003年第54页。

① 吉登斯的这个定义是同制度的反思性以及同现代性的总体反思性联系在一起(安东尼·吉登斯:《现代性与自我认同》,[北京]生活·读书·新知三联书店1998年第22页)。吉登斯把反思性尤其是制度反思性看作是现代性的动力之一，另外两个动力是时空分离和脱域机制。制度反思性作为现代性的动力则是需要讨论的。

型化的产物。吉登斯指出：制度反思性(institutional reflexivity)就是定期地把知识运用到社会生活的情景上并把这作为制度组织和转型中的一种建构要素①。第二，现代性的反思性不仅同制度的反思性同义，而且还是以关系所表征的社会实在的一种修改性行动。这里要说明的是：现代性的反思性所涉及的领域包括社会活动所体现的社会行动的直接修改性行动以及对人地关系所表征的社会行动的修改性行动。反思作为行动，在吉登斯看来是一种对行动修改的行动。当然，我的看法是，与其说把修改行动的行动看作是反思性本身，倒不如把这种行动看作是反思的结果。原因当然就是在于我所说的第三方面的意义。第三，现代性的反思性是运用知识的一种行动过程。反思本身作为行动，不是一般意义上的行动，而是运用新知识的过程和结果，这种过程和结果可能就是知识行动。当然，这不是吉登斯所说的，但是吉登斯的阐述中确有这种意义。第四，现代性的反思性首先所体现出来的特征就是对发生在行动者(不管是否匿名)身上的直接社会行动和人与自然关系状态所体现的某种行动进行修改的敏感性，所以这种敏感性就成为事实上的一种现代性反思性的最直接的表现。

二、反思性的知识基础

1. 从现代性反思性的基本内涵分析

首先，现代性反思性的基本意义在于知识的运用②，而且这种运用是一种独特的运用，因为它是把来源于社会行动的新知识和新信

---

① 在《现代性与自我认同》中的概念汇编中，对制度反思性作出这样的解释：制度反思性，即现代性反思性，包括例行化地把新知识和信息纳入到环境当中并予以重构或重组。同时还把历史性(historicity 用历史来制造历史)看作是现代性制度反思性的一个根本方面。参见，安东尼·吉登斯：《现代性与自我认同》，[北京]生活·读书·新知三联书店 1998 年第 273 页。

② 社会科学是对这种反思性的形式化(专业知识的一种特殊类型)，而这种反思对作为整体的现代性的反思性来说，又具有根本的意义。安东尼·吉登斯：《现代性的后果》，[南京]译林出版社 2000 年第 35 页。

息反过来运用于基于这些知识和信息而衍生的行动。在这个意义里，第一，新知识的来源是社会实践，脱离了这种实践任何知识和信息都难以产生，很明显这是具有唯物主义的一个马克思观点。第二，知识最彻底的运用就是运用于自身，也就是说知识来源于社会实践同时也在这种社会实践中使用，所以知识最终使用的领域只能是社会实践。

其次，通过知识运用于产生它的社会实践，从而在结构上改变社会实践的特征。社会实践作为社会行动的一个方面或者社会行动的另一种表述，含有更多的知识要素，才具有更高的价值。社会实践这个特征的改变必须以知识的运用为前提或者为依据。离开了知识，社会行动的品质就值得怀疑。当然这是我的表述，但是却启发自吉登斯的有关思想。

再次，通过知识反思性运用和在结构上改变社会行动的特征，从而使得知识成为制度组成和转型中的一种建构要素。我认为这种说法，在吉登斯那里实际上间接证实了或者提供了知识行动论存在的依据。因为，就从这一点来说，通过知识行动，第一，知识变成制度组成的构成要素。今天的任何制度都毫不例外地融进了知识性要素，都被知识化了，所以制度知识化成为了制度社会化的条件和内容。知识成为制度的构建要素，也就是说制度成为了知识的某种结果。第二，知识成为制度转型的构建要素。知识不仅构成了制度，而且知识还成为制度变迁的建构性要素。吉登斯对制度转型的知识化意义上的描述，是很有意义的①。因为宏观上分析，传统制度到现代制度的转变过程实际上可以看作是知识的结果，或者直接说是知识化的结果；从微观上分析，即便是一个具体的社会制度不仅它本身含有知

① 对现代制度来说，这种知识信息并不是无关的，而是其本身内在的组成因素。这是一种复杂的现象，因为在现代社会条件下，存在着对于反思性反省的诸多可能性。社会科学在现代性的反思性中扮演一个基本的角色，它们并不仅仅以自然科学所采取的方式来“积累知识”。参见，安东尼·吉登斯：《现代性与自我认同》，[北京]生活·读书·新知三联书店 1998 年第 22 页。

识而且它的产生和转型也是知识的运用结果，也就是说社会的制度化过程同社会的知识化过程是一个同构的过程。这个原理说明制度的转型尤其是现代性的确立或者知识化社会的形成必须重视社会的知识化，建构学习型社会和形成学习型组织是制度传统向现代的制度转型以及制度持续变迁的应有之义。

2. 从现代性反思性的历程来考察

(1) 前现代反思：解释传统和传承知识

在吉登斯看来，在传统社会中，反思的基本功能就是解释传统和传承知识。就对传统和知识的解释与传承的机制来说，由于在传统社会中，对行动的反思监控与社区的时空组织融为一体。这时的知识仅仅是经验性知识，多数是以经验、常识、习惯等为存在方式。由于在这种社会中，时空伸延(time-space distanciation)的范围极为有限，作为反思中介的所谓知识大多局限于行动者个人及其所属共同体的经验、习俗、惯例等，这些本地知识只能在特殊的情境中产生、发展和获得其有效性，所以，这时知识更加具有涉身性和经验性[①]。尽管文字的发明大大扩展了时空伸延的范围，使知识的跨时空传播成为可能，但反思在这时候仍然在很大程度上被用来解释传统，而非创造未来，但是对行动的意义就是可以通过解释传统性的反思行动承继历史。

在吉登斯看来，在传统社会中，由于包含着世世代代的经验并使之永生不朽的过去成为人们行动的依据，所以过去受到特别尊重，符号极具价值[②]。这时传统是一种将对行动的反思监控与社区的时空组织融为一体的模式，它是驾驭时间与空间的手段，它可以把任何一种特殊的行为和经验嵌入过去、现在和将来的延续之中，而过去、现

① 对这种知识特性的表达，参见，郭强：《企业隐性知识显性化的外部机理与技术模式》，《自然辩证法研究》2004年第4期。

② 吉登斯为此指出：在前现代文明中，反思在很大程度上仍然被限制为重新解释和阐明传统，以至于在时间领域中，"过去"的方面比"未来"更为重要。参见，安东尼·吉登斯：《现代性的后果》，[南京]译林出版社2000年第32—33页。

在和将来本身,就是由反复进行的社会实践所建构起来的。传统并不完全是静态的,因为它必然要被从上一时代继承文化遗产的每一新生代加以再创造。在处于一种特定的环境中时,传统甚至不会抗拒变迁,这种环境几乎没有将时间和空间分离开来的标志,通过这些标志,变迁具有了任何一种富有意义的形式[①]。照我看来,传统实际上成为了一种连接经验性知识和大众化行动的中介,正是因为有了传统,才有了历史,才有了历史所承载的知识,才有了社会变迁的条件,才有了行动的制度化和行动的知识化的不断进展,才有了社会的持续发展。

由于传统的知识化内涵,使得传统不仅成为延续到现代的起点,而且传统的合理化也同知识的证明连接在一起。吉登斯指出:传统,只有用并非以传统证实的知识来说明的时候,才能够被证明是合理的。这就意味着,甚至在现代社会中最现代化的东西里面,传统与习惯的惰性结合在一起,还在继续扮演着某种角色[②]。我认为,尽管吉登斯在提出这个说法的时候并没有给出很清晰的证明,但是,这里所表达的意思是很清楚的。传统作为一种行动模式、作为一种知识形态,只有同现代性的比较中,只有用非传统的行动模式和非传统的知识形式对它进行说明的时候,才能有效地表现为一种合理化的状态。所以,传统作为解释历史行动的工具,作为承载以往知识的方式是同现代社会的某些特性偶合在一起的,传统在现代社会中依然扮演着十分重要的角色。我在分析行动类型的时候将要分析传统行动,届时将具体讨论传统行动与传统模式的关系、传统知识与现代知识的联系等问题[③]。

---

① 安东尼·吉登斯:《现代性的后果》,[南京]译林出版社 2000 年第 33 页。

② 由于传统所承载的知识内容和形式十分复杂,所以我在这里做出的讨论仅仅是一带而过形式上的,我将在适当的时候进行详细讨论。关于吉登斯的这个说法,请参见,安东尼·吉登斯:《现代性与自我认同》,[北京]生活·读书·新知三联书店 1998 年第 33 页。

③ 对吉登斯的这种说法我是有保留的。这种说法就是:传统的这种角色,并不如那些关注当代世界中传统与现代整合的论者们所设想的那般重要。因为,所谓已经(接下页)

（2）现代性反思：创造未来的知识努力

吉登斯认为：由于书写文字的出现，扩展了时-空伸延的范围，产生出一种关于过去、现在和将来的思维模式。根据这种模式，对知识的反思性转换从既定的传统中分离了出来①。

我的诠释：正是这种分离才使得反思出现了新的特征，成为了现代性的反思性。这种不同的特征就是：反思性被引入系统的再生产的每一基础之内，致使思想和行动总是处在连续不断地被此相互反映的过程之中。如果不是"以前如此"正好与（人们根据新获知识发现的）"本当如此"在原则上相吻合，则日常生活的周而复始与过去就不会有什么内在的联系。我要特别指出的是：吉登斯的这种声称具有特别的知识行动论意义。正是有了以知识为基础的反思性扎根在系统再生产的每一个基础之中，才形成了知识与行动之间的那种连续不断的相互作为的一种特别的结构性关系，才使得知识与行动处在一种永不停息地相互连接过程之中。

以知识为基础的现代性的反思性之所以把知识和行动紧紧地连接起来，在吉登斯看来主要原因就是现代性反思性所具有的知识化特性。第一，吉登斯指出：对现代社会生活的反思存在于这样的事实之中，即：社会实践总是不断地受到关于这些实践本身的新知识的检验和改造，从而在结构上不断改变着自己的特征。我们必须明白上述这种反思现象的性质②。我的解释是：知识所具有的实践性或者说

（接上页）被证明为合理的传统，实际上已经是一种具有虚假外表的传统，它只有从对现代性的反思中才能得到认同（安东尼·吉登斯：《现代性与自我认同》，[北京]生活·读书·新知三联书店1998年第33—34页）。我之所以对这个论断进行保留是因为，无论是否经过现代性的反思性认同，无论是否经过非知识的何种证明，传统连接历史的意义以及所扮演的角色是难以替换的，因为传统作为行动模式同现代性的行动模式有着目前还没有完全清楚的关系，因为传统作为知识形态依然可以使现代成为传统（传统的现代化和现代的传统化事实上是同一个过程），至于传统在现代性的蹂躏下以何种伪装的形式出现以及在现代性下起到何种作用，不是取决于传统自身，而是取决于非传统知识对传统知识的说明形式和意图。

① 安东尼·吉登斯：《现代性的后果》，[南京]译林出版社2000年第33页。
② 安东尼·吉登斯：《现代性的后果》，[南京]译林出版社2000年第34页。

知识的行动性特征是反思性行动本身的本原性特征，这种特征牵涉到知识的反思问题——作为行动反思与行动反思结果的制度化反思即现代性反思——的条件。但是这里吉登斯所强调的反思现象的性质给了知识行动论上的想象，因为实践行动的成立条件瞄定在知识上，是非常有意义的。实践行动的检验和改造以及这种行动的结构化特征都是建立在知识的基础之上的。第二，社会生活的形式是由知识构成的。吉登斯指出：所有的社会生活形式，部分地正是由它的行为者们对社会生活的知识构成的[①]。吉登斯的这句话告诉我的是，现代性反思性行动依据的社会事实的知识属性。不仅在实践行动的层面上，就是在行动者社会生活的层面上，反思行动所依据的事实都是由知识所构建的。所以，所有的社会生活形式甚至任何社会生活形式都是由社会生活的知识所组成所建构，但是社会生活形式的这种构成性和社会生活的这种知识性，尽管可能不是社会生活的所有属性，可是依然是社会生活形式的最突出的属性。正是在这种意义上，吉登斯说：知道了“如何继续行动”这一点，对人类行动所继承并加以再造的习俗来说，具有本源的意义。第三，现代性是行动者反思性运用知识的结果。所以，吉登斯认为，现代性，是在人们反思性地

① 人们有关社会生活的知识(即便这种知识已经尽可能地得到了经验的证实)了解得越多，就越可以更好地控制自己的命运，是一个假命题。这个命题对于物质世界而言，也许是真的(但也值得争论)，对于社会事件的领域则并非如此。假如社会生活能够完全从人类关于它的知识中分离出来，或者，假如这种关于社会生活的知识能够被源源不断地输入到社会行动的理性之中，一步步增加与人们的特殊需要相关的行动的“合理化”程度，那么，增加我们对社会世界的知识，也许就能够促进我们对人类制度更具有启发性的知识的进步，因此也能提高对这些制度的“技术性”控制的程度(安东尼·吉登斯：《现代性的后果》，[南京]译林出版社 2000 年第 38 页)。对吉登斯这种说法所蕴涵的问题就是：作为构成社会生活形式的社会生活知识真是对行动者把握和控制命运没有意义吗？如果有意义，那么吉登斯为什么又把这种命题看作是假命题呢？如果没有意义，那么吉登斯又为何把行动者的关于社会生活的知识看作是任何社会生活形式的构成要素呢？所以，我的意见是：吉登斯所提出的，假如事实上都是事实，因为社会生活能够完全从关于它的知识中分离出来，否则也就不会有社会生活形式的出现；关于社会生活的知识可以通过某种机制源源不断地输入到社会行动的理性之中，从而增加行动的理性化程度——以行动的知识化为基础；社会生活形式的形成和社会行动理性化提高确实可以形成制度的知识化机制和对知识的反思性监控。

运用知识的过程中(并通过这一过程)被建构起来的。在吉登斯看来,任何一个子系统的再生产在现代社会都必须以外来的专门知识的复植(reembedding)为前提。这种复植机制使得脱域后的社会关系失效以及非公共知识的公共化,从而建构了现代社会所具有的性质也就是现代性。所以,在现代性中,几乎找不到哪一个实践领域不是由专家系统的知识参与建构的。我们说现代性的反思性主要体现在抽象系统层面,并且,专门知识在社会子系统之间的相互嵌入还是系统有机整合的一个关键因素。当然在现代性反思性过程中运用的知识到底是什么形式和何种性质的知识,吉登斯也有一些说明。我的理解这些知识肯定不是确定性的知识。第四,现代性的反思性或者说现代性的特征不仅包括运用知识建构现代社会的特性,而且还包括对反思性自身的反思①。吉登斯认为,现代性的特征实质上的内容就是对反思性的认定,这种认定本身实质上又是对反思性自身的反思。按照我的解读,这种对反思性自身的反思包括对反思性本身所依据的知识的反思以及对构成反思性要素的事实的反思——尽管这种事实也是由于知识运用和修改的社会行动所形成的。

三、知识的反思性运用

对知识的反思和对知识的反思性运用不是同一个概念。很显然,对知识的反思性运用当然地包括了对知识的反思,对知识的反思

① 吉登斯对现代性的特征构建中所显示的特征到底是以新知识诉求为标识还是以对反思性进行反思为标识做了简要的讨论。我认为这种讨论还是有意义的。吉登斯这样说:在所有的文化中,由于不断展现的新发现,社会实践日复一日地变化着,并且这些新发现又不断地返还到社会实践之中。但是,只是在现代性的时代,习俗才能被如此严重地受到改变。由此可能(在原则上)应用于社会生活的各个方面,包括技术上对物质世界的干预。人们常说现代性以对新事物的欲求为标志,但这种说法并不完全准确。现代性的特征并不是为新事物而接受新事物,而是对整个反思性的认定,这当然也包括对反思性自身的反思(安东尼·吉登斯:《现代性的后果》,[南京]译林出版社2000年第34页)。

可以看作是对知识反思性运用的内容和条件[①]。

知识的反思性运用的内容，吉登斯做出这样的说明：关于社会生活的系统性知识的生产，本身成为社会系统再生产的内在组成部分，从而使社会生活从传统的恒定约束中游离出来。吉登斯认为，知识——通常理解为对知识的占有[②]——被反思性地运用于社会行动时，要受到四类因素的渗透或者影响。

1. 权力分化的影响

权力的分化或者不同权力对知识的反思性运用有较大的影响[③]。吉登斯在分析这种影响的时候，强调了两个方面。第一个方面就是，不同的权力在运用知识上有不同的形式或者表现。吉登斯说，一些个人或者团体对某些专门知识的运用更加得心应手。我的说明是：对于某种知识，有的人或团体可以运用，但是对另外一些个人或团体却难以运用，这其中的原因不是个人或者团体的能力而是不同的人或团体拥有不同的权力。我在其他的地方可能已经表达过这样的意思：知识的任何运用包括何种知识的运用、何时运用知识和运用多少知识——就像马克思所揭示的某些原理一样——都绝对受到权力的影响和制约，当然最终取决于资本的制约。我认为，这条原理存在的条件并没有随着知识的增加而有任何改变。第二个方面就是权力得

① 关于知识的类型，吉登斯从宏观上这样指出：人们通常认为，自然科学在把现代观念与过去的精神状态区别开来方面做出了卓有成效的努力。即使那些偏爱阐释型社会学而非科学型社会学的人，也常常承认社会科学与自然科学之间有着一点联系（尤其是科学发现所引起的大规模的技术发展）。但是，社会科学实际比自然科学更深地蕴含在现代性之中，因为对社会实践的不断修正的依据，恰恰是关于这些实践的知识。而这正是现代制度的关键所在。参见，安东尼·吉登斯：《现代性的后果》，[南京]译林出版社 2000 年第 35—36 页。

② 把知识仅仅理解为对知识的占有仅仅是对知识理解的一个部分，因为知识所包括的内容十分广泛，不仅有对知识的占有，还有知识获得的形式和程度、知识的性质和认定等等许多方面的内容。对吉登斯的说法，可以参见，安东尼·吉登斯：《现代性的后果》，[南京]译林出版社 2000 年第 47—48 页。

③ 吉登斯说：在分析权力同知识的关系时，在事实上十分重要，但是从逻辑上说最不令人感兴趣，或者至少在分析地掌握它时是有困难的。参见，安东尼·吉登斯：《现代性的后果》，[南京]译林出版社 2000 年第 38 页。

到知识的方式是各异的。吉登斯说：对于那些拥有权力并且能够使知识服务于部门利益的人来说，知识的适用并不是以一种同质的方式实现的，而经常是以不同的方式得到的[①]。这里，吉登斯就说明了权力不仅对运用知识上有制约，而且还说明了权力在获得知识方式与知识对权力群体的适用方式上的分异。

2．价值的作用

价值与经验知识是在相互影响的网络中彼此连接的。我的说明是：尽管知识不等于价值，但是知识的获得性运用对行动者的价值观念的影响是十分突出的。知识引导观念，知识改变行动是我的基本理论假设，在吉登斯的阐述中已经给予了简略的论证。吉登斯说：价值秩序的变迁并不依赖于社会世界不断变化的前景中所产生的认识论。假如新知识依赖于一种关于价值先验的理性基础，情况当然就不同了。但是并不存在这样的价值理性基础，并且，由于知识输入而导致的世界观的变化与价值取向变化之间的关系，是变幻不定的。我的解释是：个人价值观念和社会价值秩序的变迁尽管不取决于社会变迁过程中的认识论，但是确实是以这种认识论——更确切说是知识论——为基础。对是否存在先验的价值理性基础的哲学问题，尽管我不想加以讨论，但是无论是新知识还是先验的价值理念对个人价值观的构成和社会价值秩序的建构——包括解构与重构的过程——都是有意义的。所以经验知识和价值秩序是关联的，而且是在相互影响中所实现的这种关联。

3．未预期后果的影响

吉登斯说：运用关于社会生活知识的结果，会超出那些用此知识去实施改变的人们的种种预期目的[②]。我认为，吉登斯的这种说法说明了社会生成的方式与知识生成的方式以及行动生成的方式。社会的发展是在偶然和必然的关联性中实现，行动者使用知识达到或实

① 安东尼·吉登斯：《现代性的后果》，[南京]译林出版社2000年第38—39页。
② 安东尼·吉登斯：《现代性的后果》，[南京]译林出版社2000年第48页。

现自己的行动目的，这是行动的一般性过程，在这个过程中行动的目的都是行动者所预期的。社会发展的逻辑正是这种知识的生成性秩序的结果。但是知识运用所产生的未预期后果，却为知识、行动以及社会的生成提供了新的路径。

4. 反思性本身的影响

反思本身对反思性运用知识也有一定的影响①。吉登斯提出把反思作为对知识反思性运用的影响因素，应该说是基于这样的考虑：人们所积累的社会生活的知识再多，也不能完全覆盖作为它的服务对象的所有情况，即使这些知识完全源自它所运用的环境。假如我们关于社会领域的知识仅仅是越来越完善，未预期后果就会越来越被限制住，不期望发生的后果就会越来越少。可是，对现代社会生活的反思阻断了这种可能性，反思本身构成了影响知识反思性运用本身的因素②。这时反思本身就成为知识进化的一个条件，这个条件在不经意中也成为了知识运用的一个条件和成为未预期后果比如结构出现的一种机制。吉登斯还认为：与系统化的自我认识的不断产生直接相关的现代性的反思性，并没有在专业知识和运用于非专业化行动的知识之间确立固定的关系。专业观察者所宣称的知识（在某些部分，并且在许多不断变化着的方式上）重新又进入到它所指涉的对象之中，从而（在原则上，但同时也在实践上）又改变着它所指涉的对象③。

---

① 吉登斯又把这种影响因素看作是双向阐释过程中社会知识的循环，是知识被反思性地运用于系统再生产的那些条件，从而内在地改变了它原初所指涉的氛围。参见，安东尼·吉登斯：《现代性的后果》，[南京]译林出版社 2000 年第 48 页。

② 吉登斯认为，这里问题的关键，不在于没有一个稳定的社会世界让我们去认识，而在于对这个世界的认识本身，就存在着不稳定性和多变性。参见，安东尼·吉登斯：《现代性的后果》，[南京]译林出版社 2000 年第 39 页。

③ 在自然科学中就不存在与此过程类似的情况，在量子物理学领域中，观察者的干预也改变着正在被观察的东西，但是这与社会世界的情况是完全不同的（安东尼·吉登斯：《现代性的后果》，[南京]译林出版社 2000 年第 39 页）。这里牵涉到吉登斯的双重阐释学的有关问题，请参见有关讨论。

第四节　常识知识与专家知识

我在这里对吉登斯的理论有一个基本的声称：在寻找理论知识的第三条道路时，吉登斯并没有忘记还有其他道路，不管这样的道路是否能够走下去。所以吉登斯关注了生活世界和体系世界以及二者之间的关系。这种关注不仅在建构结构化理论的过程中得以体现，同时在对现代性进行分析的时候也进行了关注性说明，而且这种关注应该说是从对知识的关注开始的。

一、挑战哈贝马斯：日常知识与专业知识存在何种关系

日常生活世界和社会体系世界以及二者之间的关系问题是沿现象学以及现象学社会学以来的社会理论尤其是理解社会学理论必须顾及的问题。吉登斯在讨论这个问题时，对哈贝马斯的观点提出了挑战。

吉登斯指出：专业化知识是现代性条件下亲密性的一个组成部分，它不仅表现为五花八门的心理治疗和心理建议，而且也出现在大量的书籍、文章和电视节目所提供的如何建立和搞好"关系"的技术信息中。

吉登斯提出：这是否真的意味着，抽象体系"殖民化"了先于它们而存在的"生活世界"，并使个人的决定都要从属于专业化知识？

吉登斯解答：事情并非如此。理由有两方面。一是现代制度并非只是简单地将它们自己嵌入进了"生活世界"，残存在后者中的遗产基本上还是依然故我。日常生活性质的变化也以辩证的相互作用形式影响着脱域机制①。第二个原因是，在与抽象体系经常性地发生

① 脱域的过程也就意味着社会生活变得更加依赖于知识的抽象系统和交往的非个人形式，其基本形式主要包括教育和读写能力的广泛脱域以及诸如信用卡、货币等象征符号的普遍应用。

相互作用的过程中，非专业人士作为行动个体不断地再使用着专业技术知识。在现存的极其复杂的知识体系的无数门类中，就是否掌握了全面的专业化知识或是否具有正式文凭或专业证书而言，没有哪个人会成为专家；但是，也没有哪个人能够在不掌握建立在抽象体系之上的某些初步的基本原理的情况下，就与抽象体系发生相互作用①。

我的评析：第一，在日常生活世界和社会体系世界的关系上或者直接地说在日常知识和专业知识之间的关系上，吉登斯并没有走上第三条道路，吉登斯理论创造的中庸化的调和模式在这个问题上并没有直接体现。如果按照吉登斯的思维（中庸化模式），在日常知识和专业知识之间还应该有一个知识类型，由此对应的是在日常生活世界和社会体系世界之间还应该有一个缓冲带世界。但是吉登斯并没有这样做。原因不得而知，但是有一点是要考虑的：那就是对传统的依恋或者说情结。第二，在处理日常生活世界和社会体系世界的关系上或者说是在处置日常知识和专业知识的关系上，吉登斯强化了日常生活世界（知识）的坚挺性。但是吉登斯也不得不承认以专业知识为主要内容的现代制度对生活世界的侵入。在承认这种侵入的前提下，吉登斯才讨论了现代制度同生活世界的关系以及对应的专业知识与日常知识的关系。按照吉登斯的观点，尽管现代制度对生活世界进行插入，但是由于进入的形式和性质非常复杂，生活世界尽管有了异样形态，但是现代制度（体系世界）并没有完全对日常生活世界的殖民和占有，因为残存在生活世界中的遗产基本上还是依然故我。行动者依然按照习惯、遵循常识进行独立的行动。同时吉登斯还认为，日常生活性质的变化也以辩证的相互作用形式影响着脱域机制。第三，在形塑个体行动以及由个体组成的日常行动中，以经验为主要内容的常识性知识和以科技为主要内容的专业化知识一同发挥作用。行动的知识结构已经转化为行动的某种社会结构，这种

① 安东尼·吉登斯：《现代性的后果》，[南京]译林出版社 2000 年第 126—127 页。

转化就是专业知识和常识知识相互作用的表现形式。行动只要具有社会性,或者说只要在社会中发出行动,那么必然要以对抽象体系的认知为条件,这是行动社会性的基本插件。所以专业知识的掌握和日常知识的应用在社会意义上是不能截然分开的。

二、常识知识:日常生活世界的行动结构

1. 再技能化:知识的再次获得

知识的增多必然带来功能范围的扩大,这时对行动者来说,日常生活的再技能化[①](reskilling)也就成为在现代社会生活和行动的必要过程[②]。

我首先从地方性知识的变化来考察再技能化。吉登斯认为,在前现代环境中[③],个人曾经拥有的"地方性知识(local knowledge)"是极为丰富和多样的,并且,这些知识与地方情境中的生活的种种要求相适应。吉登斯的这个说法很确切地描述了传统社会中知识的主要形式以及这种知识所具有的一般特性。我们知道,在传统社会中,行动者拥有丰富多彩的和种类繁多的地方性知识,这些知识往往是涉身性和情境性知识,而且是知行合一性知识,对行动的实施非常有效。同时我们还知道这些知识是毋庸置疑的知识。

但是现代社会的生活样式使得行动者对待知识的态度发生了变化。吉登斯疑问:今天,当我们打开电灯时,我们当中究竟有多少人了解电力供应来自何方?或者,进而从技术意义上说,电究竟是什么

① 对 reskilling 的翻译方法目前还不统一,比如有的译做"再熟练化",有的译做"再技能化",有的译做"再技巧化"等。我考虑到要结合行动或者实践的意义使用这个概念,便通用为"再技能化"。

② 吉登斯在这里所提出的再技能化实质上同我所使用的继续知识化有着同样的意义,知识的变化(知识陈旧与知识更新)、知识使用环境的变化等因素就要求行动者必须继续知识化。参见,郭强:《现代知识社会学》,[北京]中国社会出版社 2000 年。

③ 吉登斯认为,如果我们把非专业人士或是专家们的经验都看成是个人的经验,这对他们来说就那是不真实的。对我们所有这些生活在现代世界的人来说,事情还特别难以理解。但是,在某种程度上,它以前却并不是如此难解。参见,安东尼·吉登斯:《现代性的后果》,[南京]译林出版社 2000 年第 127 页。

东西？吉登斯认为，在高度现代性的时代，对科学、技术以及对其他形式的、艰深的专门知识，普通人所表现出的态度同样是混合型的，如崇敬和冷淡、赞同和焦虑、热情和厌恶等[①]。

在现代性条件下，地方性知识作为一种经验性的和常识性的知识形式也发生了很大的变化，这种变化就是再技能化原因的一个主要方面。专业性知识同地方性知识的融合性重新获取过程就是这种再技能化的一种主要形式。吉登斯指出：尽管“地方性知识”再也不可能以它从前的形式出现，但知识的过滤和日常生活的技巧决不只是一个单向的过程，生活在现代情境中的个人对所处的地方环境的了解也并不比生活在前现代文化中的人更少；现代社会生活是一件很复杂的事。而且有许多技术知识的“回滤”的过程：非专业人士以这样和那样的形式对技术知识加以再使用，不断地将其运用于他们的日常活动的过程之中。专业知识和对它们的再使用之间的相互作用，受到交汇口经验（以及其他因素）的强有力的影响。对专业技术知识的再使用过程，与社会生活的所有方面相关[②]。

再技能化实际上体现了日常知识与专业知识之间的一种关系以及日常生活世界和社会体系世界之间的关系。吉登斯认为，再技能化无论涉及个人生活的亲密关系还是较广泛的社会活动，都是对抽象系统剥夺后果的普遍性的反应。吉登斯的这个观点，暴露了他在处理日常生活世界和社会体系世界之间的矛盾，因为既然把再技能化看作是抽象系统对行动者剥夺后果的一种普遍性反应，那么这种剥夺难道不是哈贝马斯意义上的日常生活世界被社会体系世界所殖民的一个重要的或者说一个核心的标志吗！当然我在这里不会纠缠日常知识与抽象知识之间的社会性关联

① 吉登斯认为，在现代性条件下，对待科学知识的态度在行动者之中是没有差异的，科学家也有类似的态度。吉登斯说：“这类态度也表现在哲学家和社会分析家（自身也是某种专家之一）的著作中（安东尼·吉登斯：《现代性与自我认同》，[北京]生活·读书·新知三联书店 1998 年第 7 页）。”

② 安东尼·吉登斯：《现代性的后果》，[南京]译林出版社 2000 年第 127—128 页。

问题。

吉登斯为行动者行动再技能化设定了一定的条件。这种设定是基于对再技能化问题的认识。在吉登斯看来,再技能化是情境变量,并且也趋向于对特定的场景要求做出反应[①]。吉登斯所设定的条件就是:当牵涉到个人生活中的重大转折(importance transition)或者要做出富有命运特征的决策时,个体可能会在更大的程度上使自己再技能化。

由于再技能化是以知识为中心的一个获取新知识的过程,所以再技能化总是受到知识自身特性的影响和对知识的评价问题的影响,因此,吉登斯指出:再技能化总是不完善的,倾向于受专家知识可修正的特性及专家之间的论争所影响[②]。

2. 日常生活操作化:加工知识的过程与结果

获得了知识并运用知识,这种知识化的过程仅仅是知识问题的一个方面,另一方面也是非常重要的方面就是要能够对获得的知识进行加工。我认为,这种加工的过程同时也包括了行动者再技能化的过程。修改知识意味着行动者修改行动和建构自己的日常生活。在这样的情况下,吉登斯就提出了日常生活操作化(deskilling of day-to-day life)的问题。

什么是日常生活操作化?吉登斯这样解释:当地的技能和知识被脱域(抽离 disembedding)而进入到另一个抽象的系统,并依照技术性的知识来对其加以重新认识的过程。这个过程一般都伴随着再占有的互补过程[③]。而且吉登斯还认为,日常生活的操作化,就自我

① 当然,我们可以提问:这种情境是如何建构的?因为这牵涉着一个重大问题:行动者再技能化的情境即日常生活世界到底具有何种属性和处在什么状态?这是行动者对特定情境做出反应的条件。

② 安东尼·吉登斯:《现代性与自我认同》,[北京]生活·读书·新知三联书店1998年第7页。

③ 安东尼·吉登斯:《现代性与自我认同》,[北京]生活·读书·新知三联书店1998年第272页。

所被关注的情形来说，是一种异化和细碎化的现象①。

我对这个概念的解释：第一，日常知识的脱域是事实上时空分离的一种表现形式，这种脱域更多地具有社会意义。因为从知识的特性来说，知识的抽象化来源于知识的脱身即知识的非己化。但是对日常知识的脱域来说，更多地表现为地方性知识脱离了产生自身的原来情境。第二，脱域后的这种经验性的地方性知识被重新纳入到另外的一个抽象系统之中。可以想象，如果这些脱域后的日常经验包括一些具体行动的体验不能进入到另外抽象系统之中，那么这种脱域就是没有任何作用的②。第三，脱域后的日常经验性知识必须依照已存的知识形态和知识的技术指向进行加工性认识，当这种认识获得了新的知识形式后便会再次进入日常生活世界，从而成为日常行动的构成性要素。

关于日常生活操作化的机制，吉登斯有这样的观点：第一个观点，脱域的过程或者抽离的过程就是一种丧失的过程。之所以是一个丧失的过程，就在于日常的生存有赖于将这些技能融入到当地社区以及物理环境背景中的有组织性活动的实践方式中去。但是随着抽象系统的扩展，日常生活的状况发生了改变并又在更大的时空坐标中重新组合起来，这样的抽离化的过程就是丧失的过程。这种丧失的过程是随着地方性知识的功能发挥障碍③和地方性控制的瓦解而逐步进行的。吉登斯说：由于抽象系统特别是专家系统侵入到日常生活的所有方面中去，其所产生的抽离感使得先前存在的地方性

① 也就是说，日常生活的操作化同抽象体系的操作化是联系在一起的过程。吉登斯指出：抽象系统的操作化不仅表现在工作场所，而且表现在它们所触及的社会生活的所有部分。参见，安东尼·吉登斯：《现代性与自我认同》，[北京]生活·读书·新知三联书店1998年第159页。

② 我认为，如果日常知识的脱域不能进入新的抽象系统，那么社会科学包括社会学也就没有存在的任何理由了。脱域同植入是社会科学特别是社会学的基本任务。

③ 在吉尔兹(Geertz)看来，在大多数前现代社会的非常强烈的地方化生活中，所有的个体都有许多与他们的日常生活有关的技能和各种类型的“地方性知识”。但是，在日常生活的操作化过程中这些知识和技能在原初意义的功效就会降低或者失去，行动者要在这种情况下适应性生存，就必须再技能化，用我的术语说就是要继续知识化。

的控制渐渐瓦解。第二个观点，丧失知识与获得知识以及依附在知识之上的一切体现出日常生活操作化的两个方面。一方面表现为某种丧失，另一方面又表现为一定获得。所以，吉登斯反对把丧失看作是权力从某些个人或群体转移到其他的人身上，原因是由于专家知识系统中的内在的专业化，使得所有专家们的大部分的时间又都成了外行人，抽象系统的来临，建立起没有人能直接控制的社会影响方式。但是在这里需要说明的是：吉登斯也承认，在知识的转移中获得权力的事实。吉登斯指出：权力的转移确实是以这种方式发生的，但是它们并非穷尽所有的方式。比如专业医学的发展已经导致把曾经由许多外行人所掌握的知识和治疗技术"过滤掉"。医生和许多其他专业中的专家，从他们的临床规范中所接纳的知识观中获得权力①。第三个观点，由于丧失和获得是日常生活世界变化的内在逻辑，所以当行动者失去了知识的时候，依然可以重新获得知识和技能，所以日常生活的操作化并不影响行动者的行动资格，即行动者依然是有能力和知识行动者。吉登斯指出：在工作场所，新的技能不断涌现，并且在某些部分恰是出那些其活动被操作化的人所提出的。在社会活动的许多其他部分，类似的一些事情也是真实的，在那里，抽象系统的影响使其自身被感受到。因此，吉登斯认为，不管外行人可能丧失的知识上的技能和形式是怎样的，在他们行动发生并且在某个部分上这些活动会持续地重组的行动背景下，他们仍然算是有能力的和有知识的。第四个观点，控制的辩证法，也就是我说的丧失与获得的日常生活操作化的内在逻辑。吉登斯指出：对外行行动者知识和控制上的重新滥用是"控制的辩证法"的一个基本方面。因此，日常技能和可知性是处在一种与抽象系统的剥夺效应（expropriating effects）的辩证关系中，并会持续地影响和重塑这类系统对日常存在

① 安东尼·吉登斯：《现代性与自我认同》，[北京]生活·读书·新知三联书店1998年第159页。

所产生的影响本身①。

接下来我将处理日常生活操作化所带来的问题。第一个问题是：日常生活操作化显现了日常知识被专家所占有的一种社会机制。问题是：日常知识是一个被专家所独占的过程吗？吉登斯的回答是否定的。吉登斯认为，这种操作化(deskilling)不仅仅是一个日常知识为专家或技术专家所独占的过程②。我的解析是这样的：日常知识被专家所分有的过程就是日常知识脱域的过程。请注意：我把这个过程看作是同表征抽象体系的专业知识野蛮地或者温柔地插入日常生活世界一样为一种殖民过程，因为插入同拿走具有同样性质。

再提醒注意：这个过程不体现爱情，这只是社会发展的规律性的式样，不存在价值评断的东西在里边。在这个过程中，喜欢同厌恶一样没有意义，迎合同拒绝一样没有后果。第二个问题是：脱域意味着一种复植吗？也就是说，日常生活的操作化作为一个过程是否有方向？吉登斯的解答是：日常生活的操作化不只是一个单向的过程，因为专家的信息(知识)作为现代性反思性的一部分，也不停地以某种形式为外行人所重新占用③。我的评析是这样的：经过日常生活的操作化，日常知识脱域后进入新的抽象系统。从知识生产的社会意义上说，这并不是尽头。拿走了，然后再给你！这样才真正完成了知识圈的意义，因为知识生产的目的是为了知识的应用。用吉登斯的话说，就是脱域与复植是知识运行的两个互相连接的机制。但是，我要提醒的是：复植的知识已经不是原来意义上的知识了，作为某种行动模式，更直接地说就是作为某项制度的代理人的专家通过日常生活的操作化在操纵着日常生活世界中的行动者，从而建构着制度所需

---

① 安东尼·吉登斯：《现代性与自我认同》，[北京]生活·读书·新知三联书店 1998 年第 160 页。

② 因为在专业知识领域，经常有难以估量或存有高度争议的特点。参见，安东尼·吉登斯：《现代性与自我认同》，[北京]生活·读书·新知三联书店 1998 年第 24 页。

③ 安东尼·吉登斯：《现代性与自我认同》，[北京]生活·读书·新知三联书店 1998 年第 24 页。

要的日常生活世界。在吉登斯看来,这种操纵具有体系性的特征,不仅作为知识权力者和制度秩序代理人的专家操纵着日常生活领域的行动者,而普通行动者事实上也在决定自身,也不是完全被动地接受知识的植入,也要对有些知识进行加工。所以,吉登斯说:"生活在现代性条件下的每个人都受到众多专家体系的影响,因此最多也只能加工其表层肤浅的知识。①"

3. 经验的存封与传递:社会知识化的途径

(1) 经验的存封:同知识连在一起的过程

在这里我并不想详细讨论吉登斯的经验存封的深层主题,仅仅是想从吉登斯的经验存封的概念中获得知识行动论的一点启发。所以,把握吉登斯的经验存封的有效性和全面性的期望,在这里将会失望的。

第一,制度化的经验存封过程可以看作是经验存封的基本过程。我认为,讨论经验的存封要具有社会理论的意义,要关注制度化的经验存封过程,而不是纯粹的经验存封②。在吉登斯看来,制度化的存封过程表现在各种各样的领域中。在每一个领域中,这都具有将生活经验的基础性方面特别是道德危机从经由现代性抽象系统所建立起来的日常生活常规中移走的能力。吉登斯把这种领域移动能力看作经验存封是很有意义的,因为现代社会的制度化所表现出来的或者说所建设出来的抽象系统,改变着日常生活世界,从而建构了日常生活的常规系统。把行动者的某种底层的生活经验或者说是生活经验的基础性方面从体系社会所建构的日常生活的惯例中移

① 安东尼·吉登斯:《现代性与自我认同》,[北京]生活·读书·新知三联书店 1998 年第 24 页。

② 吉登斯指出"经验的存封"这个术语指的是隐秘的联结过程,这一过程将日常生活的程序从下列现象中隔离出来:如疯癫、犯罪、疾病和死亡、性以及自然现象。在某些情况下,这种存封直接的是一种组织机构,是一种真正的心灵避难所比如监狱和医院(安东尼·吉登斯:《现代性与自我认同》,[北京]生活·读书·新知三联书店 1998 年第 182 页)。我倒认为,吉登斯在这里所指出的经验存封的意义在福柯那里更能显现,而且这个概念的界定可以看作是纯粹的定义。

走，这种行动或者称为制度化的过程从实质上看是一种社会化的过程[①]。

第二，经验的存封并不是一种一劳永逸的现象和过程。有人认为：与现代社会发展的其他过程一样，把经验的存封理解成无所不包和内部一致的过程。事实上如何呢？吉登斯说，这种说法这并不正确，因为情况并非如此。到底是一个什么样的过程呢？吉登斯指出：经验存封本身内部是复杂的，还会有矛盾，而且也会产生再调适的可能性。所以必须强调，存封并不是一种一劳永逸的现象，并且它也不代表一组没有摩擦的边界。压抑的场所，其排他性的特征一般都含有等级分化和不平等的意味。被存封的经验的前沿便是误区。它充满了紧张，缺乏控制的力量；或换一种比喻来说，它们就像是战场，有时具有社会品质，但常常是在自我的心理领域表现出来[②]。

第三，经验的存封可以表现为一种文化所衍生的后果。吉登斯说：经验的存封多少可以说是一种文化所衍生出来的后果，这种文化认为道德与美学领域的问题会随着科技知识的传播而得到解决。同时，在吉登斯看来，在相当程度上，经验的存封是现代性的流行性的结构化过程意料之外的后果，它的内在参照（internal referentiality）系统失去了与外在标准的接触[③]。也就是说经验的存封越来越多地依赖于现代性的内在参照系统的一般特征[④]。

---

① 吉登斯认为，在日常生活层面上，现代性所把握的道德本体论的安全感，有赖于把社会生活从产生人的核心道德困境的基本生存观中排除出去的制度化做法。参见，安东尼·吉登斯：《现代性与自我认同》，[北京]生活·读书·新知三联书店 1998 年第 183 页。

② 安东尼·吉登斯：《现代性与自我认同》，[北京]生活·读书·新知三联书店 1998 年第 195—196 页。

③ 安东尼·吉登斯：《现代性与自我认同》，[北京]生活·读书·新知三联书店 1998 年第 192 页。

④ 内在参照性（internal referentiality）就是依照内在标准把社会关系或者是自然世界的某些方面反思性地组成起来的情景。参见，安东尼·吉登斯：《现代性与自我认同》，[北京]生活·读书·新知三联书店 1998 年第 272 和 182 页。

第四，经验的存封对个体的意义是明显的。这种明显的意义，一方面，间接接触变得更有意义起来。吉登斯说，对多数人而言，经验的存封意味着个体与事件和情境的直接接触变得稀少而肤浅。而这些事件和情境却是能够把个体的生命历程与道德性及生命有限这样广泛的论题联结起来①。另一方面，可以拓展新经验领域。所以在吉登斯看来，通过被传递的语言和想象，个体也能够获得远比缺乏这种经验所能获得的经验更为广泛和遥远的经验。因而，存在的感知性并不会因此变得模糊而迷失，在某种程度上，它们甚至可能会被充实成为开放性的新经验领域②。

另外需要说明的是：经验的存封同知识有很大的关系，这种关系尽管吉登斯在阐述的时候一带而过，但是却引起我的注意。吉登斯说，一般来说，在我所谓的经验的存封方面，科学、技术和专门知识起着一种根本性的作用③。按照我的理解，不管经验存封的形式和内容如何，也不管经验存封的领域和范围怎样，决定经验存封本质的东西依然是知识，知识对经验存封起着一种根本性的作用。因为这些知识同现代制度连接在一起，而现代制度的全部恰恰在于创造了社会行动的环境。

（2）经验的传递：知识依赖知识

第一，经验传递的特性

如果经验不能传递，人类社会的发展就很难想象。所以吉登斯非常强调经验的可传递特征。认为，实质上，所有人类经验都是传递性的。在经验传递的方式上，吉登斯强调了社会化对经验的传递作

---

① 安东尼·吉登斯：《现代性与自我认同》，[北京]生活·读书·新知三联书店 1998 年第 9 页。

② 安东尼·吉登斯：《现代性与自我认同》，[北京]生活·读书·新知三联书店 1998 年第 196 页。

③ 吉登斯指出：现代性与自然之间存在工具性关系的观念，还有在科学观中排除了伦理或道德问题的观念，都已是陈词滥调。然而，他力图依据晚期现代秩序的制度价值来重构这些难题，而这些制度价值通过内在参照性才得以发展。参见，安东尼·吉登斯：《现代性与自我认同》，[北京]生活·读书·新知三联书店 1998 年第 8 页。

用，而且指出在经验传递的社会化过程中语言具有决定性的意义，认为经验的传递是通过语言的获得来实现的[①]。在传递经验的语言中书面语更是扮演了十分重要的角色，如果没有文字记录，知识不仅难以传递，也更难以存活。

第二，现代社会中经验传递特征

吉登斯认为，现代制度的发展和扩张与经验传递的剧增直接相关，这些传播形式为经验传递和发展创造了条件。在吉登斯看来，现代制度同传统经验是分不开的，应该说现代制度是在承继过去传统经验的基础之上发展起来的。同时发展起来的现代制度包括了现代传播制度，这种制度又为经验的传递无论在数量上还是质量上还是在功能影响上都提供了前所未有的条件。

在分析现代社会制度下经验传递的时候，吉登斯除了讨论了经验传递的方式外，还重点分析了现代制度下经验传递的突出特点[②]。第一个特点：拼贴画效应(collage effect)[③]。报纸页和电视节目指南就是拼贴画效应的显著的例证。吉登斯指出：一旦事件对场所处于多少是全然的主宰地位时，媒体的表现就是采取把故事和新闻并置

---

① 在表达这种思想时，吉登斯借用欧格(Walter Ong)的话，指出：口头文化“非常看重记录在高度保守的制度中以及在口述和写诗的过程中的过去，这被程式化地(相对不变的)核算，用以保存储藏在过去经验之外的难于获得的知识，因为如果没有文字去记录，这些知识就会消逝”。参见，安东尼·吉登斯：《现代性与自我认同》，[北京]生活·读书·新知三联书店1998年第26页。

② 吉登斯指出：在现代制度的建构过程中，作为重组时间和空间的模板，印刷和电子媒介之间的相似性比其差异更为重要。在现代性的条件下，传递性经验的两个基本特征就证明了它们之间的相似性。参见，安东尼·吉登斯：《现代性与自我认同》，[北京]生活·读书·新知三联书店1998年第28页。

③ collage effect 主要指的是在一个电子传播的文本和形式中，把知识或者信息的不同条目拼连在一起。吉登斯把这种知识的条目拼连现象就称为拼贴画效应(安东尼·吉登斯：《现代性与自我认同》，[北京]生活·读书·新知三联书店1998年第272页)。那么问题是：这种效应标志着叙事的消失，甚至可能标志着符号(signs)从其所指(referents)的对象中分离出来。是否确实如此？吉登斯指出，当然不是(安东尼·吉登斯：《现代性与自我认同》，[北京]生活·读书·新知三联书店1998年第28页)。

起来的形式，它们之间除了"时间性"和"后果"之外，一无所同。吉登斯认为，拼贴画确实不是叙事；但大众媒体中不同项目的共存并不是符号的混乱丛生。反之，并排呈现的不同的"故事"，体现了结果的次序，它是转型的时空环境的典型特征。在时空转型中，场域的限制大多会消失。它们当然不会为单一叙事增添什么，但它们依赖于并且以某种方式表现了思想和意识的统一性。我对这个特征的理解是：第一点，拼贴画效应体现了时空转换的基本特点，故事的发生无论是按照时间序列还是按照重要性序列都体现了现代性背景下社会行动的基本原则，这种原则更多地在故事排序的场域限制中消失。第二点，条目拼贴的故事或者事实——一种事件也是一个社会事实——是经验的承载方式，基于第一点，我们可以通过这种拼贴效应的传播，获得外域的经验性知识。第三点，这种知识条目的拼贴在表面上和深层里所显示的依然是行动与知识的关系，不仅是影响的关系还是占有的关系。

第二个特点：经验的组织。吉登斯说：现时代传递经验的第二个主要特征就是远距离事件侵入到日常的意识中，就某种实质的部分而言，这种经验是依据对自身的知觉而被组织的。对于这个特征，我认为，第一点，这说明了时空分离和时空延伸的机制在现代社会中充分的体现出来了。同时这种机制把遥远的事件性知识直接地和即时地插入到行动者的日常生活实践（行动）中。所以吉登斯这样说：新闻中所报道的许多事件，也许被个人视为外在的和遥远的，但它们同等地进入日常活动之中。第二点，新经验知识和熟悉性知识在交互影响的过程中往往会出现一种"现实倒置（reality inversion）"现象。这种倒置有两种明显的形态，其一，被传递经验呈现超真实状态，这可以同行动者在日常生活中所发生的事件来对照：通过对照，行动者发现，所碰到的真实的客体和事件，似乎比其媒体的表征还缺乏具体的存在。吉登斯指出，这就是由传递的经验所引发的熟悉性常常会导致"现实例置"（reality inversion）的感觉。其二，隐秘真实的再现，使行动者获得更多的经验。吉登斯指出：日常生活中罕见的许多经验(如与死亡和垂死过程的直接接触)在媒体表现中常常会碰到[①]。第三点,现代信息技术的经验传递并不以经验传递自身为全部宗旨,而是通过传递经验塑造现实和建构实在,包括建构接受这种经验的行动者以及行动者所在的日常生活世界。吉登斯为此指出:概言之,在现代性的条件下,媒体并不反映现实,反而在某些方面塑造现实。

吉登斯通过对现代经验传递特征的分析,得出这样两个结论。第一个结论就是:这并不意味着得出这样的结论:媒体创造了"超现实"的自主的王国,其中的符号和意象就是一切。第二个结论是:那种主张现代性正在分裂和离析的观点是陈腐的。这种陈腐的观点所得出的结论也是不真实的:即,分裂标志着一个超越现代性社会发展的崭新时代即后现代时代就会出现。吉登斯明确指出:现代制度的统一的特征,正像分散的特征对于现代性尤其是高度现代性的时期是核心一样,它也是现代性的核心[②]。所以,没有后现代。

三、专家知识的社会化机制

1. 专家系统与脱域机制的关系

专家系统(expert systems)或专家知识(expert knowledge)同现代性的动力机制组成部分中的脱域机制有着构成性的关系。在吉登斯看来,脱域(disembedding)机制就是指使社会行动得以从地域性情境中"提取出来",并跨越时间-空间距离去重新组成社会关系。这种脱域机制又可以看作是抽象系统(abstract system),即一般意义上的象征符号(symbolic tokens)和专家系统[③]。也就是说专家系统是组

---

① 安东尼·吉登斯:《现代性与自我认同》,[北京]生活·读书·新知三联书店 1998 年第 29 页。

② 安东尼·吉登斯:《现代性与自我认同》,[北京]生活·读书·新知三联书店 1998 年第 29 页。

③ 对专家系统所影响的行动者以及同抽象系统之间的关系,吉登斯强调并不只是技术专家才意识到抽象系统的脆弱和限度。很少有人对所接触的技术知识体系保存盲目的信任;无论是否出于有意识的行动,每个人都会在这种体系所提供的行动的相互 (接下页)

成脱域机制的要素。吉登斯说，专家系统是一种脱域机制，因为它把社会关系从具体情境中直接分离出来。这类脱域机制假定，时间从空间中的脱域是时-空伸延的条件，而且它们也促进了这种脱域。

那么，专家系统(知识)又是如何脱域的呢？吉登斯指出：专家系统以这样的方式脱域，即通过跨越延伸时-空来提供预期的“保障”。社会系统的“延伸”，是通过应用于估算技术知识的测试的非人格性质以及用来控制其形式的公众批评来实现的，而这种公众批评正是技术性知识产品存在的基础①。

2. 什么是专家系统(知识)

(1) 专家系统的概念

在吉登斯看来，专家系统指的是技术知识和专家队伍所组成的一种体系。吉登斯指出：正是由技术成就和专业队伍所组成的体系，编织着我们生活于其中的物质与社会环境的博大范围。

专家系统的内核就是专业知识②。这些知识如同日常知识一样时时刻刻地影响着社会行动的发生和结果。吉登斯说：融专业知识于其中的这些体系却以连续不断的方式影响着我们行动的方方面面。仅仅坐在家中，我就已经被卷进了我所依赖的一种或一系列专家系统之中。比如我对登楼入宅并不特别担心，虽然我知道，原则上说房屋结构也可能倒塌。我几乎不了解建筑师和建筑工人设计和建筑房屋时使用的知识法规，但无论怎样，我还是对他们所干的工作表示“信赖”(faith)。虽然我不得不信任他们的能力，但与其说是信赖他们，还不如说是更信赖他们所使用的专门知识的可靠性，这是某种通

(接上页)竞争可能性之间进行选择，或者脱身而去。参见，安东尼·吉登斯：《现代性与自我认同》，[北京]生活·读书·新知三联书店1998年第24页。

① 安东尼·吉登斯：《现代性的后果》，[南京]译林出版社2000年第25页。

② 对构成专家系统的知识，有不同的说法，比如有的叫“专业知识”、有的叫“专门知识”、有的叫“专家知识”、有的叫“技术知识”等。我则统一叫做“专家知识”或者“专业知识”。

常我自己不可能详尽地验证的专业知识[①]。

(2) 专业知识的功能范围

应该说是我们笼罩在专业知识所建构的世界之中,只要是一个真正的或者按照吉登斯的话说是有知识的有资格的行动者都毫不例外地在知识的影响下。吉登斯认为,正是由于专家系统通过专业知识的调度对时空加以分类,这种知识的效度独立于利用它们的具体从业者和当事人。所以,在现代性的条件下,这种专家系统无孔不入,渗透到社会生活的所有方面,如食品、药物、住房、交通等等。比如,我走出家门,坐上一辆汽车,我就进入了一系列完全充斥着专门知识的环境之中,包括汽车的设计和制造、高速公路、交叉路口、交通信号以及其他许多相关的知识。人人都知道驾驶汽车是一种有危险的活动,承担着发生事故的风险。当我选样驾车外出时,我就接受了这种风险,但是我信赖上面所说的专业系列,它们将尽可能保证将事故的发生率降到最低点。我对于汽车的运行原理知之甚少,而且如果汽车出了故障,也只能干一些极其简单的修理工作。对于道路建设的技术,路面的维护,或者是帮助控制交通活动的计算机等等,我的知识也都极为有限。当我把汽车停在机场然后登上飞机,我就进入了又一个专家系统。对这个系统,我自己的技术知识仅仅停留在最有限和最初级的阶段[②]。同时吉登斯还指出:专家系统并不局限于专门的技术知识领域。它们自身扩展至社会关系和自我的亲密关系上[③]。从吉登斯的阐述中,我们能够看出,专家知识的功能范围是十分广泛的,它影响着我们生活的每一个方面,影响所有的行动和行动的所有细节。从对行动者的影响来说,这种专家系

① 吉登斯说,在现代制度中的信任模式,就其性质而言,实际上是建立在对“知识基础”的模糊不清和片面理解之上的。参见,安东尼·吉登斯:《现代性的后果》,[南京]译林出版社 2000 年第 24 页。

② 安东尼·吉登斯:《现代性的后果》,[南京]译林出版社 2000 年第 24—25 页。

③ 吉登斯认为,就现代性的专家系统而言,医生、咨询者和心理治疗专家的重要性和科学家、技术专家或工程师一样,并无差别。参见,安东尼·吉登斯:《现代性与自我认同》,[北京]生活·读书·新知三联书店 1998 年第 20 页。

统所内含的知识所产生的影响包括信任等并不局限于普通百姓，因为在由专家系统所制约的现代社会生活的各个方面中，没有人能成为多面手的专家。事实上只要有社会生活的行动者和生活在现代性条件下的行动者都不可避免地受到众多专家体系的影响[①]。吉登斯还注意到，专家知识影响的范围是通过行动者的信任机制来实现的。吉登斯说：需要重复指出的是，对那些外行人士来说，对专家系统的信任[②]既不依赖于完全参与进这些过程，也不依赖于精通那些专家所具有的知识。在以经验为基础的"信赖"中也有实用的成分，而这种经验是指系统通常都会像它们所预期的那样运行。

3. 前现代与现代时期专家知识的比较

(1) 从专家系统的存在方式比较

前现代体系和现代制度的普适性之间，都存在主要的差异。就这个问题而论，差异在于抽象系统的所有领域以及技术知识和外行知识之间的关系的本质。在前现代社会文化中，人们也为其问题咨询有关专家如魔术师或巫师，也就是说在前现代也有专家，但很少有技术系统，尤其在较小的社会中，技术系统更为少见；因此，对这样的社会中的个体成员来说，如果他们愿意，他们就有可能仅依据其自身的地方性知识，或者其直系亲属群体的知识，来引导自身的生活。相比之下，在现时代，没有这种对生活的投入也是可能的。也就是没有直接的地方性知识的掌握和运用，行动者从事知识性行动也是可能的。吉登斯说，在某些方面，对地球上的每个人，尤其是对生活在现

---

① 从对知识加工的角度来分析，普通行动者对专家知识来说最多也只能加工其表层肤浅的知识。参见，安东尼·吉登斯：《现代性与自我认同》，[北京]生活·读书·新知三联书店 1998 年第 24 页。

② 信任在一定程度上不可避免地也就是"信赖"。当然这一命题不应被过分地简单化。毫无疑问，可以常常从外行人士对专家系统的信心中看到齐美尔所谓的"欠充分的归纳性知识"。参见，安东尼·吉登斯：《现代性与自我认同》，[北京]生活·读书·新知三联书店 1998 年第 25 页。

代性的核心地理区域的所有个体来说，这一点都是正确的[①]。

（2）从普通行动者获得知识的可能性上比较

吉登斯说，当我们对前现代和现代体系作比较时，在技术知识和公众知识之间联结上的差异，涉及专家技能和信息对普通行动者的可获得性的问题。首先，前现代文化中的专家知识倾向于依赖模棱两可的编纂的程序和符号形式；或者当这种知识被编纂成典籍，由于刻意要保护少数人对文字的独占，它们便不能为普通的人所获得。对专家知识的深奥性的保持，尤其这种深奥性在与“技能和艺术”分离的地方，它可能是专家占据显赫地位的主要根基。在这种情况下，知识的获得是同行动者的社会角色或者社会地位紧密连接在一起。在这个时候，专家知识是同日常生活世界和日常生活世界的普通行动者的行动领域是完全脱节的，专家知识仅仅是专家掌握和利用的知识，似乎同普通行动者无关。其次，在现代体系中，专家知识的深奥，与其难以言说的神圣性之间少有相关或全然无关，但它依从于长期的训练和专业化的结合，尽管专家（如社会学家）也常建立由行话和仪式所组成的防线，以保护其专业知识的特殊地位。事实上，专业化是现代抽象系统的关键品质。如果个体有可资利用的资源以及获取知识的时间和能量，那么表现为现代专家知识的知识，原则上就可被所有个人所利用。在现代知识体系中，只有一两个小的角落能允许任何人都能成为专家。这意味着抽象系统对大多数人来说都是晦涩的。作为在脱域机制的场景中，在信任拓展中所隐含的要素的那种抽象系统的晦涩品质，来源于为抽象系统所需要并由其所培育的专业化的强度本身。但是这里的问题是，由于专业的细化，成为专家的难度加大和专家的所涉及的知识范围变小，专家知识不管专业化的程度如何，都同现代性的本质联系在一起，也就是现代社会中的专家系统以及组成专家系统的专业知识必须不断地常识化，才能沟通

① 安东尼·吉登斯：《现代性与自我认同》，[北京]生活·读书·新知三联书店 1998 年第 32 页。

日常生活世界，建构社会的功能才能实现。所以，吉登斯指出：现代专家知识的专业化本质直接导致现代性的无规律的失控品质。现代专家知识，与大多数前现代形式的专家知识相对立，是高度反思性地被利用的，它在总体上趋向于持续的内在完善或增效。专家解决问题通常是依据其明晰或精确界定难题的能力而定（这种品质依次对进一步的专业化产生影响）。然而，一个给定的问题越是受到精确地关注，那对有关的个人而言，所涉及的知识领域就越是模糊不清，人们也越是不能预测对超越其特定领域的贡献所能产生的后果。虽然专家知识被安排进更广泛的抽象系统内部，但是其自身受到的关注日益狭隘，并可能产生那种难以控制的出乎意料的未遇见到的后果，除非专家知识得到进一步发展，否则同样的现象会重复发生[①]。

（3）从知识应用于行动所产生的后果形式比较

在前现代的文化中，"超前思维"通常或是意味着归纳利用所储存的经验，或是意味着咨询占卜者。如谷物要播种，得在心里盘算未来的需要和季节的变换。传统上所建立的耕作方法，也许伴随专业巫师的忠告，被用于联结现实需要和未来的结果。从这里可以看出，在前现代社会，行动者采用的知识形式多数表现为经验，对利用经验知识所实现或达到的目的或后果，行动者是很清楚的，也就是说这些知识裹含在行动者的无意识和实践意识中，只要在实践行动中应用某种类型的经验性知识，就会出现可以预料的后果。而在现代社会生活中，行动者个体在行动中所采用的知识从形式上和范围上都同传统社会有所不同。在知识类型上除了继续使用以传统习惯为表现形式的经验性知识之外，还通过向有关专家咨询来获取自己行动所需要的专业知识。根据这些知识，行动者在日常生活中来处理行动中的"一般修缮"和难以预期的偶然事件。需要特别说明的是：在社会世界中——不管是专家的精英世界中还是日常世界中——专家个

① 安东尼·吉登斯：《现代性与自我认同》，[北京]生活·读书·新知三联书店 1998 年第 33 页。

人依然是一个不折不扣的行动者，或者首先是一个日常生活的行动者。但是对这种类型的行动者，吉登斯说：要再强调一次，他们并不是人口中清晰分辨的阶层，借助对狭隘的专业领域的执著的关注可以继续其专业工作，而较少关心更为广泛的后果或意涵①。

第五节 双重(向)阐释：社会学知识与社会行动的紧密性构联

讨论社会学知识和社会行动以及二者之间的关系实际上关切着体系世界和日常世界的关系问题。所以，我认为把社会学知识作为社会科学(社会理论)知识的一个特例，讨论这种知识同社会行动之间的关系还是很有意义的。吉登斯对这个问题的关注不仅更加凸显吉登斯本人的社会学情结，而且还可以了解社会学本身的社会性质。应该说明的是，吉登斯对这个问题的讨论包括的内容十分广泛，我只想选择其中的某些部分比如社会学知识同日常行动者的行动之间关系的有关阐述进行讨论。

一、社会学知识的实践性

社会学是离社会行动最近的一个知识学科，尽管社会科学或者社会理论都把社会行动问题作为其学科知识生存性问题进行研究。但是我一直认为社会学的知识对社会行动的意义最为直接。

1. 社会学知识的实践性

社会学作为研究社会行动主题的学科，它的知识的产生和运用必须来源于概念使用并由概念分析和描述行动者的社会行动以及原因。所以，吉登斯指出：如果一个社会学观察者不能较好地掌握社会

① 专家知识并不创造稳定的归纳场所：新型的、内在奇异的情境和事件，是抽象系统的扩展无法避免的后果。在反思性灌注的行动领域之外，仍有危险存在(如地震或自然灾难)，但大多受到过滤，并且在一定程度上是由这些行动领域所主动造成的。参见，安东尼·吉登斯：《现代性与自我认同》，[北京]生活·读书·新知三联书店 1998 年第 34 页。

生活所涉及的一系列概念(推论的或非推论的),他就不可能准确地描述社会生活,更不用说进行因果性说明了①。

社会学家要发明他们自己的概念性用语的根本原因就在于他们要努力掌握社会制度的各个方面,而这些都是行动者概念中所没有描述过的。虽然社会科学家们为了分析社会而创造了各种概念和理论,而这些概念和理论却在社会世界内外广为传播了。这种传播就为社会学知识的运用提供了条件,当然这种传播本身也是社会知识化的主要形式——我的看法是这种形式的知识化实质上最终还是通过行动知识化(通过行动者知识化)来实现的。所以,吉登斯指出:社会科学中最好和最新的想法往往会被社会行动者自身挪用和利用,而这些想法是否会在现实中得到例证则是必须要考虑的事情。吉登斯还借用琼·巴尼斯(John Barnes)的话说,社会学知识实际上为行动者的社会行动提供了关于社会情景的观察视角和基本方法②。这就是说,在社会学知识和常识性知识之间,在社会学家和普通行动者之间存在着一种双向的或者是辩证的关系。这种关系的存在是吉登斯提出"双重(向)阐释"和"双向建构"模式的基本依据。

2. 社会学知识的普适性

总的说来,社会学知识被看作是一种具有普适性的知识,是一种

---

① 吉登斯强调社会科学知识的生产和运用是同概念的理解和使用联系在一起的,因为通过运用概念来把握社会行动的本质。吉登斯这样说:与我早先努力强调的一样,社会科学和人文科学研究的主题是运用概念,它们通过建构概念来理解行为的本质。同时吉登斯还这样认为:坦率地说,所有社会科学都要依附于一定概念的预设,并将此视为它们努力的逻辑条件。参见,安东尼·吉登斯:《社会理论与现代社会学》,[北京]社会科学文献出版社2003年第19—20页。

② 琼·巴尼斯(John Barnes)指出,相对于"那些没有经过训练且不会对自己的社会制度采用分离看法的人,以及那些没有机会与其他社会制度安排进行仔细比较的人"来说,社会学能使我们"运用一个更具见多识广和更富有远见的关于社会情景的观察视角"。因此,他对社会学的评价是:"关注制度中的规则与规则缺失的学科。"同时他还说:"在社会学家的概念性工具(apparatus)和那些寻求理解自己行为、情感与信仰的人的世界观之间存在一种双向(two-way)或辩证的关系。"的确,这种双向关系值得我们认真思考,因为抓住它的本质特征会促使我们重新评价社会学对现代社会的实际影响。参见,安东尼·吉登斯:《社会理论与现代社会学》,[北京]社会科学文献出版社2003年第20页。

对在日常生活世界中的行动者直接使用的知识。“在其他繁杂的理论形式中，社会学一直被看作是关于现代社会生活的普遍性知识，人们可以用它来预测和控制社会生活。[1]”

对社会学知识属性的认识，吉登斯说明了两种著名的观点。第一种观点，社会学所提供的关于社会生活的信息，使我们能够对社会制度具有某种控制能力，就像物理科学在自然领域所作的那样：人们认为社会学知识以其工具性的联系同与之相关的社会世界发生关联，人们能够用这样的知识以某种技术性的方式去干预社会生活[2]。吉登斯并没有评析这种观点。我认为，这种观点实质上看到了社会学知识的社会化的意义所在，看到了社会学知识对社会解释与建构的价值所在。但是实际的情况，可能导致了社会学日益被权力所工具化，使得社会学知识日益变成了意识形态，从而影响了社会学知识的生产、传播和运用。

第二种观点，关键是“用历史来创造历史”的那样一种思想：社会科学的发现不能仅仅被用于解释缺乏活力的客体，还必须通过对社会主体的自我理解来对社会科学做出清理。这是包括马克思（或者至少，根据某些人所理解的马克思）在内的其他学者则提出了另一种观点。吉登斯认为，不可否认的是，这一种观点比其他观点更为复杂，但是它仍然是不充分的，因为它关于反思性的概念太简单了。照我的观点，所谓反思性概念的简单化实质上说明了社会学知识对社会行动之间的关系没有能够实现双向的互动影响。

3. 社会学知识的变动性

由于社会学知识的实践性，使得这种知识自身变成一种经常变动的知识，从知识的科学性到知识的常识性是这种知识下沉到日常生活世界的一种逻辑变动方式。吉登斯说，即使是社会科学中最辉

① 安东尼·吉登斯：《现代性的后果》，[南京]译林出版社 2000 年第 13 页。

② 吉登斯指出：在对阶级分化、科层制、城市化、宗教及其他领域的研究中，社会学的概念有规律地进入了我们的生活，并帮助我们重新看待社会生活。参见，安东尼·吉登斯：《社会理论与现代社会学》，[北京]社会科学文献出版社 2003 年第 22 页。

煌的创新思想也总有变得陈腐的危险。因为，一旦这些知识成为我们社会生活组成部分的时候，也就成了我们日常行为模式的一部分，过于熟悉就会变得越来越麻木①。我认为，社会学知识的常识性转化不仅是社会学知识自身的特性所规定，而且还是日常生活世界不断变化的结果。所以，吉登斯指出：确切地说，正是因为社会科学生产的知识被社会自身所采用，才使得这些知识没有一个很好的积累形式。这里吉登斯也特别指出：在此需要说明的是，我不是说我们已不再需要掌握比过去更多的关于社会制度的知识，或者不再需要在概念和理论方面持续创新。其实，从某种角度看，社会科学的成就往往是被其自身的绝对成功淹没了。正是在这个意义上，吉登斯才严肃地宣称：社会科学（社会学）比自然科学更深刻地影响人类社会活动的领域②。

4. 社会学知识进入社会的学习形式

社会学知识进入社会行动领域并不是我们选择的结果，照我看来，这是社会发展的逻辑。吉登斯指出：社会科学知识的实践冲击（practical impact）既是深刻的，也是不可避免的③。

这种冲击的结果，在吉登斯看来可以表现为这样几个方面：第一个方面，现代社会变成了一个学习机器。吉登斯指出：现代社会，与

---

① 吉登斯举例说：每次，当我拿着护照出国旅行的时候，实际上就等于在实践中证明了我对主权概念的领会。这不再是什么新意的东西，而完全是现代生活的一种常识。参见，安东尼·吉登斯：《社会理论与现代社会学》，[北京]社会科学文献出版社 2003 年第 22 页。

② 吉登斯还强调指出：社会科学（社会学）自身曾以一种最基本的方式卷入现代性的变革之中，而且这种变革正是社会科学的基本主题（安东尼·吉登斯：《社会理论与现代社会学》，[北京]社会科学文献出版社 2003 年第 22—23 页）。同时吉登斯还认为，社会科学和社会学理论的实际影响确实是巨大的，社会学的概念和发现，与“现代性究竟是什么”这个问题密切相关（安东尼·吉登斯：《现代性的后果》，[南京]译林出版社 2000 年第 14 页）。

③ 吉登斯说，从表面看，现代文明似乎完全受到自然科学的控制；社会科学与之没有什么关系，几乎得不到人们的关注。实际，社会科学的影响力——在可能更为广泛意义上的理解的，作为对社会活动的条件进行系统的、有知识的反思——对现代制度具有非常重要的意义，没有社会科学简直不可想象。参见，安东尼·吉登斯：《社会学方法的新规则——一种对解释社会学的建设性批判》，[北京]社会科学文献出版社 2003 年第 68 页。

组成它又独立于它的社会组织一起，就像学习机器，不断吸取知识，以便调整它们的自我控制能力。按照我的解读，在社会学知识和其他社会科学知识的实践冲击下，社会以及组织已经逐渐变革成为一种支撑其生存和发展的学习型社会和学习型组织，通过这种学习型社会和组织的推进，以调整社会的自身控制能力和发展能力。而且这个过程是无尽头的，原因是“总有反常的未预期结果和社会变迁的意外性，我们可以假设这样的知识掌握过程是永远没有尽头的[①]”。第二个方面，社会学习（social learning）的能力将同制度转变的能力一同成长。这种社会学习的能力是现代性留给世界的遗产，我们正是依靠这些知识获得能力的遗产来预知未来，改变行动。如何做到？吉登斯给出的药方是：面对（一种知识提速）加速的社会变迁，只有社会不断地调整它的制度，才能自信地迎接可预期的未来。在这里，吉登斯就把社会的学习能力建设同促进这种能力建设的制度建设连接在一起进行考察。第三个方面，社会学能够提供这种学习型社会建设和与之适应的社会制度建设的一种方法。按照吉登斯的话说就是“社会学正是运用这种反思型的主要方法”。所以，吉登斯提出了一个复兴社会学的制度化方式，尽管有些可笑或者略显幼稚：“因此，一个社会培养富有活力和想象力的社会学文化的状况，将是评断该社会是否具有弹性和开放程度的主要标准。[②]”对此，我仅仅做一点讨论：当社会学知识进入日常社会转化为常识被普通行动者接受并用来改造自身和周围世界的时候，权力对这种的知识的渗透就变得日益突出和明显，社会学知识被权力控制下的工具化程度越来越高；那么当社会学变成一种文化现象的时候，社会学知识的命运可能更令人担忧了。

---

① 安东尼·吉登斯：《社会理论与现代社会学》，[北京]社会科学文献出版社 2003 年第 23 页。

② 安东尼·吉登斯：《社会理论与现代社会学》，[北京]社会科学文献出版社 2003 年第 23 页。

二、知识与行动：社会学的双重(向)阐释模式

吉登斯提出双重(向)阐释(double bermennutic)[1]模式，不仅说明了社会科学知识尤其是社会学知识同知识对象以及社会行动之间的关系，同时也是为了建构其结构化理论的需要。因为，在吉登斯的双重(向)阐释模式中，也体现了吉登斯结构化理论的本质。吉登斯说，双重(向)阐释中的双重再一次暗含了一种二重性：社会科学的“发现”并没有与他们所提出的“主题”隔离开来，而是总是重提并重塑其主题[2]。

1. 双重(向)阐释的基本意涵

既然双重(向)阐释模式是吉登斯结构化理论的基本构成，那么，双重(向)阐释的意涵到底是什么呢？或者说双重(向)阐释到底指涉什么呢？

在吉登斯看来，双重(向)阐释观念一部分是逻辑的，一部分又是经验的。之所以说双重(向)阐释是逻辑的，主要的理由是：在一定意义上说，所有的社会科学无疑都是一种解释学，因为题目能够描述任何既定情形中“某些人正在做什么”，而这就意味着能够了解在行动者或者行动者活动建构中他们自己知道并应用了什么。所以，从原则上说，这可以依据参与者和社会科学观察者共享的共同(有)知识而“发生”。自然科学中并不存在类似这里涉及的解释性因素，因为即使在大多数动物性行为的情况下，自然科学也不以这样的一种方式论及知识行动者。

---

① 吉登斯说，他在使用“双向解释”这个概念(称呼)时无疑有些笨拙。参见，安东尼·吉登斯：《社会理论与现代社会学》，[北京]社会科学文献出版社 2003 年第 19 页。

② 吉登斯指出：最重要的是，必须强调这并不是反馈机制的存在。相反，概念和知识见解(knowledge-claims)反过来侵入它们被创造出来用以描绘的事件领域，这也就产生了本质上的不确定性(erraticism)。因此，双重(向)阐释同样内在地卷入到现代性的断裂和碎片化特征中，尤其是卷入“高度现代性(high modernity)”的阶段之中。参见，安东尼·吉登斯：《社会学方法的新规则——一种对解释社会学的建设性批判》，[北京]社会科学文献出版社 2003 年第 58—59 页。

那么，双重（向）阐释模式的经验方面又指涉什么呢？吉登斯强调，普通行动者是有思想的人，他的观念构成性地进入他们所做的事情之中；社会科学的概念不会与他们日常行动中的潜在占有和结合相分离。所以，双重（向）阐释模式经验的一面，关注的是制度的反思性。而这种制度反思性伴随着现代社会的秩序成熟而显著普及。现在的问题，制度的反思性是如何同双重（向）阐释相伴的？这种相伴又意味着什么？按照吉登斯的说法，作为一种经验现象，制度反思性有助于调查研究，而且我们根本无法完全避免这种反思性，因为社会科学观察者要公开其调查结论，必须放弃对调查研究活动的科学控制。所以，吉登斯指出：要想通过阻止自适应或者自否证预言这种方式削弱制度反思性没有用途，这不是因为有时研究不能解释这种预言，相反是因为这种预言被认为是对研究过程的破坏，而非内在于社会科学同其“主题”之间的这种关联[①]。

吉登斯指出：在对社会现象不断变化的常识解释和社会科学观念和理论之间并不存在必然的对应。它们之间可能存在许多不同的关联和对立。所以，社会科学的发现确实必须面对这些发现所涉及的当事行为人和其他人的争辩。而争辩本身首先应该是一个伦理/政治问题，因为它要求社会科学比普通行动者更了解为什么事情会像他们所做的那样发生。

2. 自然科学知识的解释学问题

吉登斯指出：如果自然科学也有双重（向）阐释，我们应该有一种新的科学整体观。就世俗信仰和活动来说，科学的“单一解释（single hermeneutic）”不应该同它自身的独立性混为一谈[②]。所以，必须强调共同（有）知识和常识知识之间的差异。吉登斯提出：科学观念可能

① 安东尼·吉登斯：《社会学方法的新规则——一种对解释社会学的建设性批判》，[北京]社会科学文献出版社 2003 年第 65 页。

② 吉登斯强调指出：自然科学中只有“单向解释”，即使很多理论的技术运用能使我们改变和控制这个世界，科学家建构的也只是关于“既存（given）”世界的理论。参见，安东尼·吉登斯：《社会理论与现代社会学》，[北京]社会科学文献出版社 2003 年第 32 页。

既对常识信念和概念提出质疑，又来源于常识信念和概念。有时，这种信念可以是自然科学研究的催化剂，有时这种信念又会限制自然科学研究。自然科学的概念和发现并没有从社会领域中分离开来，也不是与人类对自然界的观念性和技术性干预毫不相干。自然科学的解释学以及与研究程序建立相关的活动，都不限于技术意义的相互影响(interplay)。

吉登斯认为，自然科学家与其研究领域之间的关系既不是由共同(有)知识构成，也不以共同(有)知识为中介，这种关系与科学家之间或者科学家同普通行动者之间的关系不同。这就是为什么双重(向)解释与社会科学有特别的关联[①]。它并不受下列事实的影响：在自然科学和社会科学中，一些人为那些保持沉默或者不善于表达的人说话。吉登斯说，这个观点也不受即使具有更激进形式的建构主义(constructivism)的影响，因为没有人会认为，自然界能够建构对自己的解释[②]。

3. 社会科学[③]双重(向)解释模式的内容

社会学与其所对应的主题(现代性条件下的人类行为)之间的关

① 有趣的是，吉登斯用自然科学知识的有效性来为社会学正名。吉登斯提出：普通社会成员经常对社会学主张提出异议：社会学的“发现”并没有告诉任何他们自己不知道的东西，甚至更糟糕的是，社会学还常常用技术性语言来伪装自己，而这些语言本来完全可以用人们熟悉的日常用语来表达。吉登斯要求社会学家要正视这种异议。那么吉登斯自己是如何正视这种异议的呢？他提出这样的反问来实现自己的正视：自然科学不是也经常指出人们视为当然和“知悉”的信念实际上是错误的吗？为什么我们就不能仅仅说检验常识、检验普通社会成员是否真的知道其所宣称知道的事物是社会科学的任务？参见，安东尼·吉登斯：《社会学方法的新规则——一种对解释社会学的建设性批判》，[北京]社会科学文献出版社 2003 年第 74 页。

② 同时吉登斯也明确指出：如果认为，双重(向)解释是社会科学特有的这一命题就意味着阻止科学和普通文化(lay-culture)之间的互动，这当然是错误的。参见，安东尼·吉登斯：《社会学方法的新规则——一种对解释社会学的建设性批判》，[北京]社会科学文献出版社 2003 年第 67 页。

③ 可能读者会有这样的疑虑：在讨论社会学知识的时候，怎么在不知不觉中被转换为社会科学了？我在这里需要交代的是：造成这个结果，责任不在于我，而在吉登斯。因为吉登斯把社会科学同社会学的关系搞得十分密切，我实在难以把二者清楚地割开。我们可以听听吉登斯的话：“我使用社会科学这个词主要用来指社会学和人类学，但有时也用来指经济学和历史学(安东尼·吉登斯：《社会学方法的新规则——一种对解释社会学的建设性批判》，[北京]社会科学文献出版社 2003 年第 70 页)。”我认为，把社会学和人类学，甚至把社会学等同于社会科学，是吉登斯一贯的看法和做法。

系，必须进而用“双重（向）阐释”（double bermennutic）才能加以理解。

在吉登斯看来，“双重（向）阐释”模式简单地说，包括两个方面，其一，社会学知识的发展依赖于外行（ldymen）的行动主体（agents）的概念；其二，那些在社会科学的抽象化语言中被创造出来的概念，又不断地重新返回到它们最初由之提取出来，并对其进行描述和解释的活动范围中去。然而它并未直接通向那清晰可见的社会领域。社会学知识忽隐忽现地作用于社会生活的范围之中。在此过程中，它既重构着社会学知识自身，也重构着作为该过程整体的一个部分的社会生活领域①。

“双重（向）阐释”模式为社会学知识的品质定位提供了理论架构。为此，吉登斯指出：社会学探讨的是在社会行动者自身已经构建的意义框架范围之内的领域，而且社会学在普通语言和专业性语言之间进行了协调，从而在它自己的理论图式中重新解释了这些框架。但是，由于这种解释本身并不是单向的，所以使得这种“双重（向）阐释”更加复杂，社会学中建构的概念存在连续的“滑移（slippage）”，正是凭借这种滑移作为分析对象的行动者占用了起先被创造出来的社会学概念和知识，因此，这些概念和知识往往就变成那种（被描述）行动的整体特征，因而这实际上潜在地损害了这些概念在社会科学专业词汇范围内最初的用法。然而，作为诠释的一方，吉登斯为社会学设定了它的首要任务：A. 在社会科学描述的元语言范围内，对不同的生活形式②进行解释性的说明和协调；B. 将社会的生产和再生产作为人类行动的结果进行解释③。

在吉登斯看来，“双重（向）阐释”也是一种反思性（reflexivity）模

① 安东尼·吉登斯：《现代性的后果》，[南京]译林出版社 2000 年第 13 页。

② 吉登斯认为，生活形式这个概念被理解为产生描述的特殊类型实践活动的一种模式。吉登斯强调，在一定意义上自然科学或者社会科学的任何一种解释图式本质上就是一种生活形式。参见，安东尼·吉登斯：《社会学方法的新规则——一种对解释社会学的建设性批判》，[北京]社会科学文献出版社 2003 年第 280 页。

③ 安东尼·吉登斯：《社会学方法的新规则——一种对解释社会学的建设性批判》，[北京]社会科学文献出版社 2003 年第 280 页。

式，但是这种模式并不是那种平行线式的模式。吉登斯认为，在这种模式中，社会知识的积累与对社会发展稳定的、更加广泛的控制是同步的。社会学（以及其他向现存人类打交道的社会科学）并没有按照人们所说的自然科学那种方式来积累知识。相反，把社会学概念和知识“嵌入”到社会领域中去，并不是一个能够被轻易疏通的过程，无论是提出这些概念和知识的人，或者甚至是权力集团和政府力量都不能做到这一点①。从吉登斯所阐述的意思分析，“双重（向）阐释”模式，第一，社会学知识的积累方式是同自然科学有区别的，这种区别在于社会学家和普通行动者都会为这种知识积累过程提供努力；第二，社会学知识嵌入或者滑移到社会日常生活领域，并不是一个简单和随意的过程，这种过程存在某种制约，因为无论是社会学家还是权力拥有者都不能完全随意地把社会学的发现或者概念简单地植入到日常生活世界；第三，社会学知识的积累和社会稳定的控制是同一个过程，社会的被垄断性质和知识的权力化特征无不说明这个模式所显露的意义。

“双重（向）阐释”模式对社会学本身的功能主要表现在社会学知识的非稳定性发展和解释力的发散。吉登斯指出：社会学不应也不能脱离学科主题——人类社会行为——而由理论建构和调查研究组成。而社会科学则是一种双向解释，包括他们所研究的行动和制度的双向性。社会学观察者用非专业的概念准确地描述社会过程，行动者则在行动中把社会科学理论和概念运用到行动上，并因此潜在地改变行动的特征。这给社会学带来了不稳定性，并使之远离了自然主义社会学家所固有的“同义反复”模型②。

4. 社会学知识形式的认证：发现的本质

作为社会学知识成果的表现方式，“发现”对双重（向）解释模

① 安东尼·吉登斯：《现代性的后果》，[南京]译林出版社2000年第14页。
② 安东尼·吉登斯：《社会理论与现代社会学》，[北京]社会科学文献出版社2003年第32—33页。

式是有意义的。吉登斯在对社会学知识进行分析时，也有了一个发现——这个发现就是社会学的发现同自然科学的发现并不相同，这种不相同的特征也是吉登斯提出双重(向)解释模式的一个理由。

第一，社会学知识发现的条件。吉登斯指出，任何一种社会组织机制或社会再生产机制，只要社会科学家发现了，普通行动者就有可能了解它们并积极主动地将这种知识纳入他们的所作所为中。但是，问题是：这些发现怎样才能确信它是真正的发现呢？吉登斯的答案是：在许多时候，只有对那些处在被研究的行动者的活动情境之外的人来说，社会学家的"发现"才算得上是"发现"。这是因为，行动者为什么那样行事，自然有他的理由。但是，另一个问题是：普通行动者对作为社会学知识的发现又持有何种态度呢？吉登斯说，一旦社会学观察者告诉他们，影响他们所作所为的因素在某种程度上是外在于他们的，这些行动者当然可能会感到无所适从。这样看来，普通人对于社会学家的所谓"发现"会提出各种反对意见，也就是理所当然的反应了①。

第二，社会学知识发现的特点。社会科学知识上的发现，具有十分突出的三个特点：第一个特点是启发性；第二个特点是陈旧性；第三个特点是实践性。这三个特点就把社会学知识行动化过程包裹在内了。按照吉登斯的话说就是：社会科学的"发现"，即使是极具启发性的，也难以始终保持新颖性；实际上，这些"发现"越是具有启发性，人们就越可能在他们的行动时考虑这些"发现"，从而使这些"发现"成为习以为常的社会生活准则②。

第三，社会学知识发现的结果表现为概念上的提出和使用。很

---

① 为此，吉登斯提出了一个非常重要的观点：物化并不仅仅是普通人思想独有的特征。参见，安东尼·吉登斯：《社会的构成》，[北京]生活·读书·新知三联书店 1998 年第 411 页。

② 安东尼·吉登斯：《社会的构成》，[北京]生活·读书·新知三联书店 1998 年第 493 页。

明显，吉登斯受到舒茨社会科学知识构想级别思想的影响[1]，从而提出了社会科学的概念分为两个级别。第一级概念就是行动者在日常生活中所使用的概念，第二级概念是社会科学家对第一级概念进行改造而具有理论意味的概念。而且这两个级别的概念可以实现相互转译，正是由于这种不同级别概念转译的性质，才为吉登斯的双重（向）阐释模式具有更多的合法性。吉登斯指出：社会学家的研究领域所面对的现象，已经被普通行动者构成为有意义的现象。"进入"这一领域进行研究的条件，就是要了解行动者在顺利"进行"社会生活中的日常活动时，已经知晓了什么东西，必须知晓什么东西。社会科学的观察者所发明的概念是一些二级(second-order)概念。也就是说，这些概念预先假定，行动者也具有一定的概念能力来把握社会学家的概念所指的行为。但是，社会科学的性质就是：社会生活本身可

① 舒茨把构想划分为科学构想和日常构想或者一级构想与二级构想两个部分。第一级构想，舒茨又把这种构想叫做常识构想。"常识构想是人们从这个世界之中的一种'此在'出发构造的，这种'此在'决定了人们预设的各种视角的互易性。它们把在社会中产生的并且在社会中得到人们认可的知识储备视为理所当然的（阿尔弗雷德·舒茨：《社会实在问题》，[北京]华夏出版社 2001 年第 67 页）。"常识构想即这些常识知识构想所涉及的是主观成分，也就是说，他们指涉的是从行动者的观点出发对行动者行动的"理解"。舒茨认为，这种构想包含在人们在日常生活中对主体间性世界的常识经验之中。这就是构想系统中的第一个层次即第一级构想。第二级构想，是关于行动者在社会环境中所做出的构想的构想，这个构想建立在主观解释的基本假设的基础之上。"处在二级层次上的科学构想，也就必然包含着对一种行动的行动者来说所具有的主观意义的指涉，这是理所当然的。我认为，这正是马克斯·韦伯通过他那著名的关于主观解释的假设所理解的东西，的确，人们迄今为止在所有各种社会科学理论构造中都一直在遵守着这种假设，即对社会世界的所有科学说明都可以，而且出于某些意图必须指涉人类行动所具有的主观意义，社会实在就是从这种主观意义中产生出来的（阿尔弗雷德·舒茨：《社会实在问题》，[北京]华夏出版社 2001 年第 102 页）。"舒茨认为，社会科学的构想是二级构想，也就是说，社会科学构想是关于社会舞台上那些演员所构造的构想的构想，社会科学家必须观察这些演员的行动并根据他的科学的程序规则做出说明（阿尔弗雷德·舒茨：《社会实在问题》，[北京]华夏出版社 2001 年第 98—99 页）。舒茨指出：科学构想与人们在日常生活中现有的知识储备的结构相比，它具有常识构想所依据的知识结构完全不同的另一种结构。"的确，它可以表明多种多样的清晰确定程度。但是，这种结构化却取决于科学家关于它们那些仍然潜藏的蕴涵的知识，以及科学家关于其他尚未得到系统表述的问题所具有的开放视界的知识（阿尔弗雷德·舒茨：《社会实在问题》，[北京]华夏出版社 2001 年第 68 页）。"

以采用这些二级概念,从而使之成为一级概念[①]。

正是由于社会学知识上的概念和普通行动者行动上的概念之间的关系,吉登斯提出了社会科学家是一位沟通使者的观点。吉登斯认为,社会科学家是一位沟通的使者,将与特定的社会生活环境联系在一起的意义框架介绍给生活在其他环境中的人们。因此,社会科学与小说家或者其他一些创作有关社会生活的虚构作品的人在描述方面拥有共同的来源,即共同(有)知识。正是借助这些形式的共同(有)知识,普通行动者对实践活动进行了有条不紊地安排[②]。

三、双重(向)解释模式的机制

1. 社会科学知识生产过程中的因果机制

行动者是有知识的。吉登斯指出:行动者有关自身及其他人群社会习俗的知识,须以"应付"社会生活纷繁复杂的各种具体情境的能力为前提,这种知识惊人地精细详尽,在社会活动的实践操作方面,所有具备资格能力的社会成员在完成各种实践活动方面都掌握了各种各样的技巧,都堪称专业"社会学家"。对于社会生活持久性的模式化而言,他们所具有的知识绝不是无关紧要的偶然之物,而是内在的组成部分[③]。面对行动者自身所拥有的知识,社会学的研究应

---

① 根据不同级别概念之间关系的分析,吉登斯指出:"双重(向)解释"这个概念用在这里是很适当的,因为它涉及了双重的转译或者说解释过程。社会学描述的任务之一,就是协调行动者为行为定向的那些意义框架。但是这些社会学描述本身也是解释范畴,也要求学者努力在社会学理论中的不同意义框架之间进行转译。参见,安东尼·吉登斯:《社会的构成》,[北京]生活·读书·新知三联书店 1998 年第 412 页。

② 安东尼·吉登斯:《社会的构成》,[北京]生活·读书·新知三联书店 1998 年第 412—413 页。

③ 吉登斯说,强调这一点无疑有着根本意义,否则我们免不了要重倒功能主义和结构主义的覆辙,即在行动者对其一无所知的现象中搜寻他们的活动的根源,从而扼杀或贬低这些行动者的理性,也就是扼杀或贬低在社会实践结构化过程中反复涉及到的行动的理性化。不过,我们也应避免陷入相反方向的错误,即解释学视角和各种形式的现象学里视社会为任人类主体随意而为的创造物的倾向,强调这一点也是同样重要的:上述这些做法皆属非法还原形式,其根源在于未能充分把握结构二重性的概念。参见,安东尼·吉登斯:《社会的构成》,[北京]生活·读书·新知三联书店 1998 年第 90 页。

该做些什么？吉登斯分析了社会科学研究的这种假定：即社会科学在探讨社会行动者或社会制度的问题时，应该注意获取普通行动者本人所没有的知识，只有这种知识才是值得探求的知识[①]。伴随这种观念，社会科学家往往就尽可能低估行动者本人所具有的知识，因此，在这些学者的理论中，那些因果机制所产生的效果完全与行动者对其所作所为提供的理由无关。他们过分强调了这些因果机制的作用范围。吉登斯强调指出：如果像我所主张的那样，社会科学概括中的因果机制确实是要依靠行动者本人的理由，那么，当行动的意识后果和意外后果"掺杂"在一起的时候，我们就比较容易看出，为什么这种概括没有采取一种普遍法则的形式。这是因为，行动者的认知能力究竟包含哪些部分，这种认知能力又是以何种方式定位在具体的情境中，以及行动者所具有的知识的命题内容的有效性如何，所有这些问题都影响了社会科学中的概括所适用的那些情况[②]。

现在的问题是，社会学对行动者行动的抽象概括是否是一种因果陈述？吉登斯对此是持肯定态度的[③]。但是吉登斯提出的问题是：这种因果关系是哪一种类型的因果关系？"只是，我在全书中一直注意反复强调，关键的问题在于这里涉及的是哪一种因果关系，也就是说，相关的行动者'造成'一种常规结果，或者结果的发生与参与者的意图完全相左，这两种情境存在实质性的差异。[④]"既然从因果关系上来看，行动者有关那些决定概括是否成立的条件的知识对于概括本身是至关重要的，那么就可以通过改变这种知识，来变革这些条件。

① 在浩如烟海的知识中，新型知识的形成可以用它来分辨什么是有价值的，什么是没有价值的。参见，安东尼·吉登斯：《现代性的后果》，[南京]译林出版社 2000 年第 41 页。

② 安东尼·吉登斯：《社会的构成》，[北京]生活·读书·新知三联书店 1998 年第 485—486 页。

③ 我们便可以接受这样一个观点：社会科学中所有的抽象概括，都直接或间接地体现为因果陈述。参见，安东尼·吉登斯：《社会的构成》，[北京]生活·读书·新知三联书店 1998 年第 487 页。

④ 安东尼·吉登斯：《社会的构成》，[北京]生活·读书·新知三联书店 1998 年第 487 页。

因此，因果机制本身具有一种不稳定性，其程度取决于概括所针对的那些人在多大程度上可能会运用标准的理性过程，从而产生那种标准的意外后果。

我对此要做出的一点阐发性解释：这种因果机制所牵涉的内容实际上包括两个方面——这也是吉登斯双重(向)阐释模式的内在意义——知识所体现的因果关系和行动所内含的因果关系。社会学通过对行动者行动的研究所生产出来的知识在逻辑上是否有因果关系和在实际是否概括了行动者行动的理由即因果关系；行动者的行动中所内含的因果关系——不管是行动者所知晓的还是默含的——不管后果是预期之中的还是预料之外的——是否在知识中得到确切反映，这些都决定了双重(向)阐释模式能否有效的关键因素。所以，因果关系不仅表现为社会学知识与行动的关系，还关切着社会体系世界和日常生活世界的关系。

2. 社会学知识与行动者之间关联的实践机制

吉登斯引用 Cunnar Myrdal 的话表达了自己对社会科学知识的实践性的看法，社会科学转化为行动的知识能力时还存在很多问题。"人控制自然的能力日益增强，而且实际上，这种能力是以加速度的方式在增长，而与此同时，人控制社会的能力，首先是控制他自身的态度和社会制度的能力，却严重滞后。原因至少是部分在于，我们关于人及其社会的知识进展过于缓慢，而且这些知识也未能及时转化为社会变革的行动。[①]"

这里需要说明的是，吉登斯通过对社会科学知识和自然科学知识的实践性比较，把握了社会学知识的实践性特征。

自然科学知识同知识对象之间的关系是一种纯粹的"技术性"关系或者说是一种"主客"关系。吉登斯指出：自然科学的理论和发现与它所关注的客体和事件所构成的世界之间是泾渭分明的。这一点

① Cunnar Myrdal, *The social sciences and their impact on society*, In Teodor Shanin ed. The Rules of the Game. London：Tavistock, 1978：348.

保证了科学知识和客观世界之间的关系始终是一种“技术”关系。在这种“技术”关系中,科学家把他们所积累的知识“应用”到一系列独立构成的现象上去。同时,自然科学所产生的信息具有实践意义,它作为一种手段,可以用来改变由各种物体和事件组成的世界,这个世界在构成时不受研究者研究的影响,是自发进行的。

社会科学知识同知识对象的关系则是“主主”关系,而且这种关系正是社会科学知识的对象。吉登斯说:社会科学不可避免地要和“主体之间的关系”(subject-subject relation)发生关联,而这种“主体之间的关系”又恰是其研究主题。从知识所具有的实践性功能上看,自然科学理论知识改变实践的面目,但在它的影响下发生变化的实践并非它的研究对象。那么这种改变本身就是知识或者理论的应用。但是在社会科学中,实践是理论研究的对象,在这个研究领域中,理论改变了它自身的对象。还需要说明的是:社会科学和它们的“题材”之间就没有这种“技术”关系,社会科学的发现对普通行动的影响,只在微不足道的意义上讲才是“技术性”的。权力和知识之间的许多可能的置换关系都来源于此①。

正是基于这种认识,吉登斯指出:如果期望社会科学像自然科学那样追求一种与世界没有直接关联的自成一体的知识体系,是不现实的,社会科学也是难以完成的。吉登斯说:把社会科学看作是自然科学的穷亲戚的观点,真的是正确无误的吗?我们至少可以说,如果考虑了双重解释学的重要意义,这种说法至少不那么容易站得住脚。社会科学不像自然科学那样,和“它们的世界”是绝缘的。某些把自然科学看作样板的学者,追求一种与世界没有直接关联的自成一体的知识体系,但上面这一点肯定会使社会科学很难完成这一任务,不过,这一点同时也意味着,社会科学能够参与“它们的世界”的构成过

① 安东尼·吉登斯:《社会的构成》,[北京]生活·读书·新知三联书店1998年第494页。

程本身，这可是自然科学无法实现的[①]。所以，吉登斯提出了这样的一个假设：社会科学不能提供那种“收发自如”的（重要）知识，一旦需要就可以产生适当的社会干预[②]。社会科学必然要借助大量的它们所研究的社会中的成员已经熟知的东西，而它们所提出的那些理论、概念和发现，又会返回到它们所描述的世界中。

讨论社会学知识实践性会内涵这样的问题：从日常生活中产生的知识再返回到日常生活中运用的时候，之间是否有一个鸿沟？吉登斯承认这个鸿沟的。他说：专家的概念工具以及社会科学的发现，与社会生活中包含的各种运用知识完成的实践活动，这两方面的“鸿沟”也存在。尽管吉登斯认为，这条鸿沟远没有自然科学中那样泾渭分明，但是确实存在一条鸿沟[③]。我所提出的问题是，既然有这么一条鸿沟，如何来填起它？吉登斯没有明确提供答案。正是在这种情况下才使得我所提出的以研究知识与行动之间关系的知识行动论有了一定程度的正当性。

---

① 安东尼·吉登斯：《社会的构成》，[北京]生活·读书·新知三联书店 1998 年第491页。

② 吉登斯认为，在自然科学中，在不同的理论和假设中做出取舍所依据的证据标准，原则上是掌握在自然科学专业工作者手中，这些专业工作者在筛选证据、构建理论时，不会受到这些证据和理论所涉及的那个世界的干扰。但在社会科学中，情况就不一样了。或者更准确地说，当社会科学的理论和发现带给人们的启示最大时，与自然科学中的情况差别也最大。在很大程度上，正是因为这个原因，比起自然科学来说，社会科学似乎为决策者提供的有价值的信息要少得多。参见，安东尼·吉登斯：《社会的构成》，[北京]生活·读书·新知三联书店 1998 年第 496—497 页。

③ 安东尼·吉登斯：《社会的构成》，[北京]生活·读书·新知三联书店 1998 年第497页。

主要参考文献

1. 中文文献

[1] 杨雪冬. 吉登斯论“第三条道路”[J]，国外理论动态，1999 年 02 期。
[2] 金灿荣. 当前欧美的“第三条道路”实践[J]，太平洋学报，1999 年 02 期。
[3] 殷叙彝. 施罗德和吉登斯谈公民社会与国家的互动关系[J]，国外理论动态，2000 年 11 期。
[4] 周红云. 吉登斯近期著作批判[J]，国外理论动态，2000 年 12 期。
[5] 殷叙彝. 吉登斯《超越左与右》一书评介[J]，马克思主义与现实，2000 年 03 期。
[6] 李惠斌. 一种全球化道路主张：吉登斯的“超越论”[J]，北京行政学院学报，2000 年 02 期。
[7] 郇庆治、徐凯. 吉登斯及社会民主主义全球化观[J]，当代世界社会主义问题，2001 年 04 期。
[8] 张文成. 吉登斯评英国工党政策的得失[J]，国外理论动态，2001 年 10 期。
[9] 常欣欣. 第三条道路与传统民主社会主义相比较之异同[J]，科学社会主义，2001 年 06 期。
[10] 李远行. 吉登斯“第三条道路”政治思想述评[J]，南京大学学报，2001 年 03 期。
[11] 胡秋红. 安东尼·吉登斯的民族-国家理论[J]，史学理论研究，2001 年 03 期。
[12] 吉永生. 西方超越性思维的新成果[J]，云南行政学院学报，2001 年 02 期。

[13] 郎友兴、项辉. 现代性：来自吉登斯的观点[J]，浙江社会科学，2001 年 03 期。
[14] 任重道. 威尔·霍登和安东尼·吉登斯的对话[J]，国外社会科学文摘，2001 年 06 期。
[15] W·梅迪奇、殷叙彝. 吉登斯论第三条道路第二阶段[J]，当代世界与社会主义，2002 年 05 期。
[16] 安东尼·吉登斯等. 对英国工党的现状、问题与未来的分析[J]，国际论坛，2002 年 04 期。
[17] 漆思. 全球化与现代性的转向及其重写[J]，吉林大学社会科学学报，2002 年 04 期。
[18] 杨雪. 超越“左”与“右”的政治框架[J]，当代世界，2002 年 04 期。
[19] 董尚文. 吉登斯第三条道路的全球化之维[J]，理论月刊，2002 年 07 期。
[20] 秦晖. “第三条道路”，还是共同的底线？[J]，社会科学论坛，2002 年 06 期。
[21] 汪建丰. 风险社会与反思现代性[J]，毛泽东邓小平理论研究，2002 年 06 期。
[22] 黄建平. 吉登斯的“第三条道路”及其实践[J]，池州师专学报，2002 年 02 期。
[23] 黄平. 解读现代性[J]，读书，1996 年 06 期。
[24] 景天魁. 中国社会发展的时空结构[J]，社会学研究，1999 年 06 期。
[25] 李强. 现代性中的社会与个人[J]，社会，2000 年 06 期。
[26] 孙志祥. 吉登斯和他的现代性思想[J]，学术界，2000 年 05 期。
[27] 张玉福. 吉登斯“第三条道路”的社区建设思想述评[J]，沈阳师范学院学报，2000 年 06 期。
[28] 李文华. 吉登斯的努力与反思[J]，学术论坛，2001 年 05 期。
[29] 张钰、张襄誉. 吉登斯“反思性现代性”理论述评[J]，社会，2002 年 10 期。

[30] 周慧之. 现代性. 走出个人行动与社会结构的二元困境? [J], 社会科学论坛,2002年02期。

[31] 周志山、许大平. 基于实践活动的使动性和制约性[J], 浙江师范大学学报,2002年05期。

[32] 周晓虹. 经典社会学的历史贡献与局限[J], 江苏行政学院学报,2002年04期。

[33] 周涛、王平. 吉登斯的社会福利思想[J], 华中科技大学学报,2002年06期。

[34] 韩克庆、张岳红. 对吉登斯现代性观点的社会学解读[J], 中国海洋大学学报,2002年01期。

[35] 安东尼·吉登斯. 没有革命的理性? [J],马克思主义与现实,2002年02期。

[36] 刘森林. 论社会理论中作为自悖谬的"矛盾"概念[J], 中山大学学报,2002年03期。

[37] 成鹤鸣. 晚期现代性: 反思的制度性与终结[J],南京社会科学,2000年06期。

[38] 于海. 结构化的行动,行动化的结构[J], 社会,1998年07期。

[39] 葛兆光. 缺席的中国[J], 开放时代,2000年01期。

[40] 岳海鸥. 实践意识·制度结构·权力资源[J], 西安政治学院学报,2000年04期。

[41] 李远行. 吉登斯"第三条道路"政治思想述评[J], 南京大学学报,2001年03期。

[42] 郇建立. 个体主义+整体主义=结构化理论? [J],北京科技大学学报,2001年01期。

[43] 郎友兴、项辉. 现代性: 来自吉登斯的观点[J], 浙江社会科学,2001年03期。

[44] 孙志祥. 吉登斯和他的现代性思想[J], 学术界,2000年05期。

[45] 唐文明. 何谓现代性? [J], 哲学研究, 2000年08期。

[46] 周慧之. 现代性: 走出个人行动与社会结构的二元困境? [J],

社会科学论坛,2002 年 02 期。
[47] 曹卫东. 反思“现代性问题”[J], 读书,2000 年 05 期。
[48] 黄平. 从现代性到“第三条道路”[J], 社会学研究,2000 年 03 期。
[49] 张法、张颐武、王一川. 从“现代性”到“中华性”[J], 文艺争鸣,1994 年 02 期。
[50] 刘江涛、田佑中. 吉登斯对社会学方法规则的超越[J], 河北学刊,2003 年 03 期。
[51] 向德平、章娟. 吉登斯时空观的现代意义[J], 哲学动态,2003 年 08 期。
[52] 刘江涛、田佑中. 吉登斯对社会学方法规则的超越[J], 河北学刊,2000 年 03 期。
[53] 贾国华. 吉登斯的自我认同理论评述[J], 江汉论坛,2003 年 05 期。
[54] 郭忠华. 吉登斯的权力观[J], 东方论坛,2003 年 04 期。
[55] 陈晨华. 吉登斯“第三条道路”思想研究[D]. [硕士论文] 厦门大学图书馆; 2002 - 05 - 01。
[56] 安东尼·吉登斯. 社会的构成[M], 北京: 生活·读书·新知三联书店,1998 年。
[57] 安东尼·吉登斯. 现代性的后果[M], 南京: 译林出版社,2000 年。
[58] 安东尼·吉登斯. 社会理论与现代社会学[M], 北京: 社会科学文献出版社,2003 年。
[59] 安东尼·吉登斯. 现代性与自我认同[M], 北京: 生活·读书·新知三联书店,1998 年。
[60] 安东尼·吉登斯. 亲密关系的变革[M], 北京: 社会科学文献出版社,2001 年。
[61] 安东尼·吉登斯. 社会学方法的新规则[M], 北京: 社会科学文献出版社,2003 年。

[62] 安东尼·吉登斯,克里斯多弗·皮尔森.吉登斯访谈录[M],北京:新华出版社,2001年。
[63] 安东尼·吉登斯.民族——国家与暴力[M],北京:生活·读书·新知三联书店,1998年。
[64] 安东尼·吉登斯.超越左与右:激进政治的未来[M],北京:中国社会科学出版社,2000年。
[65] 安东尼·吉登斯.第三条道路[M],北京:中国社会科学出版社,2000年。
[66] 贝克,吉登斯,拉什.自反性现代化[M],北京:商务印书馆,2001年。
[67] 刘小枫.现代性社会理论绪论[M],上海:三联出版社,1998年。
[68] 车铭洲.现代西方思潮概论[M],北京:高等教育出版社,2001年。
[69] 陈嘉明.现代性与后现代性[M],北京:人民出版社,2001年。
[70] 陈嘉明.知识与确证——当代知识论引论[M],上海人民出版社,2003年。
[71] 杨善华.现代社会学理论[M],北京:北京大学出版社,1999年。
[72] 马尔科姆·沃特斯.现代社会学理论[M],北京:华夏出版社,2000年。
[73] 方克立.中国哲学史上的知行观[M],北京:人民出版社,1982年。
[74] 约翰·杜威.确定性的寻求——关于知行关系的研究[M],上海人民出版社,2004年。
[75] 约瑟夫·劳斯.知识与权力[M],北京:北京大学出版社,2004年。
[76] 马克斯·舍勒.知识社会学问题[M],北京:华夏出版社,2002年。
[77] 布莱恩·特纳.社会理论指南[M],上海人民出版社,2003年。
[78] 哈贝马斯.交往行动理论[M],重庆出版社,1994年。

[79] 大卫·布鲁尔. 知识与社会意象[M]，北京：东方出版社，2001 年。
[80] 巴里·巴恩斯. 科学知识与社会学理论[M]，北京：东方出版社,2001 年。
[81] 迈克尔·马尔凯. 科学与知识社会学[M]，北京：东方出版社，2001 年。
[82] 卡林·诺尔-塞蒂纳. 制造知识[M]，北京：东方出版社，2001 年。
[83] 皮特·伯格、托马斯·鲁克曼. 社会实体的建构[M]，台北：巨流出版,1997 年。
[84] 汤姆·伯恩斯. 结构主义视野[M]，北京：社会科学文献出版社,2000 年。
[85] 皮埃尔·布迪厄. 实践感[M]，南京：译林出版社,2003 年。
[86] 蒙甘. 从文本从行动——利科传[M]，北京：北京大学出版社，1999 年。
[87] 阿尔弗雷德·舒茨. 社会实在问题[M]，北京：华夏出版社，2001 年。
[88] 克利福德·吉尔兹. 地方性知识[M]，北京：中央编译出版社，2000 年。
[89] 尼科·斯特尔. 知识社会[M]，上海：上海译文出版社，1998 年。
[90] T·帕森斯. 社会行动的结构[M]，南京：译林出版社,2003 年。
[91] 爱弥尔·涂尔干. 宗教生活的基本形式[M]，上海：上海人民出版社,1999 年。
[92] 卡尔·曼海姆. 意识形态与乌托邦[M]，北京：华夏出版社，2001 年。
[93] 卡尔·曼海姆. 文化社会学论要[M]，北京：中国城市出版社，2002 年。
[94] 周宏. 理解与批判[M]，上海：三联出版社,2003 年。

[95] 尹星凡等. 知识之谜[M]，南昌：江西人民出版社，1998年。
[96] 王维国. 论知识的公共性维度[M]，北京：中国社会科学出版社，2003年。
[97] 盛晓明. 话语规则与知识基础[M]，上海：学林出版社，2000年。
[98] 何云峰. 普遍进化到知识进化[M]，上海：上海教育出版社，2001年。
[99] 倪梁康. 自识与反思[M]，北京：商务印书馆，2002年。
[100] 邓正来. 规则·秩序·无知[M]，北京：三联出版社，2004年。

2. 外文文献

[101] Anthony Giddens, Selected Writings by Emile Durkheim, Cambridge University Press, 1985.
[102] Anthony Giddens, Capitalism and Modern Social Theory, Cambridge University Press, 1986.
[103] Anthony Giddens, Central Problems in Social Theory: Action, Structure, and Contradiction in Social Analysis, University of California Press, 1979.
[104] Anthony Giddens, The Constitution of Society, University of California Press, 1986.
[105] Anthony Giddens, The Consequences of Modernity, Stanford University Press, 1991.
[106] Anthony Giddens, The Global Third Way Debate, Polity Press, 2001.
[107] Anthony Giddens, In Defence of Sociology, Polity Press, 1996.
[108] Anthony Giddens, Modernity and Self-Identity: Self and Society in the Late Modern Age, Stanford University Press, 1991.
[109] Anthony Giddens, New Rules of Sociological Method: A

Positive Critique of Interpretative Sociologies, Stanford University Press, 1994.

[110] Anthony Giddens, Politics, Sociology and Social Theory: Encounters with Classical and Contemporary Social Thought, Stanford University Press, 1995.

[111] Anthony Giddens, The Progressive Manifesto: New Ideas for the Centre-Left, Polity Press, 2004.

[112] Anthony Giddens, Runaway World: ow Globalization is Reshaping Our Lives, Routledge, 2000.

[113] Anthony Giddens, Social Theory and Modern Sociology, Stanford University Press, 1987.

[114] C Bryant & D Jary, Giddens' Theory of Structuration, Routledge, 1991.

[115] I. Cohen, Structuration Theory: Anthony Giddens and the Constitution of Social Life, Macmillan, 1991.

[116] I. Craib, Anthony Giddens, Routledge, 1992.

[117] D. Held and J. Thompson, Social Theory of Modern Societies: Anthony Giddens and His Critics, Cambridge University Press, 1989.

[118] Kenneth Tucker, Anthony Giddens and Modern Social Theory, Sage, 1998.

人名和专有名词中英文对照

A

奥特斯	Malcoim Waters
埃里克松	Erikson
埃奇	D. Edge

B

布鲁	D. Bloor
巴克拉克	Bachrach
巴拉兹	Bnratz
巴恩斯	B. Barees
巴斯克	R. Bharsker
贝尔纳	J. D. Bernal
布罗代尔	Fexnand Braudel
波兰尼	Polanyi
本·戴维	Joseph Ben-david
波普	K. Popper
伯格	Berger
本我	id
本可以以其他方式	could have acted otherwise
本体性安全	ontological security
表达清晰性	articulareness
边疆	frontier
背景	setting
辩证法	dialectics of control

本体论关怀	solicitude of ontology
不确定性	erraticism
剥夺效应	expropriating effects

C

超我	super-ego
筹划	project
操作化	deskilling
触发情境	initiating circumastance
长时段绵延	longue duree
场合性	contextuality
存现	presencing
层次结构	hiberarchy
场所	locale
长时段	long duration
重新描述	redescribed
除了去做,别无办法	could not have done otherwise
抽象系统	abstract system
超语境互动	transcontextual interaction

D

迪尔凯姆	Emile Durkheim
地方性知识	local knowledge
动作	movements
定位实践	position-practice
定位过程	Positioning
道德责任	moral responsibility
道德正当性情境	context of moral justification
定向	orientations
道德良知	moral conscience

地点	place
动态模式	model development
地域化	regionalization
单一解释(学)	single hermeneutic

E

二级	second-order
二元论	dualism

F

弗洛伊德	S. Freud
复合效应	composition effect
分播	distributed
非聚焦互动	unfocused interaction
反思性	reflexivity
分层模式	stratification model
反身性监控	reflexively monitor
反事实角度	counterfactually
反馈圈	non-reflexive-feedback cycle
反思性监控	reflexive monitormg of action
分区	zoning
封闭	enclosure
方法论策略	methodological devices
复社会化	resocialization
复植	reembedding
符号	signs

G

戈夫曼	Goffman
个体	individual
共同知识	mutual knowledge

惯例	routine
机制	mechanism
规范承诺	normative commitments
惯例	routines
感觉	sensibility
过程事件流	a steam of events in-process
共同在场	co-Presence
规则	rule
孤立存在的	de novo
构造性	configurative
构成性关联	structure conjunction
高度现代性	high modernity

H

霍姆伍德	John Holmwood
海德格尔	heidegger
赫格斯特兰德	Hagertrand
哈贝马斯	Habermas
意会知识	tacit knowledge
话语意识	discursive consciousness
唤回机制	recall device
回忆	remembering
互动模式	interaction model
灰色区域	grey areas

J

吉尔兹	Geertz
加芬克尔	Garfinkel
见多识广	cosmopolitans
举止	acts

交往举动	communicative acts
践习	practices
基本行动	basic actions
聚焦互动	focused interaction
基本焦虑	basic anxiety
极化	polarized
结构突生	the emergence of structure
基本安全系统	basic security system
解构	deconstructed
解释图式(框架)	modalities
结构二重性	the duality of structure
建构主义	constractivism
结构性特征	structural properties
揭示模式	revelatory model
建构主义	constructivism
既存	given
结构	structure
结构化	structuration
结构二重性	duality of structure

K

科学知识社会学	SSK
孔德	Auguste comte
库恩	T. Kuhn
柯亨	Cohen
科学知识	scientific knowledge
可说明性	accountability
空间性	extensity
可逆时间	reversible time

框架	frame
可信性标准	credibility criteria

L

林顿	Linton
卢克曼	Luchmann
理性行动	rational action
理想自我	ego-ideal
理论性领悟	theoretics understand/apperception
理念上的隔断	conceptually segmented
例行化	routinization
零和	zero-sum
链型	chain model

M

马克思	Marx
马克斯·韦伯	Max Weber
曼海姆	Karl Mannheim
米德	Mend
默顿	Merton
面孔	faces
面部操纵	face work
目的	purpose
绵延	duree

N

能动行为	agency
能使和约束属性	enabling and constraining
黏附	cohere
拟人论	anthropomorphism
内在参照	internal referentiality

O

欧格	Walter Ong

P

帕累托	Pareto
帕森斯	Parsons
普赖斯纳	Helmuth Plessner
偏离效应	perverse effect
偏向动员	mobilization of bias
片段	slice
拼贴画效应	collage effect
普通文化	lay-culture

Q

齐美尔	Simmel
前意识	pre-conscious
起始与终结	opening and closing
情感共通	affective mutuality
情境空间性	apatiality of situation
情境性	contextuality
区域	region
区域化	regionalization
缺场	absence
去中心化	decentring of the subject
强能动	strong action
强知识	strong knowledge
强制性	constraint
浅层实名	superficial name

R

认作	count

容纳能力制约	packing constraints
日常	day-to-day
日常生活	everyday
日常信念	common-sense
肉体存在	corporeality
弱知识	ebb knowledge
弱能动	feebleness agency

S

斯图尔特	Sandy Stemart
舒茨	Schutz
圣·奥古斯汀	St Augustine
萨特	Sartre
索罗金	Pitirim Sorokin
斯特尔	Stehr
实践冲击	practical impact
实践意识	practical consciousness
深度	profundity
时空消散	evaporation
时空伸延	time-space distanciation
时间性本质	essence of temporality
瞬间	moment
索引性	indexicality
时间性	temporality
时间地理学	time-geography
筛选作用	screen
生活风格区	lifestyle sectors
生活制度	regimes
生活规划日历	life-Plan calendars

生活体验	lived-through experience
社会系统	social system
社会本性	social nature
社会变迁	social change
社会理由	society' reasons
社会行动	social action
社会行动理论	social theory of action
社会生活	social life
社会自我	social self
社会圈	social circle
社会事实作为物	consider social facts as things
社会学习	social learning
社会学文化	sociological culture
社会化过程	process of socialization
世界事件	events-in-the-world
身体感应	cueings of the body
双重(向)阐释	double bermennutic
所指	referents
所在	locus
视阈	visual threshold
渗透	saturated

T

图尔敏	Toulmin
他者话语	discourse of the other
统合体	cohercnce
脱域(抽离)	disembedding

W

温奇	Winch

维伯伦	Thorstenin Veblen
维特根斯坦	Wittgenstein
无意识动机	unconsciousness motives/cognition
未被意识到条件	unacknowledged condition
未料后果	unintended consequences of intended acts
危机环境	critical moment/situation
位置空间性	apatiality of position
外行	ldymen

X

西考雷尔	Cicourel
行动	action
行为	behaviour
行动者	agent or actor
行动动机	motivation of action
行动责任	responsibility of action
行动合理化	rationalization for action
行动本身	acting self
行动认同	action-identifications
行动哲学	philosophy of action
行动主义	behaviourism
行动主观意义体	subjective meaning complex of action
现实活动	practical activities
信任实验	experoments with trust
学习过程	learned procedures
悬搁	epoche
向死而生	being towards death

现在	past now
现时	nonce
序列性	seriality
系统再产生	system reproduction
信息鸿沟	information gaps
象征符号	symbolic tokens
相互影响	interplay
现实倒置	reality inversion

Y

有知识	knowledgable
意外后果	unintended consequence
语言能力	linguistic competence
因果循环	causal loops
意义	meaning
意义框架	frames of meaning
约束	sanction
意图	intention
意向性	intentionality
语境自由	context-free-dom
有效性标准	validity criteria
现代性反思性	reflexivity of modernity
跃迁	leap
样式	pattern

Z

兹纳涅斯基	Florian Znaniecki
主体	subject or body
自我	ego
自我	self

自我意识	self-consciousness
自我反思	self-reflection
自我理解	self-understanding
自我维护	self-preservation
自我知识	self-knowledge
自我主体性	subjectivity of ego
自我调控	reflexive self-regulation
自成一体属性	reality sui generis
资格能力	competence
知识	knowledge
知识域	ken
知识化	knowledgeablization
知识能力	knowledgeability
知识性要素	knowledgical element
知识行动者	knowledgable actor/agent
知识社会	knowledge society
知识基础	basic of knowledge
知识行动	knowledgical agency or action
	basic knowledge
知识库存	stocks of knowledge
知识样式	knowledge mode
知识陈旧	knowledge aging
知识见解	knowledge-claims
知识行动论	theory of knowledge-action
做	doing
折叠效应	accordion effect
再技能化	reskilling
制约	constraint
综合能力制约	coupling constraints

正式守则	formal code
正当化证明	justification
自觉意识	awareness
在世	in-the-world
在场	presence
在场有效性	Presence availability
转换词	shifter
只能这么做,除此别无他法	could not have acted otherwise
制度化安排	arrange of system
中庸调和模式	mediate model or the model of the mean
指号系统	sign systems
资源	resources
专业性基础	technical grounding
置括号	bracketing
组织文化	organizational culture
制度反思性	institutional reflexivity
重大转折	importance transition
专家系统	expert systems
专家知识	expert knowledge
主体间性	intersubjectivety
主主关系	subject-subject relation

在攻读学位期间公开发表的学术论文、专著和科技成果

一、出版著作

（一）独著（主编）

[1] 郭强，席富群．全面建设小康社会论[M]，苏州：苏州大学出版社，2003年。

[2] 郭强．调查策划[M]，北京：中国时代经济出版社，2004年。

[3] 郭强，杨吟华．访员督导[M]，北京：中国时代经济出版社，2004年。

[4] 郭强，宋文怡．网络调查[M]，北京：中国时代经济出版社，2004年。

（二）参编

[1] 周向群．苏州走向学习型城市（副主编8万字）[M]，南京：江苏人民出版社，2002年。

[2] 张晓霞．创建学习型的实践与评估（编委1万字）[M]，南京：南京大学出版社，2003年。

[3] 王卫平，王国平．苏南社会结构变迁研究（参编5万字）[M]，北京：北京图书馆出版社，2004年。

二、学术论文

[1] 郭强．企业隐性知识显性化的外部机理与技术模式[J]，自然辩证法研究，2004年04期。

[2] 郭强．SARS风险与风险城市安全策略[J]，广州大学学报，2004年03期。

[3] 郭强. 试论减灾意识的构成[J],中国减灾,2004年01期。
[4] 郭强. 灾后社会救助目标的定位研究[J],中国减灾,2004年05期。
[5] 郭强. 试论知识经济范畴规范化问题[J],情报理论与实践,2003年01期。
[6] 施琴芬、郭强、崔志明. 隐性知识主体风险态度的分析[J],科学学研究,2003年01期。
[7] 郭强、谢建社. 试论小康社会的本质内涵[J],江西师大学报,2003年02期。
[8] 郭强. 知识价值观的历史演变[J],情报资料工作,2003年04期。
[9] 郭强. 社区与家庭防灾[J],社会,2002年07期。
[10] 郭强. 论企业内部知识市场制度建构[J],财经研究,2002年05期。
[11] 郭强. 劳丹与知识社会学[J],自然辩证法研究,2002年07期。
[12] 郭强. 灾害中家庭[J],灾害学,2002年03期。
[13] 郭强. 家庭减灾的社会支持系统[J],中国减灾,2002年04期。
[14] 郭强. 企业技术创新成功之道[J],企业技术进步,2002年011期。

三、承担项目

[1] 郭强主持. 国家自然科学基金主任应急项目[J],“SARS对中国社会的影响及应对管理策略研究”,2003.5—2004.3。

[2] 郭强主持. 中国科协理论研究项目[J],“应对突发性新种灾害的科普支持模式研究”,2003—2004。

[3] 朱永新、郭强主持. 教育部重大攻关研究项目[J],“学习型城市研究”,2003—2006。

[4] 郭强主持. 国家教育科学“十五”规划重点项目[J],“知识经济条件下中国学生科学素养调查”,2002—2003。

近年来出版(发表)的相关成果

著作

[1] 郭强. 知识化[M]. 北京：人民出版社，2001 年。

[2] 郭强. 现代知识社会学[M]. 北京：中国社会出版社，2000 年。

[3] 郭强. 我的知识经济观[M]. 北京：中国经济出版社，1999 年。

[4] 郭强. 反思知识经济[M]. 北京：中国经济出版社，1999 年。

[5] 郭强. 知识与经济一体化研究[M]. 北京：中国经济出版社，1999 年。

[6] 周向群主编. 苏州走向学习型城市(副主编 8 万字)[M]. 南京：江苏人民出版社，2002 年。

[7] 张晓霞等主编. 创建学习型的实践与评估(编委 1 万字)[M]. 南京：南京大学出版社，2003 年。

论文

[1] 郭强，施琴芬. 企业隐性知识显性化的外部机理与技术模式[J]，自然辩证法研究，2004 年 04 期。

[2] 郭强. 试论知识经济范畴规范化问题[J]，情报理论与实践，2003 年 01 期。

[3] 施琴芬，郭强，崔志明. 隐性知识主体风险态度的经济学分析[J]，科学学研究，2003 年 01 期。

[4] 郭强，施琴芬. 知识价值观的历史演变[J]，情报资料工作，2003 年 04 期。

[5] 郭强. 劳丹与知识社会学[J]，自然辩证法研究，2002 年 07 期。

[6] 郭强. 论企业内部知识市场制度的建构[J]，财经研究，2002 年 05 期。

[7] 郭强. 古典知识社会学的理论建构[J]，社会学(人大报刊资料)，2001 年 01 期。

[8] 郭强.工业化、信息化和知识化的协调并进[J],南方日报,2001年05期。
[9] 郭强.古典知识社会学的理论建构[J],社会学研究,2000年05期。
[10] 郭强.古典知识社会学范式构建的知识线索[J],江苏社会科学,2000年06期。
[11] 郭强,叶继红.论企业知识管理的基本问题[J],福州大学学报,2000年01期。
[12] 郭强,丁晓琴.知识经济与苏南现代化目标[J],江南论坛,2000年03期。
[13] 郭强.知识经济中知识价值构成与价值实现[J],理论经济学(人大报刊资料),1999年02期。
[14] 郭强,丁晓琴.论企业的知识管理[J],现代企业导刊,1999年05期。
[15] 郭强.知识经济中知识价值实现[J],知识经济与价值转化,广东经济出版社,1999年。
[16] 郭强.知识经济中知识价值转化指标的构建[J],知识经济与价值转化,广东经济出版社,1999年。
[17] 郭强.知识信息化:内容与形式[J],情报理论与实践,1999年06期。
[18] 郭强.知识社会学范式发展历程[J],江海学刊,1999年05期。
[19] 郭强.论KM和CKO制度的建设[J],情报资料工作,1999年06期。
[20] 郭强.知识经济中知识的价值构成与价值实现[J],学术研究,1998年12期。
[21] 郭强.简评现代知识观[J],许昌学院学报,1992年02期。
[22] 石倬英,郭强.现代知识学探微[J],宁夏大学学报,1989年02期。
[23] 石倬英,郭强.现代知识学框架[J],自然辩证法报,1989年08期。
[24] 石倬英,郭强.知识产生的微观机理考察[J],河北大学学报,1988年04期。

致　谢

感谢上海大学给我学习和研究的机会。上海大学以“自强不息”为校训，本着“面向社会、适应市场、发扬优势、办出特色”的指导思想，不断深化教育教学改革，实施了一系列改革措施，形成了颇具特色的办学机制和教学模式。我正是这些改革的受益者。

感谢导师邓伟志先生。邓先生出名很早，学问很深，待人极好。能有机会跟随邓先生学习，我感到非常荣幸。其实，在成为邓先生的博士生之前，我已向先生请教过不少问题，学习了不少知识。在读博期间，邓先生更是教了我做人、做事和做学问的许多道理和知识。如何更虚心地向社会学习、怎样突破已知进行创新是先生教育和鼓励我最多的方面。知识社会学研究是邓先生的一大学术旨趣，我选择知识与行动的关系问题进行探索实质也是承继先生的学术道路。在学位论文的写作过程中，从选题的确定到内容结构的组成，邓先生都给予了全面的指导。

感谢沈关宝教授。忘不了在我到上海大学攻读博士学位之前，沈先生到苏州调查时为我的学术发展所进行的指导。在博士论文的写作过程中，沈先生给予了具体的指导与支持。

感谢上海大学张江华教授、张佩国教授、杨俊一教授、章友德教授、董国礼博士、耿敬博士以及上海大学社会学系其他老师们，他(她)们或向我传道授业，或同我研讨交流，使我受益匪浅。特别感谢沈关宝教授、李友梅教授、张佩国教授、张江华教授等对我论文的指导意见。

感谢我的博士生同学秦琴在读博期间所给予的帮助。感谢金波教授、傅敬民先生、谢建社教授、刘长林先生以及任慧颖同学的帮助。

同时借此机会也感谢我的硕士生导师白红光先生以及侯均生教

授、关信平教授、杨心恒教授。感谢他们在我从南开大学社会学系研究生毕业后对我学术研究的持续关心、指导和支持。

感谢苏州大学任平教授给我提供的工作室以及其他科研条件。感谢任平教授、陈忠博士对知识行动论相关问题的讨论所给予的学术启发。

郭　强

2004年暑天